中国
药用植物
种质资源
研究

药用植物种子质量
检验方法研究

魏建和　李先恩　主编

北京科学技术出版社

图书在版编目（CIP）数据

中国药用植物种质资源研究. 药用植物种子质量检验方法研究 / 魏建和，李先恩主编. -- 北京：北京科学技术出版社，2024.5
ISBN 978-7-5714-3983-5

Ⅰ．①中… Ⅱ．①魏… ②李… Ⅲ．①药用植物－种质资源－质量检验－研究－中国 Ⅳ．①S567.024

中国国家版本馆 CIP 数据核字（2024）第 111571 号

责任编辑：严 丹 董桂红 李兆弟 侍 伟
责任校对：贾 荣
责任印制：李 茗
出 版 人：曾庆宇
出版发行：北京科学技术出版社
社　　址：北京西直门南大街 16 号
邮政编码：100035
电　　话：0086-10-66135495（总编室）　0086-10-66113227（发行部）
网　　址：www.bkydw.cn
印　　刷：北京博海升彩色印刷有限公司
开　　本：889 mm×1 194 mm　1/16
字　　数：307 千字
印　　张：15.25
版　　次：2024 年 5 月第 1 版
印　　次：2024 年 5 月第 1 次印刷
ISBN 978-7-5714-3983-5

定　　价：260.00 元

《中国药用植物种质资源研究》
编写委员会

总指导

肖培根

总主编

魏建和

编 委（按姓氏笔画排序）

于 婧	于 晶	马云桐	马满驰	王 冰	王 艳	王 乾
王龙强	王苗苗	王玲玲	王秋玲	王宪昌	王艳芳	王继永
王惠珍	王婷婷	王新文	韦坤华	邓国兴	田 婷	由会玲
由金文	邝婷婷	毕红艳	朱 平	朱田田	朱吉彬	朱彦威
任子珏	任明波	刘洋洋	江维克	许 亮	孙 鹏	孙文松
苏宁宁	杜 弢	杜有新	李 标	李艾莲	李先恩	李国川
李明军	李学兰	李晓琳	李榕涛	杨 云	杨 光	杨 鑫
杨湘云	连天赐	连中学	肖培根	吴中秋	邱黛玉	何小勇
何国振	何明军	何新友	辛海量	沈春林	宋军娜	张 艺
张 昭	张 婕	张士拗	张久磊	张占江	张红瑞	张丽萍
张顺捷	张晓丽	张教洪	陈 垣	陈 彬	陈 敏	陈红刚
陈科力	陈菁瑛	陈彩霞	青 梅	林 亮	林榜成	金 钺
金江群	周 涛	郑开颜	郑玉光	郑希龙	单成钢	项世军
赵立子	赵国锋	赵喜亭	胡枭剑	柳福智	钟方颖	段立胜
侯方洁	秦民坚	秦新月	袁素梅	晋小军	顾雅坤	徐 雷
徐安顺	高志晖	郭凤霞	郭汉玖	郭晔红	郭盛磊	符 丽
隋 春	彭 成	蒋桂华	韩 旭	韩金龙	曾 琳	谢赛萍
靳怡静	蔺海明	裴 瑾	樊锐锋	魏建和	濮社班	

《中国药用植物种质资源研究·药用植物种子质量检验方法研究》

编写委员会

主 编

魏建和　李先恩

副主编

王婷婷　金　钺　曾　琳

编 委（按姓氏笔画排序）

王　冰	王继永	王惠珍	王婷婷	邝婷婷	江维克	许　亮
杜　弢	李艾莲	李先恩	李明军	李晓琳	杨　光	连中学
何新友	张　艺	张丽萍	陈　垣	陈　敏	陈科力	陈彩霞
金　钺	周　涛	郑玉光	单成钢	秦新月	徐　雷	郭凤霞
蒋桂华	曾　琳	蔺海明	魏建和			

资料整理人员（按姓氏笔画排序）

于　婧	马满驰	王　艳	王　乾	王龙强	王宪昌	王艳芳
王新文	邓国兴	由会玲	毕红艳	朱田田	朱彦威	孙　鹏
苏宁宁	李国川	吴中秋	邱黛玉	宋军娜	张　婕	张顺捷
张晓丽	张教洪	陈红刚	林榜成	郑开颜	赵立子	赵国锋
赵喜亭	柳福智	侯方洁	晋小军	郭晔红	隋　春	韩　旭
韩金龙	谢赛萍					

主编简介

魏建和，长聘教授，二级研究员，博士研究生导师，第十一届、十二届国家药典委员会委员，现任中国医学科学院药用植物研究所副所长兼海南分所所长。入选第一批国家"万人计划"科技创新领军人才、"新世纪百千万人才工程"国家级人选，带领"沉香等珍稀南药诱导形成机制及产业化技术创新团队"入选国家创新人才推进计划首批重点领域创新团队。获"有突出贡献中青年专家"、全国优秀科技工作者、海南省优秀人才团队负责人等荣誉称号。获国家科学技术进步奖二等奖 2项，省部级特等奖、一等奖共 4 项。30 余年致力于珍稀濒危药用植物资源保护、再生及优质药材生产关键技术突破和技术平台创建研究。发明了世界领先的沉香形成"通体结香技术"，创新性提出伤害诱导濒危药材形成理论和技术，并将之应用于降香、龙血竭等其他珍稀南药中，提出诱导型药用植物说；突破中药材杂种优势育种技术难题，选育出柴胡、桔梗、荆芥、人参、沉香等大宗药材优良新品种 20 余个；建成我国第一座低温低湿国家药用植物专业种质库和全球第一个采用超低温方式保存顽拗性药用植物种子的国家南药基因资源库，目前这两个库已成为全国规模最大、保存物种最多的药用植物种质专类库；领导建设国家药用植物园体系。技术负责新版中药材生产质量管理规范（GAP）的起草，极大推动了现阶段中药材规范化生产技术的落地。

李先恩，研究员，博士研究生导师。中国医学科学院药用植物研究所栽培研究中心主任。国家科学技术进步奖评审专家，国家药品监督管理局中药材 GAP 专家工作组成员，中国标准化协会原产地保护评审专家。一直从事药用植物种质资源与栽培技术的研究。围绕中药材质量控制这个主题，从种质和环境条件两方面开展研究。近年来，围绕药材发育，从形态学、生理学和分子生物学等角度研究药材发育形成机制，先后承担了国家级和省部级项目 30 多项，发表论文近 100 篇，培养研究生 32

名。作为主要参与人参加的课题"800 种药用植物种子生理及形态学鉴别的系统研究"，1992 年获国家中医药管理局中医药科技进步奖二等奖，1993 年获国家学技术进步奖三等奖。"药用植物种质资源标准化整理、整合及共享试点"，2009 年获中华中医药学会科学技术奖一等奖。鉴定丹参新品种"北丹 1 号"1 个和黄芩新品种 2 个。

前　言

　　自古以来，我国人民便深谙药用植物的使用之道，广泛地利用中药材来进行疾病的治疗、预防保健等。如今，随着慢性病患病率的上升、大健康理念的普及、全球药物研制技术的发展和医疗保健需求的增加，消费者对传统中药益处的认识不断增强，市场对中药产品的需求也在稳步增长。药用植物作为中药材的重要来源，其重要性不言而喻；而药用植物种子作为中药产业链的第一环节，成为保障中药产品质量、促进新药创制的关键所在。因此，对药用植物种子的质量检验方法研究也显得尤为重要。

　　种子质量检验是指对种子的多项质量指标进行系统性检测和评判的过程。科学、严谨的种子质量检验工作可以很好地避免良种的流失，防止伪劣种子流入市场，促进国际间的种子贸易。我国现代种子检验工作起步较晚：20 世纪 70 年代才开始种子标准化工作；1983 年颁布第一个国家级种子检验标准——《农作物种子检验规程》（GB 3543—83），对粮食作物、油料作物、麻类作物等种子检验工作进行规范，为我国种子检验领域搭建起根本性和基础性的框架；之后又颁布了烟草、豆类作物、蔬菜、牧草、花卉等种子质量标准。然而，药用植物不同于以上农作物，它包含的种类繁多，种子形态各异，且不同品种间的生物学特性差异较大并具有区域适应性，很难建立一个通用、品种普适的全国性种子质量评判方法，这也造成了我国中药材种业发展缓慢、缺乏种子种苗质量标准体系的现状，使得种子质量检验工作面临诸多挑战。直至 2021 年《中药材种子检验规程》（GB/T 41221—2021）颁布，才算是填补了药用植物种子检验在国家标准方面的空白，为中药材种业工作者提供了明确的指导，也标志着中药材种业发展进一步走向规范化、标准化。截至 2024 年 9 月，我国颁布的药用植物种子检验相关标准依旧很少，且已颁布的标准多为单个品种的地方标准。总体来说，药用植物种子检验工作仍有很长的路要走，需要不断地完善与持续地支持。

　　在“十一五”至“十二五”期间，得益于“重大新药创制”国家科技重大专项“中药材种子种苗和种植（养殖）标准平台”的强力支撑，中国医学科学院药用植物研究所联合全国 47 所高等院校及科研机构的 400 多名科研人员，深耕于三七、前胡、甘草等百余种中药材种子种苗的质量检验与标准制定工作，成果斐然，并编撰、出版了《中药材种子质量检验方法研究》一书，为药用植物种子检验领域的发展奠定了坚实的基础。《药用植物种子质量检验方法研究》正是在前期成果的基础上，精心筛选出另外 17 种具有代表性的药用植物，进一步深化其种子质量检验方法的探索研究。

本书主要包括 3 个部分内容：第一部分是对国内外种子质量检验发展历程及其现状的综述，同时介绍了药用植物种子生物学特性，以及常用的种子种苗质量评价指标和测定方法；第二部分简述了最新的种子检验实验室建立与管理的政策法规和操作方法，以供种子科学领域的工作者参考；第三部分具体介绍了 16 种中药材（白术、北苍术、柴胡、刺五加、大黄、当归、党参、独活、瓜蒌、何首乌、沙苑子、川芎、茯苓、麦冬、山药、延胡索）的种子种苗质量检验方法，为从事相关品种种子质量研究的工作者提供指导。

尽管书中每个品种的实验结果都是基于广泛的实验研究，但鉴于实验样品的选取可能存在局限性，部分检验方法与生产实践可能会有所差异。我们鼓励读者结合自身实际情况，灵活应用这些方法，以期达到最佳实践效果。

本书旨在为读者提供一个全面、深入的药用植物种子质量检测知识体系，希望能为推动中药材种子质量检验的发展贡献一份力量。本书适用于种子科学领域的科研工作者、高等院校师生，以及种子的生产、管理与应用的各界人士，希望能为种子采集、运输、播种和储存等关键环节提供参考依据。

由于时间和作者水平所限，本书内容难免存在不足之处，敬请读者批评指正。

编　者

2024 年 4 月

目　录

第三章

药用植物种子种苗质量检验方法

第一章

药用植物种子质量检验方法概论

党中央高度重视现代种业的发展，在 2024 年中央一号文件中明确指出："加快推进种业振兴行动，……加快选育推广生产急需的自主优良品种。"在此大背景下，发展种子质量检验技术成为种业振兴行动的重要组成部分。种子质量检验工作为实现种子标准化、保证加工贮藏和运输安全、防止并控制种传病害的传播与蔓延、促进种子贸易流通和解决种子质量纠纷等提供了多方面的技术服务。选择合适的检验方法，以确保检验结果的准确性和唯一性，是维持种子质量标准体系正常运转的基础。一套国际公认的、科学统一的种子检验方法可以让我们更科学地对种子质量进行分级与综合评价，为优质种子资源的有效配置和生产效率的持续提升提供强有力的理论依据和实践指导，进而推动全球种业的可持续发展。

第一节　国内外种子质量检验工作的发展

一、 国际种子质量检验发展简史

19 世纪晚期，种子检验领域初见雏形。1869 年，为了应对当时种子贸易中出现的伪劣种子问题，保障农业生产安全，德国弗里德里希·诺贝博士在萨克森自由州建立了世界上第一个种子检验站，开展种子真实性、净度和发芽率的检验工作，并于 1876 年出版了著名的《种子学手册》，该书标志着种子检验科学的正式诞生。1871 年，穆勒·赫尔斯特在丹麦哥本哈根也建立了种子检验站[1]。在随后的 2 ~ 3 年里，种子检验场所迅速蔓延到整个欧洲。美国也在 1876 年成立了国内第一个种子检验站，并于 1897 年颁布《标准种子检验规程》。

20 世纪初，种子检验工作开始走向国际化。1906 年，第一次国际种子检验大会在德国汉堡成功召开，种子检验开始受到国际社会的关注。1908 年，美国和加拿大成立了北美官方种子分析人员协会（Association of Official Seed Analysis，AOSA），进一步推动了种子检验的专业化和标准化。1921 年，在哥本哈根举行的第三次国际种子检验大会上成立了欧洲种子检验协会（European Seed Testing Association，ESTA）。随着检验大会的影响力逐步扩大，1924 年，在英国剑桥召开的第四次国际种子检验大会上，将欧洲种子检验协会改为现在的国际种子检验协会（International Testing Association，ISTA）。ISTA 是唯一一个从事种子测试领域标准程序开发和出版的全球性非营利组织。其宗旨是"推动与种子检验和评价有关的所有问题"，并致力于开发标准的种子测试方法，促进优质种子的贸易，为粮食安全做出宝贵贡献。截至 2024 年 8 月，ISTA 成员实验室遍布全球80 多个国家或不同经济体，超过 130 个成员实验室获得了 ISTA 的认可，并有权颁发 ISTA 证书。

1931 年，ISTA 制定了第一部《国际种子检验规程》（International Rules for Seed Testing，简称 ISTA 规程），为种子检验提供了全球统一的初步标准和规程，促进了国际种子贸易的规范化。1953 年，《国际种子检验规程》经过修订，解决了 1931 年版中没有统一的净度和发芽的定义问题[2]。之后经过多年持续的修订和补充，《国际种子检验规程》已是种子检验领域的重要国际标准，受到各国的重视和普遍采纳。中国修订本国种子检验规程，主要参考的是 1993 年版《国际种子检验规程》[3]。

《国际种子检验规程》文本由规程、附件和附录三大部分构成。ISTA 每年在考虑技术委员会的建议后，在股东大会上进行投票、修订和批准。截止到 2023 年版，规程共包含绪言（Introduction）、扦样（Sampling）、净度分析（The purity analysis）、其他植物种子数目测定（Determination of other seeds by number）、发芽试验（The germination test）、生活力的生物化学测定——剖面四唑测定（Biochemical test for viability—the topographical tetrazolium test）、种子健康测定（Seed health testing）、种及品种的鉴定（Species and variety testing）、水分测定（Determination of moisture content）、千粒重测定［Thousand-seed weight（TSW）determination］、包衣种子检验（Testing coated seeds）、生活力的离体胚测定（Excised embryo test for viability）、种子称重重复测定（Testing seeds by weighed replicates）、X 射线测定（X-ray test）、种子活力测定（Seed vigour testing）、种子大小和分级规则（Rules for size and grading of seeds）、橙色国际种子批证书的签发规则（Rules for the issue of Orange International Seed Lot Certificates）、种子混合物分析（Seed mixture analysis）、转基因生物种子检测（Testing for seeds of genetically modified organisms）19 个章节，系统地对国际种子贸易的取样、种子批次质量测试和报告结果进行了定义和标准化，可作为 1 000 多个物种的发芽条件与方法的有效参考指南。

ISTA 一直致力于促进国际贸易中涉及的种子评估标准程序的统一应用，出版物除了《国际种子检验规程》，还有《种子科学与技术》《国际种子检验》《ISTA 手册》。其中《ISTA 手册》包含了《种子传播疾病注释清单》《用于检测真菌的常用实验室种子健康检测方法》《种子检测公差和精度测量手册》《乔木和灌木种子测试手册》《种子检测实验室的建立和管理准则》等文件，可与《国际种子检验规程》配合使用，为种子检测工作者们提供更为全面、具体的帮助。

除了 ISTA，国际上涉及种子质量检验工作的还有以下几个重要组织：国际种子联盟（International Seed Federation，ISF）、国际植物保护公约（International Plant Protection Convention，IPPC）、国际标准化组织（International Organization for Standardization，ISO）和经济合作与发展组织（Organization for Economic Cooperation and Development，OECD）。它们虽然不是专门负责种子质量检验工作的组织，但通过与 ISTA 合作、技术支持、行业标准制定以及政策倡导等方式，积极推动了全球种子检验标准的统一和发展。

二、 我国种子质量检验技术发展历程

我国自古便深谙种子检验之智慧，早在魏晋南北朝时期，《齐民要术》种麻篇便记载了一套独到的种子甄别之道："凡种麻，用白麻子。……啮破枯燥无膏润者，秕子也，亦不中种。市籴者，口含少时，颜色如旧者佳，如变黑者裛。"[4]这种基于种子外观特征与简单生物反应的直观检验法，是我国古代劳动人民智慧的结晶，虽历经千载，其精髓仍为后世所沿用。然而，我国近现代的种子检验工作发展却是在 1957 年之后。中华人民共和国成立之初，我国没有专门的种子检验机构，检验工作由粮食部门或商检部门代替。1957 年，原农业部种子管理局组织浙江农学院（现浙江大学）等单位的专家在北京举办了第一个全国性种子讲习班，并编写了《种子检验简明教程》，我国种子检验工作进入新阶段。1975 年与 1977 年，为推进种子行业的规范化进程，原国家标准计量局与原农林部先后组织了两届全国种子标准化工作经验交流会议，汇聚各方智慧，共商种子标准化发展大计。在此基础上，原农林部专门召开重要会议，审议通过了多项纲领性文件，其中包括《主要农作物种子分级标准》《主要农作物种子检验技术规程》[5]。这些文件的制定，标志着我国种子管理与检验工作迈出了标准化、系统化的坚实步伐。

1978 年，我国在全国范围内建立各级种子公司，推动了种子检验工作的进一步普及。1981年，中国种子协会成立，并建立了种子检验分会和技术委员会。1982 年，原国家标准总局颁布了《林木种子检验规程》（GB 2772—1981），进一步规范了林木种子的检验流程。1983 年，分别在北京和南京成立了北方及南方林木种子检验中心，同年颁布了《农作物种子检验规程》（GB 3543—83），这是我国颁布的第一个国家级种子检验标准。1984 年，原国家标准局正式颁布了多项关乎

种子质量的关键标准，具体包括《粮食作物种子》（GB 4404—1984）、《粮食杂交种子》（GB 4405—1984）、《种薯》（GB 4406—1984）、《油料种子》（GB 4407—1984）、《棉花种子》（GB 4408—1984）以及《麻类种子》（GB 4409—1984）。3 年后又进一步推出了《蔬菜种子》（GB 8079—1987）和《绿肥种子》（GB/T 8080—1987）标准。

1995 年，为了与国际标准接轨，我国等效采用了 1993 年版《国际种子检验规程》，并发布了《农作物种子检验规程》（GB/T 3543.1—1995 ~ GB/T 3543.7—1995），该规程包含总则、扦样、净度分析、发芽试验、真实性和品种纯度鉴定、水分测定、其他项目检验 7 个组成部分，从原来传统的 4 项技术指标（纯度、净度、发芽率、水分）扩展到种子生活力的四唑测定、种子健康测定、重量测定、包衣种子检验等，确保检验的全面性。《农作物种子检验规程》的出现标志着我国种子检验技术与标准的进一步成熟。1996 年，国家启动"九五"种子工程项目，同步推动种子管理体系革新，并出台了《中华人民共和国种子法》及相关配套法规，累计投资逾 63 亿人民币，成功构建了 39 个农作物种质资源库，国家、省、市、县 4 级种子检测中心 92 个，为稳固提升种子检验水平奠定了坚实的物质和技术基础。1996 年，一系列粮食作物种子质量标准（GB 4404.1—1996 ~ GB 4404.2—1996）应运而生，针对豆类及禾谷类作物，制定了详尽且操作导向性强的检验规范。此外，还发布了《经济作物种子》（GB 4407.1—1996 ~ GB 4407.2—1996）标准。这共同构成了确保粮食及经济作物种子质量、支撑农业可持续发展的标准化框架。1998 年，原农业部全国农作物种子质量监督检验测试中心开始投入使用，成为我国种子质量检测工作的主力部门。

21 世纪，随着科技进步与种子质量关注度的提升以及国际种子检验工作的不断优化，我国种子检验标准体系经历了持续的优化与完善。例如，2010 年发布了《主要沙生草种子质量分级及检验》（GB/T 24869—2010）。1995 年颁布的《农作物种子检验规程》（GB/T 3543.1—1995 ~ GB/T 3543.7—1995）和 2003 年颁布的《桑树种子和苗木检验规程》（GB/T 19177—2003）在 2009 年进行了内容更新。尤为值得注意的是，粮食作物种子质量标准系列中的《粮食作物种子　禾谷类》（GB 4404.1—1996）在 2008 年被新版本取代，其余 4 项标准亦于 2010 年更新，其中《粮食作物种子　第 2 部分：豆类》（GB 4404.2—2010）在 2023 年进一步修订。2020—2021 年，国家新增正在批准的国家标准计划《农作物种子检验规程　第 4 部分：播种质量　发芽试验》（20211129-T-326）、《农作物种子检验规程　第 5 部分：品种质量　品种纯度鉴定》（20212108-T-326）、《农作物种子检验规程　第 6 部分：播种质量　水分测定》（20211128-T-326）、《农作物种子检验规程第 8 部分：播种质量　千粒重测定》（20211131-T-326）、《农作物种子检验规程　第 9 部分：播种质量　生活力测定》（20211130-T-326）、《农作物种子检验规程　第 10 部分：播种质量　活力测定》（20213530-T-326）、《农作物种子检验规程　第 11 部分：品种质量　品种真实性鉴定》

（20205102-T-326）、《农作物种子检验规程　第12部分：品种质量　转基因种子测定》（20213529-T-326），对农作物种子检验规程进行了系统的修改与优化。此外，《牧草种子检验规程》（GB/T 2930.1—2001～GB/T 2930.10—2001）于2017年完成统一修订。这些都体现了我国种子检验标准体系的动态更新与国际化接轨。

在中药材领域，2021年，我国颁布了国家标准《中药材种子检验规程》（GB/T 41221—2021）。它是我国第一部专门针对药用植物种子检验的国家标准。它的出台标志着我国中药材种子质量控制进入新阶段，不仅通过标准化管理确保中药材种子质量达到一定标准，从而提升中药产品质量，而且有助于规范国内中药材种子市场秩序，打击假冒伪劣产品，保护消费者权益。此外，该标准还为中药材种子生产者提供了明确指导，推动整个产业向科学化、规模化、现代化发展。随着中药材在全球范围内需求的增长，该标准的颁布也有利于我国中药材种子更好地与国际市场接轨，增强国际竞争力，整体上对保障中药材质量安全及促进中医药事业发展具有积极的作用。

当前，"质量第一"已成为我国种业发展的重要指导方针。农业农村部2021年数据显示，近年来我国主要农作物种子质量抽查合格率稳定在98%以上，这表明种子质量水平快速提高，质量"低劣"问题基本得到解决。这一成就反映了我国在种子质量管理与检验技术方面的进步。同时，种业法律法规及质量标准体系不断健全，为种子检验工作提供了坚实的法规基础和可行的操作规范。但是，目前我国农业仍处于由传统模式向优质高效及特色农业转化的转型升级关键期，在此背景下，一些以往关注度较低的作物因社会需求增长而迅速扩大种植规模，如药用植物中的三七、人参，油料作物中的红景蓖麻[6]、油莎豆[7]，热带作物中的椰子、咖啡、可可、胡椒、天然橡胶，香料作物中的八角、肉桂、丁香等，观赏和芳香植物中的玫瑰、薰衣草等，饲料作物苜蓿，纤维作物中的剑麻、苎麻等。这些特种经济作物的快速种植扩增不仅带来了发展机遇，同时也带来了前所未有的挑战。由于这些作物种类繁多，栽培模式和种子特性各异，因此，使用过去普遍适用的检验规程来规范其种子质量显得尤为困难。特别是对于范围极其广泛的中药材类种子，通常需要"量身定制"单个品种的标准。鉴于以上背景，我们亟须积极汲取国际先进的标准研究成果和检验技术，加快修订并新增适用于药用植物等特种经济作物的种子检验规程与质量分级标准，在建立具有普遍适用性的基础标准的同时，针对具体品种采取"一种一策"的定制化标准，以此相互补充，不断完善我国的种业标准体系。

三、　种子质量检验技术常用指标

随着生物技术领域的不断进步与革新，ISTA所制定的种子检测标准已不再局限于传统的4项基础指标，即纯度、净度、发芽能力和水分含量。《国际种子检验规程》现已扩展为一个更为全面且精细的体系框架，涵盖了扦样、净度分析、其他植物种子数目测定、发芽试验、生活力的生物化学测定——剖面四唑测定、种子健康测定、种及品种的鉴定、水分测定、千粒重测定、包衣种子检验、生活力的离体胚测定、种子称重重复测定、X 射线测定、种子活力测定、种子大小和分级规则、种子混合物分析及转基因生物种子检测等多个方面。这些检测指标随着实际需求的变化和技术的发展而持续更新和完善，反映了当今种子行业对质量控制的高度关注与严格要求。

在我国，粮食安全被视为国家稳定和社会发展的基石，因此农作物种子质量始终是公众关注的重点。《农作物种子检验规程》（GB/T 3543.1—1995 ~ GB/T 3543.7—1995）作为国内种子检测的基础标准，多年来一直指导着我国种子质量控制的技术实践，并在全国范围内得到了大力推广和广泛应用。通过这一规程，我们可以系统地了解我国在种子检验技术领域的概况。

基于此，本书将主要依据《农作物种子检验规程》和《国际种子检验规程》，并结合近年来种子检测技术的研究成果，详细介绍扦样、净度分析、水分测定、千粒重测定、发芽试验、生活力的生物化学测定、活力测定、种子健康测定、真实性和品种纯度鉴定等 9 个种子质量检测的常用指标。

（一）扦样

扦样是否正确，样品是否有代表性，直接影响到种子检验结果的正确性。按照《国际种子检验规程》中的定义，扦样的目的是获得一个适当大小的样本进行测试，其中一种成分存在的概率仅由其在种子批次中的频率决定。而我国则在其基础上修改为更具体的表述，根据我国《农作物种子检验规程　总则》（GB/T 3543.1—1995）第 4 条，扦样是从大量的种子中，随机取得一个重量适当、有代表性的供检样品。

种子扦样的一般程序是从种子批中先扦取得到一小部分种子（称为初次样品），再将初次样品合并、混合而得到混合样品，随后整个混合样品或者它的次级样品形成送检样品，送至种子检验站，进入分样程序。对于扦样的方法，国内外一致认同样品应由从种子批不同部位随机扦取若干次的小部分种子合并而成，然后把这份样品经多次对分递减或随机抽取法分取规定重量的样品。根据《农作物种子检验规程》（GB/T 3543—1995），我国认可的分样方法包括机械分样器法和四分法。前者由于其广泛的适用性，几乎适用于所有类型的种子，除了那些极其脆弱的种子；而后者由于其实用性和经济性，在一般的种子质量检验室中得到了广泛的应用。此外，《国际种子检验规程》还引入了改进的二分法、汤匙法和徒手减半法，这些方法能够满足不同类型种子的分样需求。

在种子批大小的容许差距方面，无论是国际标准还是国内标准，其允许的最大差异均为5%，这确保了种子质量评估在全球范围内的一致性和可比性。

近10年，随着科技的进步，扦样操作也在逐步向机械化、智能化靠拢，特别是针对粮食扦样机的改造一直在稳步向前。2022年，一种智能化的双杆桁架式粮食扦样机问世，实现了对散粮的自动化扦样和对运粮车车厢的无盲区扦样[8]。2023年，VS-Ⅱ型智能粮食扦样机控制系统被研发出来，可以对传统固定式粮食扦样机进行智能化改造[9]。到了2024年，更先进的全自动智能快速扦样系统问世，该系统利用机器人技术实现了无人化的扦样分样工作，显著提升了扦样的速度和智能化水平[10]。这些技术的进步不仅提高了扦样的效率，也为种子行业的现代化进程注入了新的动力。

（二）净度分析

净度分析是种子进行后续发芽试验、纯度测定、重量测定及活力测定等项目的前提，若净度分析环节出现问题或测定不准，后续的一切测定数据都不再可靠，无法反映真实情况。在《农作物种子检验规程　净度分析》（GB/T 3543.3—1995）中，净度分析是指将试验种子分成净种子、其他植物种子、杂质3种成分，并测定各成分的重量百分率的过程。净度分析涉及净种子、其他植物种子、杂质3个术语。净种子指送验者所叙述的种（包括该种的全部植物学变种和栽培品种）符合一定要求的种子单位或构造。其他植物种子，顾名思义指除净种子以外，任何植物种子单位，包括杂草种子和异作物种子。杂质则指除净种子和其他植物种子以外的种子单位和其他所有物质及构造。而在《国际种子检验规程》中，杂质被惰性物质（inert matter）术语所替代，指的是种子单元以及未定义为纯种子或其他种子的其他所有物质和结构，如很明显没有真正的种子存在的种子单位；小于规定的最小尺寸的颖果；破碎或损坏的种子，剩余部分为种子单位原始大小的一半或不到一半；在物种纯种定义中未被归类为纯种一部分的附属物；其他单生小花、空颖片、外稃、花萼、糠皮、叶、锥形鳞片、果翅、树皮、花、线虫囊、线虫头等其他所有非种子物质。

净度分析方法比较简单，对试样进行称重，并使用分样器分离成以上所讲的3种成分并称重，用GB/T 3543.3—1995中的公式求得净种子百分率、其他植物种子百分率、杂质百分率。值得注意的是，各种成分的最后填报结果应保留一位小数。各种成分之和应为100.0%，小于0.05%的微量成分不计入总和。如果其和偏离100.0%达0.1%（即99.9%或100.1%），则应从最大值（通常是净种子部分）中调整0.1%以使总和达到100.0%。如果修约值大于0.1%，那么应检查计算有无差错。

在提升净度分析的智能化层面，我国展现出显著进步。2023年提出的基于支持向量数据描述

（SVDD）算法与先进采集技术的结合，实现了小麦种子净度的高效精准检测，准确率高达 95%，即使在杂质占比达到 20% 的情况下，检测误差也控制在 3.2% 以内，标志着作物净度检测正进一步向国际靠拢[11]。此外，针对药用植物种子形态多样、检测难度大的特点，研究选取黄芩、桔梗、黄芪、紫苏和柴胡 5 种典型小粒中药材种子作为样本，创新性地应用机器视觉技术，捕捉种子、其他植物种子及所含杂质的颜色、尺寸、纹理等多维特征，并借助多层感知器（MLP）模型，成功开发出一套小粒中药材种子净度的快速检测方案[12]，为药用植物种子检验技术的进步注入了强劲动力。

（三）水分测定

水分测定要求在尽可能保证除去种子较多水分的同时，减少氧化、分解或其他挥发性物质的损失。

一般程序包括取样、磨碎、烘干和称重 4 个环节。样品接收后，为避免水分损失，需立即磨碎测定，得到一个样品盒及盖的重量 M_1 和烘前重量 M_2；烘干后再次测定，得到烘后重量 M_3；最后按照《农作物种子检验规程 水分测定》（GB/T 3543.6—1995）的公式计算水分含量。允许的最大差异为 0.2%。

$$种子水分（\%）= \frac{M_2 - M_3}{M_2 - M_1} \times 100\%$$

GB/T 3543.6—1995 提供的烘干方法有低恒温烘干、高恒温烘干和高水分预先烘干。低恒温烘干法在（103±2）℃下，烘 8 h，烘好后需在室温冷却 30~45 min 后再进行称重。低恒温烘干法需在相对湿度 70% 以下的室内进行，多用于葱属、棉属、芸薹属，以及花生、萝卜等种子。高恒温烘干法则保持烘箱 130~133 ℃，烘干 1 h，其余程序与低恒温烘干法一致。它适用于大部分瓜类种子、粮食种子、少部分蔬菜种子和豌豆、菜豆等豆类种子。高水分预先烘干法主要针对水分超过 18% 的禾谷类种子、水分超过 16% 的豆类和油料作物种子。操作是在（103±2）℃烘箱中预烘 30 min（油料作物种子在 70 ℃预烘 1 h），取出后放在室温冷却后称重。此后立即将半干样品磨碎，再按低恒温烘干法或高恒温烘干法所规定的方法进行测定。至于种子磨碎环节，不同方法对种子磨碎程度要求不一，建议参照 GB/T 3543.6—1995 进行。

《国际种子检验规程》中提供的烘干方法更为先进，除低恒温烘箱法、高恒温烘箱法，还有水分测定仪法。其中低恒温烘箱法在（103±2）℃下，烘干（17±1）h；高恒温烘箱法则保持烘箱 130~133 ℃，烘干时长依据种子类别而定，例如，玉米需要（240±12）min，禾谷类需要（120±6）min，其他作物则是（60±3）min。如需进行预先干燥，按照（103±2）℃烘箱中预烘 5~10 min 操作。相比前 2 种方法，水分测定仪法更为简便，操作基本和烘箱法一致。

（四）千粒重测定

千粒重测定是从净种子中数取一定数量的种子，称其重量，并换算成1 000粒种子的重量。

目前市场上存在的主要测重方法是计数重复次数，即用手或数种器从混合并去杂的净种子中随机数取数个重复，每个重复固定种子粒数，分别称重，计算平均值，换算成1 000粒种子的平均重量。这其中固定种子数通常取100、500或1 000，对应称为百粒法、五百粒法和千粒法。目前《国际种子检验规程》提供的是百粒法，而我国常用方法为千粒法。

1. 百粒法

测定方法主要依据国家标准《农作物种子检验规程　其他项目检验》（GB/T 3543.7—1995）中重量测定的方法，重复间的平均重量、标准差及变异系数，计算公式如下。

$$平均重量(\bar{X}) = \frac{\sum X}{n}$$

$$标准差(S) = \sqrt{\frac{n(\sum X^2) - (\sum X)^2}{n(n-1)}}$$

$$变异系数 = \frac{S}{X} \times 100$$

式中，X为每个重复的重量（g）；n为重复次数；$\sum$为总和；S为标准差；$\bar{X}$为100粒种子的平均重量（g）。

从试样中随机数取8个重复，每个重复100粒，计算8个重复的平均重量、标准差及变异系数。将平均重量（$\bar{X}$）乘以10，即$10 \times \bar{X}$，可换算成1 000粒种子的平均重量。要注意的是，糠秕种子（chaffy seeds）的变异系数不超过6.0，其他种子的变异系数不超过4.0，则可计算测定的结果。如变异系数超过上述限度，则应再测定8个重复，并计算16个重复的标准差。偏离平均值超过标准差2倍的重复略去不计。

2. 五百粒法

每个重复种子固定粒数为500。取3个重复，各重复称重（g）。2份的差数与平均数之比不应超过5%，若超过应再分析第4份重复，直至达到要求，取差距小的2份计算测定结果。再换算成1 000粒种子的平均重量，即$2 \times \bar{X}$。

3. 千粒法

随机数取2个重复，大粒种子数500粒，中、小粒种子数1 000粒，各重复称重（g）。2份的差数与平均数之比不应超过5%，若超过应再分析第3份重复，直至达到要求，取差距小的2份计算测定结果。

以上方法中的重复数和取样要求，可以根据种子稀有度、获取难易度等因素进行合理调整。除以上方法，还有全量法。全量法可以直接用计数机或数粒仪读出整个试验样品的种子数，再称重。随着仪器精度的不断提高和机器成本的下降，数粒仪正在逐步推广开来。

（五）发芽试验

发芽试验的目的是测定种子样品的最大发芽潜力，从而比较不同种子批质量，并估测田间播种价值。发芽试验涉及种子生活力、种子的萌发、发芽率、发芽势等术语概念。

种子生活力是指种子发芽的潜在能力或胚具有的生命力，它反映的是一批种子中具有生命力（即活的）种子数占种子总数的百分率，即种子发芽率和休眠种子百分率的总和，所以种子生活力测定能提供给种子使用者和生产者重要的品质信息，是种子品质的重要指标[13]。种子的萌发（germination）是指幼苗的出现和发展到一个阶段，其基本结构的特征表明它能够在有利的田间条件下进一步发展成为令人满意的植物。室外发芽试验通常难以稳定外部条件，缺少可靠的重演性，所以发展出了室内检验方法。依据 ISTA《国际种子检验规程》和《农作物种子检验规程 发芽试验》（GB/T 3543.4—1995），一般用发芽率（germinative percent）来评判种子在适宜条件下发芽的能力。种子发芽率是指在发芽试验规定的条件和时期内长成的正常幼苗占供试种子数的百分率。除发芽率之外，国内还会使用发芽势（germinative energy）来进一步评判种子在适宜条件下发芽的能力，但未被列入国家标准。发芽势是指在规定的初始发芽期内正常发芽的种子数量占供试种子数的百分率。种子发芽势高，则表示种子生活力强，出苗整齐，籽苗生长一致。

发芽试验应在净度分析之后，选用净种子完成。对于处于休眠状态的种子，应首先解除其休眠，具体方法可参照 GB/T 3543.4—1995。在发芽试验中，通常会对发芽床、温度、持续时间、光照、前处理和其他因素等进行研究，选用最佳条件参数。

发芽床需要具有保水性和透气性，来满足种子萌发所需。可以选用琼脂、纸张、砂或添加矿物颗粒的有机化合物混合物。发芽期间发芽床应始终保持湿润，pH 维持在 6.0～7.5。如选用纸张，纸张必须是木材、棉花、皱纹纤维素纸或其他纯化的植物纤维素纸；选用纯砂，纯砂应大小均匀，直径在 0.05～0.80 mm，使用前进行洗涤和高温消毒；选用混合物，混合物必须在报告中描述清楚成分构成。一般而言，小颗粒的种子（如某些直径小于 1 mm 的草种）适合使用纸床进行发芽试验；而对于较大颗粒的种子（如部分大于 5 mm 的树种或豆类种子）或那些对水分较为敏感的中、小颗粒种子（如多数 1～5 mm 的蔬菜种子），则推荐使用砂床来促进其发芽。在试验设计上，每次试验采用 100 粒种子，并且进行 4 次重复。对于大颗粒种子，还可以进一步划分为包含

50 粒或 25 粒种子的亚组来进行更细致的研究。

在探究温度条件时，置床后的种子应在设定条件下发芽。一般采用恒温或变温培养。恒温处理应保持在所需温度的 ±1 ℃ 范围内。如作变温处理，应按规定的条件作温度变换。根据种子的萌发特性，可以选择提供光照或黑暗的培养环境。对于需要光照才能萌发的种子，光照强度通常维持在 750 ~ 1 250 lx。培养时长可以根据种子的发芽情况进行调整，比如在规定的试验期内仅有少量种子开始萌发，则可以将试验时间延长 7 d 或延长原定时间的一半。相反，如果在试验周期结束之前，种子已经达到了最大发芽率，则可以提前终止试验。

在整个发芽过程中，应当定期进行观察并做好记录，通常建议每 2 ~ 3 d 检查一次发芽情况，至少需要保证发芽势和发芽率在规定时间的 2 次记录。观察需确保发芽床的湿度适宜，同时要保证良好的通风以减少霉菌的发生，并确保种子和幼苗得到足够的氧气。在计数过程中，发育良好的正常幼苗应从发芽床中拣除。对可疑的，损伤、畸形或不均衡的幼苗，通常观察到末次计数时。一旦发现任何霉变、腐烂或死亡的种子，应立即移除并记录。如果霉变种子的比例超过 5%，则需要更换发芽床，以防交叉污染，并且每次处理种子前后，都要对使用的工具进行消毒，防止病原体传播。在最终记录时，要对所有幼苗进行评估分类，包括正常的幼苗、异常的幼苗、硬实种子、未发芽但仍存活的种子以及确认死亡的种子，并分别进行计数和记录。若怀疑未发芽种子存在休眠现象，或者正常鉴定幼苗数遇到困难，真菌、细菌感染导致结果不准确，在发芽条件设定、幼苗评估或计数过程中出现错误，以及试验结果超出允许的误差范围时，应当重新执行发芽试验。此外，定期监测环境参数，如温度、湿度等，确保它们在理想的范围内，并妥善保存所有观察记录和试验数据，便于后续分析和复查。

在完成发芽试验后，需要计算每个重复中正常幼苗的发芽势和发芽率，每次计数以 100 粒种子作为一个重复单位。如果使用了 50 粒或 25 粒种子作为副重复，则需要将相邻的副重复组合成一个完整的 100 粒重复单元。接着，计算 4 个重复中正常幼苗的平均百分比，并参照 GB/T 3543.4—1995 中的容许误差范围来评估结果的可靠性。如果结果超出了规定的误差范围，则需要进行第 2 次试验以验证初始结果。

发芽势的计算公式如下。

$$发芽势（\%）= \frac{在规定的初始发芽期内正常发芽的种子数量}{试验所用的总种子数量} \times 100\%$$

发芽率的计算公式如下。

$$发芽率（\%）= \frac{整个发芽期间内全部正常发芽的种子数量}{试验所用的总种子数量} \times 100\%$$

种子发芽试验是一个比较容易出现问题的环节，种子腐烂、干枯、长势不一的情况时有发生。

为保证发芽试验结果的可靠性，ISTA 一直在《国际种子检验规程》内更新和补充发芽试验评定标准的细节，我国也在解决此类问题上提出有针对性的方法[14]。随着科技的发展，容许差距的参考数值也在不断调整[15-16]，以适用于不同类别、不同品种的种子发芽试验。

（六）生活力的生物化学测定

种子生活力（viability）是指种子的发芽潜在能力和种胚所具有的生命力，通常是指一批种子中具有生命力的（即活的）种子数占种子总数的百分率。剖面四唑测定是一种生化试验，也是唯一被列入《国际种子检验规程》和《农作物种子检验规程　其他项目检验》（GB/T 3543.7—1995）的标准方法，适用于以下情况以快速评估种子活力：当种子必须在收获后不久播种时，深休眠的种子，发芽缓慢的种子，需快速估算发芽潜力时。它还可用于以下情况：在发芽试验结束时，特别是在怀疑种子休眠的情况下，确定个别种子的生存能力；检测是否存在各种类型的收获和（或）加工损坏（热损伤、机械损伤、昆虫损伤）；解决发芽试验中遇到的问题，例如，异常原因不明确，怀疑使用农药处理等。

在四唑试验中，使用 2,3,5-三苯基氯化（或溴化）四唑（2,3,5-triphenyl tetrazolium chloride，TTC）的无色溶液作为指示剂，以揭示活细胞内发生的还原过程。指示剂被种子吸收，在种子组织中与活细胞的还原过程相互作用，在活细胞中产生一种红色的稳定的不可扩散物质——三苯基甲䐶[17]。这样就可以区分出种子中红色的活的部分和无色的死的部分。当然，种子除了完全染色和完全未染色的两种情况外，还可能出现部分染色。这些部分染色的种子的不同区域存在不同比例的坏死组织。坏死区的位置和大小，决定了这种种子是可存活还是不可存活，而不一定取决于颜色的强烈程度。可存活的种子应在正常幼苗发育所必需的全部位置上出现染色。发芽试验同样是测定生活力，但相比发芽试验，四唑测定法测定种子生活力的适用面更广，不受种子休眠限制，原理可靠，6~24 h 即出结果，因此也更受欢迎，具有良好的应用前景。

四唑试验应在净度分析之后，选用净种子完成。每个重复 100 粒种子，不少于 2 次重复。为提高染色均匀度，种子通常要在染色前进行预湿。预湿的方法分为缓慢润湿和水中浸渍。前者是将种子放在纸上或纸间吸湿，它适用于直接浸在水中容易破裂的种子（如豆科大粒种子），以及许多陈种子和过分干燥种子；后者即将种子完全浸在水中，让其达到充分吸胀。之后将不同种子切割出适宜的剖面，使种子结构充分暴露。再将种子放入浓度适宜的四唑溶液。四唑溶液的浓度、染色时的温度、染色时间需要具体到品种进行研究。最后根据鉴定标准，进行观察计数。

除了种子剖面四唑测定法，红墨水染色法和溴麝香草酚蓝（BTB）法也是常用的生化测定方法，但都未被列入我国国家标准[18]。红墨水染色法原理是有生活力种子的胚细胞的原生质具有半透性，可选择吸收外界物质。红墨水中的 5-(乙酰基氨基)-4-羟基-3(苯基偶氮)-2,7-萘二磺酸二钠盐（酸性大红 G）不能进入细胞内，胚部不染色。而丧失活力的种子会被染成红色，以此判断种子是否具有生活力。红墨水染色法不需特殊试剂，操作方法简单，一般与实际测定值及发芽率的相关性在 95% 以上，其准确性与四唑测定法相近，很适于在广大农村基层推广应用，但是在不同水分环境下种子可能会表现出不同的颜色深浅，结果判定容易存在人为误差[19]。溴麝香草酚蓝法则是根据 BTB 酸碱指示剂的特性进行测定的。活种子呼吸作用产生的二氧化碳溶于水为碳酸，碳酸解离成的氢离子（H^+）和碳酸氢根离子（HCO_3^-），使 BTB 由碱性呈蓝色变为酸性呈黄色，种子周围出现黄色晕圈。死种子无呼吸作用，仍呈蓝色，据此即可鉴定种子有无生活力。这种方法快速、准确，但也有局限，不适用于休眠种子[20]。

以上列举的方法都是生化测定方法，目前也发展出一些不会破坏种子结构或影响种子原有生活力的测定方法，如 X 射线造影法、荧光分析法（包括紫外线荧光法、纸上荧光圈法、荧光染剂法）、渗出物检测法（包括电导率法、光密度法、尿糖试纸法）、自由基测定法等，都有各自的优点，适用于不同类别种子的不同检测条件。

（七）活力测定

1950 年，ISTA 首次明确区分了种子活力（vigour）与生活力的概念，将种子活力确立为衡量种子品质的独立维度，并且组建了专门的生物化学与幼苗活力测试委员会，旨在深入探讨种子活力的定义和测定方法[21]。种子活力和种子生活力不能等同。能发芽的种子都是具有生活力的种子，但有生活力的种子不一定能发芽，例如，一些休眠种子在发芽试验中不能发芽，但它是有生活力的，破除休眠后能长成正常幼苗。发芽试验可检验种子的质量，活力测定可检验发芽种子在田间表现的差异，但生产实践表明，实验室的发芽率与田间的出苗率之间往往存在很大差距。种子活力主要决定于遗传性、种子发育成熟程度和贮藏期间的环境因子。遗传性决定种子活力强度的可能性，发育程度决定活力程度表现的现实性，贮藏条件则决定种子活力下降的速度，因此种子活力是一项综合性指标[13]。在 2023 年版《国际种子检验规程》中，种子活力的定义为在广泛的环境中，可接受发芽率的种子批的活性和性能的性状总和：①种子萌发和幼苗生长的速率和均匀度；②种子在不利环境条件下的出苗能力；③贮藏后的性能，特别是发芽能力的保持。目前 ISTA已将电导率测定（electrical conductivity test）、加速老化测定（accelerated ageing test）、控制劣变测定（controlled deterioration test）、胚根出现测定（radicle emergence test）和四唑活力测定（Tetrazolium vigour test）的标准化技术列入。而国内用于活力测定的方法发展到现在，目前已形成多种多样的方法。现将部分方法介绍如下。

　　胚根出现测定法是基于种子萌发和生长来测定种子活力的。它需要寻找适宜的胚根突出率统计时间点，可作为发芽试验中的一部分同步完成，简单快捷。此方法适合评估具有直立胚芽或胚根的蔬菜类及禾谷类种子的活力，已用于玉米、油菜和萝卜种子的活力测定。但近年研究表明，测定结果受环境影响较大，尤其处于逆境时幼苗生长测定往往与田间出苗率有较大出入。

　　另有一些方法是在环境条件上加以研究，选择模拟与种子逆境相似的环境来预测种子的田间成苗率，从而获取活力测定的最佳方法，比如室内标准发芽测定法、低温发芽测定法、高温发芽测定法、抗冷测定法、加速老化测定法。室内标准发芽测定法是模拟种子在最适条件下的萌发和生长。低温发芽测定法步骤与室内标准发芽测定法相同，不同点是以低温预处理（一般为10～18℃）种子模拟早春田间低温逆境，考量种子对低温环境的抵抗能力。它适用于耐寒性较差的作物，如玉米[22-23]、高粱、黄瓜、棉花、水稻[24]。而苦荞[25]则更适用于高温发芽测定法。抗冷测定法是将种子置于低温和潮湿的土壤中，经一定时间处理后移至适宜温度下生长，模拟早春田间逆境条件，观察种子发芽成苗的能力。适用于春播喜温作物种子，如玉米、大豆、豌豆等。加速老化测定法是在人工控制的高温高湿条件下加速种子的活力衰退，可以在较短的时间内测定出种子活力差异。ISTA要求加速老化测定法的温度为（41±0.3）℃恒温，相对湿度约为95%，国内一般采用的温度是40～45℃，相对湿度为100%。常用于大豆、豌豆、牧草[26]、冬小麦的活力测定。控制劣变试验是通过急剧的环境变化来引起种子生理功能的恶化，如突然的结冰或高温，从而筛选出不受影响的高活力种子。ISTA要求温度在45℃以内，精准度±0.3℃，湿度在种子升温前必须统一。该方法相比老化试验，更加严格地控制种子含水量。常用于小粒蔬菜种子的活力测定，如芸薹属油菜。值得注意的是，老化也是劣变过程，但劣变不一定都由老化引起。

　　除了模拟田间环境外，还可以测定某些与种子活力有关的生理生化指标，如酶的活性、浸泡液电导率、呼吸作用等，由此引申出了电导率测定法、四唑活力测定法、脱氧核糖核酸（DNA）复制速率测定法和三磷酸腺苷（ATP）含量测定法等测定方法。四唑活力测定法在"（六）生活力的生物化学测定"中已经介绍，它不仅广泛应用于种子检验中的生活力快速测定，随着活力研究的兴起，也被引入活力测定的范畴，用于鉴定有活力和没活力的种子。电导率测定法的原理是种子吸胀初期，细胞膜重建和损伤修复的能力会调控电解质和可溶性物质的外渗程度。重建细胞膜的速度越快，修复损伤的程度越高，外渗物越少，电导率数值越低。高活力种子重建膜的速度和修复损伤的程度优于低活力种子，从而区分出活力差异。鹰嘴豆、大豆、豌豆、萝卜等都可用此方法测定活力。近年来，随着种子检验技术的不断发展，采用流式细胞术测定种子吸水早期的DNA复制速率，进而评价种子活力的方法应运而生。其原理是在种子吸胀早期，DNA损伤修复之后，4C型细胞核会增加。高活力种子修复时间更短，因此在早期的4C/2C值更大，与田间出苗率呈正相关[27]。

上述传统方法科学性强，但对种子有破坏性、周期长。随着光学技术和多种计算机辅助图像分析技术的发展，通过建立预测模型，配合机器算法学习，在种子活力快速检测领域已经取得了长足的进展，达到种子无损快速检测的目标[28]。目前已在研究的就包括 X 光光谱检验[29]、高光谱技术[30-31]、近红外光谱技术[32]、红外光谱技术[33]、氧传感技术[34]、光声光谱技术[35]、可调谐半导体激光吸收光谱[36]、色选技术[37]、多技术融合检测[38]方法等。这些方法检验快速且不破坏种子活力，可极大降低劳动强度、缩短测定时间，前景广阔，但尚未从科研广泛普及到实际生产前沿。

（八）种子健康测定

种子健康是种子质量构成的重要指标。种子健康测定是检测种子是否携带有病原菌（真菌、细菌和病毒）、害虫（线虫等）有害生命体，以及发生缺乏微量元素等部分生理状况。种子健康测定可了解发芽差或田间出苗不良的原因，从而弥补发芽试验的不足。另外，世界种子贸易也需要出具种子健康检测证书。我国种子健康测定已被列入《农作物种子检验规程 其他项目检验》（GB/T 3543.7—1995）。其中包括了样品未经培养的 7 种检验方法（直接检查、吸胀检查、洗涤检查、剖粒检查、染色检查、比重检验、软 X 射线检验）和样品经一定培养时间后的 3 种检测方法（吸水纸法、砂床法、培养皿法）。选择哪种方法取决于所研究的病原菌或种子生理状况、种子种类及测定目的。目前在我国用于种子健康检测的主要是琼脂平皿法[39-40]。试验一般要求样品不少于 400 粒种子。种子经过预处理措施，间隔排列在经过灭菌的琼脂表面上进行培养，观察种子或琼脂上形成的菌落情况，并进一步纯化分离鉴定菌种。

传统方法耗时长且实验室间结果变异性大，催生了对更高效分子生物学技术的需求。在此背景下，一系列简便快捷且可靠的检测技术应时而生。当前，主流的分子检测手段涵盖了环介导等温扩增（LAMP）、标准 PCR、巢式 PCR、血清学检测、实时荧光 PCR、酶联免疫吸附试验，以及多种复合技术等[41-45]。针对细菌检测，则广泛应用了免疫富集 PCR、LAMP 技术、免疫磁珠辅助 PCR、快速免疫层析试纸、实时荧光定量 PCR，乃至先进的微滴式数字 PCR（ddPCR）等技术[46-47]。这些生化检测手段以其敏感性和速度见长，尽管存在假阳性风险，但针对特定种子品种优化选择检测方法和参数，可以最大化检测的准确性和实用性。

（九）真实性和品种纯度鉴定

种子真实性（genuineness of seed）和品种纯度（cultivar purity）是构成种子质量的 2 个重要指

标，二者都和遗传基础有关。种子真实性是指供检品种与文件记录（如标签等）是否相符。品种纯度是指品种个体与个体之间在特征特性方面典型一致的程度，即本品种的种子数占供检本作物样品数的百分率。在进行品种纯度鉴定前，应先完成种子真实性鉴定。对种子进行真实性和品种纯度鉴定是保证品种优良遗传特性、正确评定种子等级、防止品种混杂退化和维护种子市场健康发展的必要手段。

《农作物种子检验规程　真实性和品种纯度鉴定》（GB/T 3543.5—1995）中种子真实性和品种纯度鉴定的方法包括快速测定法、形态鉴定法、幼苗鉴别、田间小区种植鉴定，并未将分子鉴定技术纳入其中。对种及栽培品种的鉴定可以用种子，幼苗或在检验室、温室、培养室或田间小区中长成的较成熟植株。快速测定法又分为苯酚染色法、大豆种皮愈创木酚染色法、氢氧化钾–漂白粉鉴定法、荧光鉴定法、氯化氢测定法、氢氧化钠测定法 6 种。形态鉴定法要求送检样品不少于 400 粒，每个重复不超过 100 粒种子。根据种子的形态特征，如种子大小、形状、种皮颜色光泽、表面构造、附着物及种脐特征等，必要时可借助扩大镜等进行逐粒观察，与标准样品或鉴定图片和有关资料比对得出结论。幼苗鉴别可采取 2 种策略：一是利用加速生长条件进行预处理（类比于田间小区鉴定的加速版），在幼苗迅速达到适宜评价的发育阶段时进行全面或抽样鉴定；二是将植株置于特定逆境环境中，通过观察不同品种对逆境的响应差异来进行品种区分。检验过程通常结合种子形态鉴定和幼苗鉴别，双管齐下，确保鉴别的准确性。田间小区种植鉴定作为最可靠、准确的鉴定手段，要求在鉴定全程与标准样本并行比较，以此形成一个全面、系统的品种特征描述库。然而，该法耗时耗力、成本高，难以满足快速鉴定的需求。

随着种子鉴定领域的发展，GB/T 3543.5—1995 中诸多快速测定技术因无法满足当前需求而逐渐淡出舞台。尽管蛋白质电泳、同工酶电泳以及特定酶活性测试和抗体反应等手段，曾一度盛行，但后期大家发现目标蛋白提取难度大，蛋白质多态性受限于严格的组织、时间和空间特异性表现，加之蛋白质与同工酶高度不稳定，易受外界条件波动影响，导致这些传统方法的准确性和可靠性大大降低，促使其逐渐被淘汰。行业趋势显示，种子鉴定技术正从传统形态鉴定法和快速测定法转向更先进的分子标记技术。然而，要求所有实验室及检验站点采用统一的分子技术并不现实。鉴于此，亟须建立一套标准化方法，既能为实验室提供明确指导，又能为寻求获得这类试验认证的实验室提供程序便利。2023 年版《国际种子检验规程》中，ISTA 引入了半性能基础法（semi-performance-based approach，SPBA），作为应对之策。该方法赋予单个实验室灵活性，允许其选择一部分而非全部的经验证适用并满足预设性能标准的测试组件，以确保一致性。具体而言，虽然指定了特定的分子标记作为检测目标，但其实现途径——即分析方法，则由各个实验室自定，前提是这些方法经过评估证明有效且得出的结果符合 ISTA 规定的可接受标准。实验所用的 DNA

可以从种子或幼苗中提取，其中一个种子相当于一棵幼苗。目前已报道的用于种子真实性和品种纯度鉴定的分子技术，就有多核苷酸多态性标记法（multiple nucleotide polymorphisms，MNP）、随机扩增多态性DNA技术（random amplified polymorphic DNA，RAPD）、简单重复序列标记法（simple sequence repeats，SSR）、简单重复序列间扩增技术（inter-simple sequence repeats，ISSR）、相关序列扩增多态性技术（sequence related amplified polymorphism，SRAP）、扩增片段长度多态性技术（amplified fragment length polymorphism，AFLP）以及DNA条形码分子技术[48-51]，这些技术在植物种质鉴定上发挥了新的作用。

第二节　药用植物种子生物学特性

一、　药用植物与农作物种子的区别

药用植物作为自然界中不可或缺的宝贵资源，不仅承载着千年的医药文化，更是现代药物研发的重要源泉。与上述的农作物种子相比，药用植物种子展现出一系列独特的生物学特性，包括生态习性、遗传特性、繁殖策略及对环境的适应性等。这些特性不仅决定着药用成分积累与遗传稳定性，同时也体现了农作物种子检验和药用植物种子检验的差异性。

（一）生态习性与分布

大多数农作物经过长期的人工选育，适应了密集种植、高肥水条件下的生长环境，其生态习性趋向于需要稳定且充足的人工干预，如灌溉、施肥、病虫害防治等。因而对环境变化（如气候变化、土壤退化）的敏感度较高，对特定环境条件有较强的依赖性。相比之下，药用植物更多地分布在自然生态系统中，从山地、森林到湿地，甚至极端环境中都能找到它们的踪迹。它们往往对生态环境有更广泛的适应性，能够耐受干旱、贫瘠土壤或极端温度，且不少种类仍未做到人工栽培，仅能依靠野生资源。在2017年国家药品监督管理局发布的《中药资源评估技术指导原则》附2《种植中药材参考名录（植物类)》中，罗列出的实现人工栽培的药用植物仅有226种。这也说明了大部分药用植物的生态习性相适于自然环境，在人工干预下，很难完成培养。不成熟的温室种植或控制环境下的栽培，可能会致使药用植物形成遗传变异和生理生化特性差异，给种子检验工作中的品种纯度和真实性鉴定带来一定的挑战和困难。

（二）遗传多样性与繁殖方式

在农业生产中，为了实现高产量，提高稳定性和抗逆境能力，农作物经历了大量、长期的人工选择和杂交育种，这一过程导致了作物遗传多样性的相对降低。农作物的繁殖方式大多依赖于自交或是受人为控制的异交，这种方式便于品种的纯化和大规模商业种植。相比之下，药用植物表现出更高的遗传多样性，这主要归因于它们拥有多样的繁殖策略，如异花授粉、无性繁殖以及混合繁殖机制等。这些繁殖方式不仅有助于药用植物在多变的自然环境中生存和繁衍，也为新药源的发现提供了丰富的遗传基础。

药用植物种子的遗传多样性和多样的繁殖方式对种子检验工作产生了重大影响——对品种纯度和真实性鉴定的难度相比农作物种子显著提高，这也要求检验员在检验过程中采用更加精细的方法，如分子标记等现代生物技术手段，来辅助鉴定。

（三）种子保存与休眠特性

农作物种子的休眠主要是生理休眠，有些也会经历物理休眠。目前很多栽培品种已经通过育种过程减少了休眠期，这使得它们容易储存并能够在适当的条件下迅速萌发，以适应农业生产的时间表。与此相比，药用植物种子的休眠机制则更为复杂多样，涉及形态休眠、生理休眠、物理休眠以及复合型休眠等多种类型。

形态休眠是指由于胚发育不完全而导致的休眠状态，这类种子需要经历形态后熟过程来进一步分化发育，随后通过低温处理来解除休眠，如西洋参（*Panax quinquefolius* Linn.）和北沙参（*Glehnia littoralis* Fr. Schmidt ex Miq.）。这类种子在自然环境中通常需要经过冬季的低温条件，以促进其内部发育，使其能够在春季到来时顺利萌发。

生理休眠的种子虽然胚已经完全形成，但由于存在萌发抑制物质，故无法正常萌发。为了打破这种休眠状态，通常需要采用一系列处理措施，如低温分层处理、光照处理、变温处理以及应用外源激素等。在农作物中，小麦、大麦等禾本科作物的种子有时会有轻微的休眠现象；在中药材中，这种类型的种子在伞形科、芸香科、木兰科和石竹科等药用植物中比较常见[52]。例如，商陆（*Phytolacca acinosa* Roxb.）就需要经历一个较长的低温阶段来解除其休眠状态。

物理休眠则是由于坚硬的种皮阻碍了种子的吸水和气体交换，因此需要通过物理手段如划伤种皮或化学处理来克服这种障碍。扁茎黄芪（*Astragalus complanatus* R. Br.）就是一个典型的例子。此外，一些种子如白头翁［*Pulsatilla chinensis*（Bunge）Regel］也需要通过种皮软化处理来促进萌发。

复合型休眠则是指同时存在种皮障碍和萌发抑制物质的情况，如山茱萸（*Cornus officinalis* Sieb. et Zucc.），这类种子需要结合物理（种皮机械破损）和生理处理（低温层积处理以中和或减少萌发抑制物质的影响）的方法来解除休眠。复合型休眠的种子通常需要更为复杂的处理流程，包括但不限于去壳、浸种、化学处理和温控处理。

多样的休眠特性对种子的检验工作产生了重要影响。种子检验员需要熟悉不同药用植物种子的休眠类型及其解除方法，以确保能够准确评估种子的发芽潜力。这不仅要求检验人员具备专业知识，还意味着需要根据不同种子的特点进行定制化的检验方案设计。例如，在评估种子的发芽率时，可能需要根据种子的具体休眠类型调整预处理步骤，如改变处理时间、温度或湿度条件。

二、 药用植物涵盖范围

药用植物的范畴极其广泛，几乎覆盖了植物界的各个角落，从温带的草甸到热带的雨林，乃至沙漠和高山地带，都蕴藏着丰富的药用植物资源。药用植物的涵盖范围可以从多个维度进行划分和探讨。

从植物分类学角度来看，被子植物占药用植物的绝大多数，包括双子叶植物和单子叶植物两大类[53]。双子叶植物如菊科、唇形科、豆科等，拥有诸如菊花（*Chrysanthemum morifolium* Ramat.）、薄荷（*Mentha haplocalyx* Briq.）、扁茎黄芪（*Astragalus complanatus* R. Br.）等著名药用植物；单子叶植物如百合科、禾本科，拥有麦冬［*Ophiopogon japonicus*（L. f）Ker-Gawl.］、薏米［*Coix lacryma-jobi* L. var. *ma-yuen*（Roman.）Stapf］等重要药用植物。裸子植物如松科、柏科的种子、树脂和叶等，常被用于提取药用成分，如马尾松（*Pinus massoniana* Lamb.）的花粉、侧柏［*Platycladus orientalis*（L.）Franco］的叶等。菌类虽然占比不大，但也有一些物种如猪苓［*Polyporus umbellatus*（Pers.）Fries］、茯苓［*Poria cocos*（Schw.）Wolf］等，被用于传统医药。

在生态环境与地理分布上，大多数药用植物分布在温带，如欧亚的甘草（*Glycyrrhiza uralensis* Fisch.）、亚洲的当归［*Angelica sinensis*（Oliv.）Diels］，能适应四季分明的气候，其地下部分常富含有效成分。热带雨林有南美洲的猫爪草（*Ranunculus ternatus* Thunb.）、非洲的苦楝树（*Melia azedarach* L.）等，这些地区的植物资源丰富，很多具有独特的药理活性，在当地使用多年。肉苁蓉（*Cistanche deserticola* Y. C. Ma）则是典型的干旱或半干旱区药用植物，能适应极端干燥环境，对恢复体力、滋养强壮有良好效果。

药用植物的使用部位更是多样，大致可分为全草类、根茎类、花果类、皮藤类等。全草类如车前草（*Plantago asiatica* L.）、鱼腥草（*Houttuynia cordata* Thunb.），整个植物体均可入药。根茎类如柴胡（*Bupleurum chinense* DC.）、黄芩（*Scutellaria baicalensis* Georgi）、黄芪［*Astragalus membranaceus* (Fisch.) Bunge］、甘草（*Glycyrrhiza uralensis* Fisch.），地下部分富含活性成分，常用于补益和清热解毒。花果类如菊花（*Chrysanthemum morifolium* Ramat.）、红花（*Carthamus tinctorius* L.）、枸杞（*Lycium chinense* Miller）、莲（*Nelumbo nucifera* Gaertn.），花或果实被广泛用于治疗感冒发热和消化不良。皮藤类如五味子［*Schisandra chinensis* (Turcz.) Baill.］、钩藤［*Uncaria rhynchophylla* (Miq.) Jacks.］，皮、藤或枝条具有药效。还有叶、芽、树脂及其他特殊部位入药者，如侧柏［*Platycladus orientalis* (L.) Franco］的叶、油松（*Pinus tabuliformis* Carrière）的瘤状节或分枝节，其药用价值也不容忽视。

药用植物的功能应用领域一直经历着拓展与深化。一方面，传统中药领域遵循中医辨证施治的核心理念，强调机体的整体平衡，如人参补气、黄连清热。另一方面，科技进步引领现代药理学迈向新高，专注于从药用植物中提取并纯化高效的活性成分，为创新药物研发开辟新径，青蒿素[54]与紫杉醇[55]的发现便是其中的璀璨成果。此外，药用植物提取物在提升人体免疫力、美容保养等现代健康生活领域亦展现出巨大潜力，如芦荟、绿茶提取物。功能领域的拓展也意味着会有更多的药用植物被挖掘研究，保证其质量（品质）是未来持续发展的关键。

三、药用植物种子萌发习性

药用植物种子的萌发类型多样，不仅体现了植物体对不同生态环境的精细适应，也是植物种群在自然界中成功竞争与延续的关键因素。种子萌发的基本三要素为光照、水分和温度，某些种子可能还需要一些外源性物质[52,56]。药用植物种子的萌发习性如下。

（一）光敏性萌发

对于需光型种子，光照在决定其是否萌发和影响萌发率高低方面起着重要作用。光通量、光照时间、光周期和光谱成分是光影响种子萌发的 4 个属性[57]。对光通量敏感的药用植物有拟南芥［*Arabidopsis thaliana* (L.) Heynh.］[58]、白花蛇舌草（*Hedyotis diffusa* Willd.）[59]。某些植物对光照时间有要求，高光强照射较短时间和低光强照射较长时间才能使种子萌发，如小七号藘草（*Phalaris minor* Retz.）[60]。光周期也会影响某些种子的萌发，如秋海棠（*Begonia evansiana* Dry.）在 8~12 h 的光周期才有最高萌发率[61]。光谱在种子萌发过程中也十分关键，特定波长的光可以促进或抑制种子萌发，例如，蓝光可以抑制大麦[62]、黑麦草[63]的种子萌发。这类种子通常含有光感受器，能感知红光和远红光的比例变化，以此调节萌发时机[64]。但有些种子反而需要避开光照才好发芽，如栀子种子[65]。

（二）温敏性萌发

种子的萌发对温度有着严格的要求，过高或过低的温度都会抑制萌发，只有在特定的温度区间内才会激活萌发进程。这种特性使种子能够适应特定的季节性气候变化，确保在最适合生长的季节萌发。按照药用植物种子萌发对温度的不同需求，可以将其分为以下几个主要类型。

低温萌发型（约 15 ℃）：这类种子在相对较低的温度下就能顺利完成萌发。例如，荆芥（*Nepeta cataria* L.）和丹参（*Salvia miltiorrhiza* Bunge）等药用植物种子，在凉爽的春季条件下能够顺利萌发。这类种子通常适应温和的气候条件，如春季或秋季的低温环境。

中温萌发型（20～25 ℃）：这类种子在较为温和的温度范围内萌发最佳。例如，黄芩（*Scutellaria baicalensis* Georgi）、桔梗［*Platycodon grandiflorus*（Jacq.）A. DC.］和白鲜（*Dictamnus dasycarpus* Turcz.）等药用植物种子，在春季或夏季温暖但不过热的条件下萌发最为理想。这类种子适应春末夏初的气温。

高温萌发型（25～30 ℃）：有些药用植物种子需要在较高温度下才能萌发，如牛膝（*Achyranthes bidentata* Blume）、钩藤［*Uncaria rhynchophylla*（Miq.）Jacks.］和马齿苋（*Portulaca oleracea* L.）等。这些种子通常适应夏季炎热的气候条件，高温有助于打破种子的休眠状态，促进其萌发。

变温萌发型：有些种子需要经历从低温到高温的变化才能成功萌发。例如，关防风［*Saposhnikovia divaricata*（Turcz.）Schischk.］、马兜铃（*Aristolochia debilis* Siebold & Zucc.）和白术（*Atractylodes macrocephala* Koidz.）等药用植物种子，在经历一段时间的低温后，随着温度逐渐升高，才能顺利萌发。这类种子通常适应春季或秋季自然界的温度变化。

了解种子的温度需求对于优化种子的储存和处理至关重要。种子检验人员需要根据种子的具体温度需求，设计合适的预处理步骤，以确保种子在最佳条件下萌发。

（三）生理休眠与物理障碍

种子内含有的抑制物质［如脱落酸（ABA）——赤霉素拮抗剂］或外层坚硬的种皮构成了萌发的生理或物理障碍，需要特定的环境刺激（如温湿度变化）、化学处理（如使用激素）或物理损伤（如磨破种皮）来解除休眠状态。许多木本药用植物（如五味子）的种子具有深休眠特性，需经过冬季的低温和一定时期的湿润处理才能成功萌发。

（四）水力限制与渗透调节

种子萌发对水分条件敏感，有些种子在低水分环境下会进入休眠状态，而高渗透压环境下的种子则需要渗透调节来维持细胞活力。这使得植物能够在干旱或盐碱等不利环境中保持生存能力，直到缺水条件得到改善。肉苁蓉就是一种在极端干旱环境中生长的药用寄生植物，其种子对水分条件极为敏感，展示了高水平的渗透调节能力。

四、 药用植物繁殖方式

能传种接代、进行繁殖、扩大再生产的播种栽植材料包括 3 种类型：一是由胚珠发育成的植物学上的种子，如党参 [*Codonopsis pilosula*（Franch.）Nannf.]、牡丹（*Paeonia suffruticosa* Andr.）、山莨菪 [*Scopolia tangutica* Maxim.，*Anisodus tanguticus*（Maxim.）Pascher]的种子；二是作为播种材料的果实，如除虫菊 [*Tanacetum cinerariifolium*（Trevir.）Sch.-Bip.]、毛茛（*Ranunculus japonicus* Thunb.）的瘦果，香附子（*Cyperus rotundus* L.）的小坚果，当归 [*Angelica sinenisi*（Oliv.）Diels]的双悬果等；三是作繁殖用的营养器官，如紫菀（*Aster tataricus* L. f.）、地黄（*Rehmannia glutinosa* Libosch.）、玄参（*Scrophularia ningpoensis* Hemsl.）、山药（*Dioscorea opposita* Thunb.）、川芎（*Ligusticum chuanxiong* Hort.）等的根茎、块根、带芽的根、茎等。

种子繁殖的优点是繁殖量大、容易保存、易于传播，而缺点是需要一定的培养时间和条件。种子繁殖需要选择优质的种子，避免种子的变异和杂交，同时需要注意种子的保存和传播条件。非种子繁殖是指通过植物的其他部位，如茎、叶、根、茎秆等进行繁殖，在本书中，这类营养器官亦被纳入"种苗"范畴，如茎秆类的川芎，块茎类的延胡索 [*Corydalis yanhusuo*（Y. H. Chou & C. C. Hsu）W. T. Wang ex Z. Y. Su & C. Y. Wu]，块根类的麦冬、山药等。这种繁殖方式的优点是快速、经济、易于操作，而缺点是容易出现变异和杂交。

在药用植物领域，鉴于部分物种采用营养繁殖方式或自身为多年生不易结果类型，这要求我们在制定相应的检验标准时，必须超越传统种子种苗检测的范畴，采用对植株其他繁殖部位的有效评估方法。因此，在制定通用标准的同时，采取"一种一策"的定制化标准显得尤为重要，即针对每种药用植物的独特繁殖特性和药用部位，设计专门的检测标准和方法，以确保全面、精准地评价种子的品质与真实性。这种精细化的检验策略，不仅能更好地适应药用植物多样化的繁殖生态，还能为中药材的质量控制提供更为坚实的基础。

五、 药用植物种苗质量检测原因

在实际情况中，一些药用植物种子很可能会由于各种原因，不适用于作栽培繁殖材料，也不适宜作为检验对象来制定相关检验标准，需要考虑用营养器官"种苗"来代替。药用植物种苗质量检测原因如下。

（一）种子质量问题

由于药用植物种子本身质量不佳、储存条件苛刻等原因，影响到发芽率和幼苗的生长且无法改进或避免时，建议选取营养器官进行检验，用于后续的贸易、流通、种植环节。

（二）种子休眠

种子休眠是由于内在因素或外界条件的限制，一时不能发芽或发芽困难的现象。有些药用植物的种子具有休眠状态，需要特殊的处理才能破除休眠并促进发芽。这种处理过程可能烦琐复杂，大大增加了种子繁殖和种子检验的难度和成本，如刺五加。另外，有的野生性状重的中药种子休眠期长短不一，发芽极不整齐，也给种子检验工作带来一定困难。

（三）种子采集困难

对于一些珍稀或特定生长环境下的药用植物，其种子采集难度较大，可能需要到野外进行采集，且采集到的数量稀少，不足以进行检验工作，增加了采集成本和难度。

（四）繁殖速度慢

有些药用植物种子繁殖速度较慢或地理环境条件苛刻，需要长时间才能得到成熟种子，如禾本科竹亚科植物和兰科植物。而非种子繁殖方法如分株、扦插等可以更快速地繁殖出大量植株，进而较快完成种苗样品检验工作。

跟随着科技进步的迅猛步伐，药用植物营养繁殖研究亦迈入了新的发展阶段。运用组织培养、离体培养技术，辅以精密的植物激素调控策略，可以成功地加速并优化营养繁殖过程，大幅提升繁殖速度与植株品质。这一系列创新不仅拓宽了药用资源的可持续供给途径，也对非种子繁殖材料的标准化提出了更高的要求。因此，建立一套严谨的非种子繁殖栽培材料质量控制体系变得尤为重要。这一体系需涵盖从基因纯度验证、有效活性成分定量分析到病虫害全面筛查的全过程，以确保所有分离株系均达到最佳的遗传稳定性和生物活性。

第三节　药用植物种子种苗质量检验

一、　药用植物种子种苗质量标准化的内容和意义

药用植物种子种苗质量标准化是指制定一套全面的技术规范和技术标准，涵盖种子种苗的特征特性、生产过程、质量控制、检验方法以及包装、运输和储存等多个方面，并确保这些标准在实际生产中得到有效执行。这一标准化过程旨在保证各个环节的操作既科学又合理，以便于在实践中广泛应用。

长期以来，我国中药材市场存在诸多问题，如种源混杂、真伪难辨、陈种冒充新种、种子成熟度和净度低下等。这些问题的根源在于缺乏统一的种子种苗检验规程和质量分级标准，导致市场监管困难重重，问题难以从根本上得到解决。

加强药用植物种子种苗质量标准化的研究与实施，是解决上述问题的关键。标准化不仅可以帮助市场监管部门有效识别和减少市场上流通的假冒伪劣种子种苗，保护消费者的合法权益，同时也是我国药用植物种子种苗行业与国际接轨、提升国际竞争力的必要途径。通过标准化控制，可以从源头上确保中药材的质量，进而保障中药材的药效和安全性，同时也有助于提高农民和小型农业企业的经济效益，降低田间种植失败的风险。

近年来，国家为推进中药材规范化生产和促进中药高质量发展做出了不少努力。2022 年 3 月，国家药监局、农业农村部、国家林草局、国家中医药局联合发布了《中药材生产质量管理规范》（新版中药材 GAP），并在其中特别强调了"质量检验"的重要性，指出了中药材质量检验工作对于确保中药质量的关键作用。新版中药材 GAP 的出现，是推动药用植物种子种苗质量标准化的有力支撑。

展望未来，在科学技术迅速发展和全球贸易日益增加的背景下，中药材种子产业正朝着规模化、集约化和现代化的方向发展。明确的质量标准对于提升整个中医药行业的规范化水平和可持续发展能力至关重要。只有建立并严格执行高标准的质量管理体系，才能确保中药产业在全球市场中具有竞争优势，推动中药产业长期健康发展。

二、　药用植物种子种苗质量分级标准

药用植物种子种苗质量分级标准是指依据一系列科学检测和评价指标，对种子和种苗的质量进行分类定级的一套规则和体系。目前农作物和其他植物的种子等级标准划分是依据品种纯度、净度、发芽率、含水量等指标。我国药用植物可以酌情参考农作物标准并结合实际情况，种子可按种子净度、发芽率、含水量和千粒重等指标进行分级；种苗可以考虑混杂率、含水量、单株株高、叶长、根长、叶片数、单株鲜重等特定指标进行分级。

质量分级原则是通过聚类分析等统计方法，将种子和种苗根据上述指标的检测结果分为不同等级，如一级、二级、三级等，每个级别对应不同的质量要求和标准。针对某些特定药用植物，如人参、当归、党参、黄芩等，已有国家标准或地方标准出台。而对于其他种类，科研机构和标准化技术委员会正逐步推进标准化工作。

三、　药用植物种子种苗质量检验方法

药用植物种子检验内容与农作物检验基本一致，包含种子净度、发芽试验、生活力测定、含水量、千粒重、种子健康度检查等多项内容。试验操作原理、流程类似，已在前文描述，不再赘述。

药用植物种苗形式的检验对象包括茎、叶、根等，不同部位的质量检测方法各不相同，但基本包括净度分析、真实性鉴定、混杂率测定、重量测定、指标测定、健康测定等几方面。关于真实性鉴定、重量测定和健康测定，在前文"种子质量检验技术常用指标"中已有说明。下面主要对混杂率测定和指标测定分别进行解释。

（一）混杂率测定

混杂率测定指通过对植物材料中杂质的检测和计数来测定混杂率。不论是种苗、块根还是鳞茎，它们都很容易夹杂其他非本品的杂质，且相对于种子来说，更难剔除干净，因此测定混杂率极为重要。

$$混杂率（\%）= \frac{废繁殖材料 + 夹杂物}{纯净繁殖材料 + 废繁殖材料 + 夹杂物} \times 100\%$$

（二）指标测定

指标测定指通过对植物材料中可肉眼观察、稳定反映材料优劣的指标进行测定来检验其质量。

对于以种苗作为繁殖材料的药用植物，需要观察种苗的整体形态是否符合标准要求，包括种苗的高度、形状、分枝情况，检查种苗茎秆是否直立、匀称，是否有明显的倾斜、弯曲或畸形，枝干是否健壮、坚实，是否有折断、枯萎或裂纹现象，而后在影响品质的因素中选择最具显著差异的指标来衡量种苗是否符合质量测定要求，如麦冬种苗的百蘖叶片数指标。而对于以块茎、块根类作为繁殖材料的药用植物，需要观察茎、根的颜色是否正常，形态是否饱满，是否有缺损、变色、干瘪、明显破损、异常色斑、褪色或黄化现象，茎、根的粗细，直立程度，之后进一步计算它们的长度、围径、净度等指标。以实际情况举例，在对玉竹根茎进行质量检验时，需要考虑分枝情况和主枝上一年生长出的节的平均直径，将分枝数和主枝上一年生长出的节的平均直径 2 个指标作为质量检验项。经试验证明，节段茎毛数和茎粗对于不同来源紫菀发芽率的影响均达到了显著或极显著水平，所以紫菀种苗的质量检验则需要考虑茎毛数和茎粗 2 个指标。对川芎苓种质量的检验，可以测定芽体指标，如芽体的有无、芽体数、芽体形状、饱满度、芽体是否残缺等。测定出的干瘪比例、病灶、病灶面积等数据，可以用饱满度指标统一概括。

针对特殊类别的药用植物，还可以增加特定的检测方法。例如，对于菌类茯苓，可以通过菌丝体的形态特征和生长环境来鉴定真实性；对于块根类繁殖植物，可以通过块根的质地和气味来鉴定真实性。这些方法结合起来可以全面评估非种子繁殖药用植物的质量。

第二章

种子检验实验室的建立

随着种子市场的多元化扩张及国内外贸易流通的加速，对种子质量的把控面临着前所未有的严格要求，催生了对专业种子质量检验机构的迫切需求。在此背景下，种子检验实验室的设立成为保障种子检验工作高效开展的基石。它不仅搭建了一个集专业化、标准化于一体的检验平台，还确保了种子在播种前与国际及国家的质量标准无缝对接，对驱动农业、中医药、食品加工等多个行业可持续发展起着至关重要的作用。

种子检验实验室通过规范的检验步骤、正确的操作流程以及合理的评估体系，可以有效鉴别种子的真实性、活力、遗传纯度及健康状况，有效拦截劣质种子在市场上流通，降低种植环节风险。此外，这些实验室还是技术创新的孵化器和科研探索的前沿阵地。不断研发出的新兴技术与方法将有助于应对种子科学的新兴挑战，诸如转基因种子的精准识别、种子病害的即时诊断技术等，为维护种子安全与保障种子资源做出贡献。

第一节　国内种子检验实验室现状

我国种子行业发展至今，相比过去有了很大提升。从市场规模来看，2023 年我国农作物种业市场规模首次突破 1 500 亿元①，这一成就不仅标志着农业经济价值的增长，也体现了国家对于种业发展的高度重视和支持力度的持续加大。随着《中华人民共和国种子法》等一系列法律法规的修订和完善，以及国家种业振兴行动的深入实施，我国逐步构建起了一个涵盖多层次、多部门协作的种子质量监管体系，这一体系不仅保障了各类种子资源的有效保护和合理利用，也为种业市场的健康发展提供了坚实的制度支撑。

得益于上述政策环境的支持，近年来一批优秀的种子研究中心和实验室应运而生，并凭借其

---

① 数据来自 2024 年 12 月 12 日人民日报报道《我国农作物种业市场规模去年首次突破 1500 亿元产学研用融合种业提质增效》。

卓越的科研能力与技术服务，在帮助我国种子机构和种业企业提升种子生产质量和种子质量检验能力与水平的道路上做出了巨大努力，为推动我国种业科技进步做出了重要贡献。2011 年 1 月 1 日，农业部蔬菜种子质量监督检验测试中心成为 ISTA 会员实验室，在 ISTA 网站上的会员注册号为 CNML 0400。该实验室于 2013 年 3 月 6 日获得了 ISTA 执行委员会的确认和授权，成为我国首个 ISTA 认可的种子检验实验室[66]。检验范围包括普通种子和包衣种子，检验作物种类包括谷物、蔬菜、香料、草药、其他农作物等，检验项目包括扦样、水分测定、净度检验、其他植物种子鉴定、发芽检验、生活力和千粒重。2022 年 7 月 8 日，中国农业大学牧草种子实验室（会员注册号 CNDL 0100）也通过了 ISTA 认可。该实验室针对牧草与草坪草种子、农作物种子、蔬菜种子和花卉种子，开展扦样、净度分析、发芽、水分、其他植物种子、包衣种子相关项目检测，可出具 ISTA 橙色证书和蓝色证书。除开获得认可的实验室，我国截至 2024 年还有 8 个 ISTA 会员实验室（非认可），分别是农业农村部牧草与草坪草种子质量检验测试中心（兰州）（CNML 0700）、兰州海关技术中心动植物检疫实验室（CNML 0800）、山东省林草种质资源中心（CNML 1000）、北大荒垦丰种业股份有限公司质量控制实验室（CNML 1100）、武汉庆发禾盛农业发展有限公司种子检验研究实验室（CNML 1200）、崖州湾创新发展中心有限公司实验室和质量中心（CNML 1300）、广东省农业科学院农业生物基因研究中心（CNML 1400）和安徽荃银高科种业股份有限公司种子质量管理实验室（CNML 1500）。这 2 个 ISTA 认可会员实验室和 8 个 ISTA 非认可会员实验室的出现，标志着我国拥有了与国际一流的种子质检机构同等的话语权，这有利于消除我国种子进出口质量检验的技术壁垒，极大提高了我国种业整体的国际竞争力。同时，也为其他种子检验实验室的技术提升指明了方向。

目前国内有许多获得 CMA 资质的第三方检验机构，可以提供专业的种子质量检验服务，甚至可以提供药用植物种子质量检验服务的也不在少数。像中国中医科学院中药研究所或中国医学科学院药用植物研究所这些研究机构通常配备有专业的种子检验实验室，不仅从事科研工作，也提供检验服务。还有地方农业科学院或大学的中药材研究部门，这些机构通常也具备进行药用植物种子检验的技术能力和设备，尤其是在中药材主产区的地方农业科学院。一些资源库在收集药用植物种质资源的同时，也会同步开展种子质量检验的工作。例如，中国药用植物种质资源库就有处理和检验药用植物种子的设施。

值得注意的是，种子检验是一项持续性、长效的工作，要求我们不仅要开好头，更要坚持不懈，始终保持高标准、严要求，不容丝毫懈怠。在 2018 年的《农业农村部办公厅关于 2017 年度农作物种子质量检验机构能力验证活动情况的通报》中，可以发现我国种子检验工作仍存在许多问题。在 334 家参与能力验证的检验机构中，省部级检验机构有 41 家，省级以下检验机构 293

家。其中水分测定能力结果达到满意（A）的检验机构仅占50%；品种真实性检测能力结果达到满意（A）的检验机构占81%；参加转基因成分检测能力验证结果达到满意（A）的有6家，占75%。这说明我国种子质量检测能力亟待提高。

第二节　种子检验实验室建立流程

种子检验实验室建立需遵循科学、合理的原则，确保实验室能够安全、有效地运行，且能提供准确、可靠的检验、检测服务。一个基础的种子检验实验室建立步骤大致如下：明确实验室需求 → 布局实验室空间 → 管理仪器设备 → 培训人员 → 建立实验室管理体系并有效运行 → 保持维护。本节对每个环节进行说明，希望能对建立种子质量检验实验室或检测中心的工作者有所帮助。

一、　实验室需求明确

"需求明确"是建立种子检验实验室的第一步，也是至关重要的一步。这一阶段的目标在于清晰界定实验室的功能用途，用以明确后续的人力、硬件及软件设施等资源要求。

对于一个种子检验实验室而言，具备种子检验功能是最基本的要求。种子检验是对种子的质量特性进行检查、测量和试验，测定其基本质量指标。种子检验项目涵盖了净度分析、水分测定、发芽试验、真实性和品种纯度鉴定、生活力测定、健康测定及重量测定等，实验室可根据需求选择要开展的项目。

不过，随着检验要求的日益严格和检测技术的飞速发展，如今许多种子检验实验室已不再局限于基础检验工作，而是扩展到了更广泛的检测领域。实验室常常作为科研工作的一个重要支撑平台，在检验种子基本质量特性的基础上，深入研究种子的特定质量特性（如药用活性成分、农药残留、营养成分等），以实现对种子质量的综合评估。因此，现代种子检验实验室的功能早已超越了传统的种子检验范畴，有逐渐演变为集多种功能于一体的综合性平台的趋势。鉴于此，我们建议种子检验实验室的创建者们在规划之初就前瞻性地思考未来可能扩展的服务领域，比如教育合作、科研探究等。这样的远见不仅有助于应对未来新增的功能需求，如更广泛的检测项目或其他相关业务，而且能够有效避免后期因功能拓展而不得不进行大规模改建的情况。以药用植物种子检验实验室为例，这类实验室未来有可能会涉足中药材种子的质量分级评估，或是深入到种子中活性成分的提取与鉴定等领域。因此，在最初的需求规划阶段预留足够的灵活性和扩展空间，对于确保实验室长期适应性和高效运作至关重要。

　　综上所述，种子检验实验室最终确定的功能用途应当紧密围绕实验室未来发展方向。基于实验室功能，再进一步明确实验室所需的人力、硬件及软件设施资源需求，包括但不限于根据相关的种子检验标准和规范，配置符合要求的专业检验设备和配套设施、专业的检验人员等，从而为实验室的有效运作奠定坚实的物质基础。

二、实验室空间布局

　　种子检验实验室内部规划和设置需能满足检验工作的专业性、安全性和高效性要求。实验室若要开展国家标准所列的所有检验指标检测，通常需包含样品接收与预处理区、准备区、种子质量检测区、数据处理与报告区、样品储存区、废物处理区等关键功能区域（图2-2-1）。以下对每个区域的构建进行简要说明。

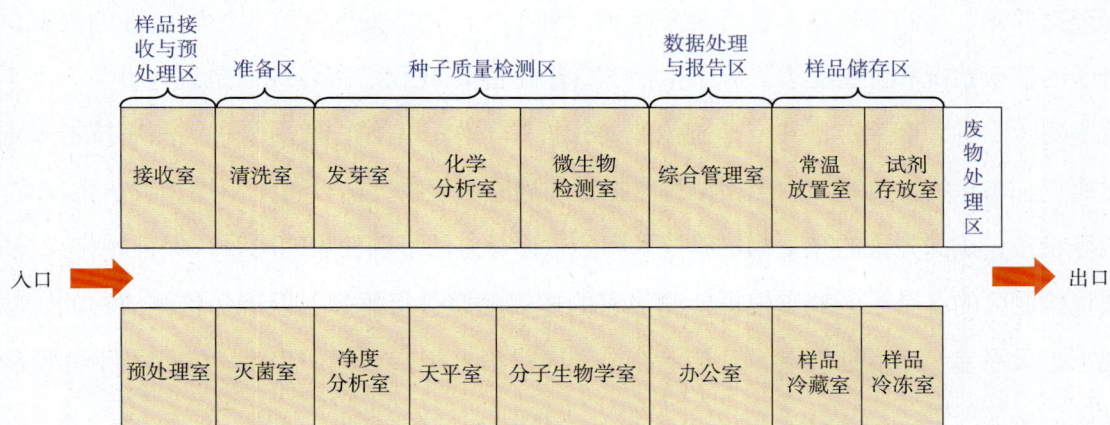

图2-2-1　种子检验实验室内部功能区域规划图

（一）样品接收与预处理区

　　样品接收与预处理区应设置接收室和样品前处理室，用于接收送检的种子样品，并对其进行初步的外观检查、登记、编码，以及必要的预处理工作，如清洁、分装等。设置这个区域的原因在于确保样品的完整性和可追溯性，这是后续所有检测工作的基石。一些先进的实验室会采用条形码或射频识别（RFID）标签系统来跟踪每个样品的状态，以确保准确无误。考虑到样品接收与预处理区是样品进入实验室的第一站，建议紧邻实验室入口，便于接收样品。

（二）准备区

准备区需具备试剂配制、培养基灭菌、器皿清洗消毒等功能。这一步骤对于确保实验过程中使用的溶液、培养基和无菌器具的纯净性至关重要，进而保障实验结果的准确性。可以采用自动化系统来处理这些任务，以减少人为错误并提高效率。准备区建议紧邻样品接收与预处理区，方便样品在预处理后立即进入准备阶段。

（三）种子质量检测区

种子质量检测区建议设置净度分析室、天平室、化学分析室、发芽室、分子生物学室、微生物检测室等子区域。净度分析室用于完成种子的扦样、净度分析、形态观察、大小测量等工作。天平室用于测量种子的重量，以完成水分、千粒重等指标的检验工作。化学分析室不是种子检验工作所需，但对于要开展种子检测工作的实验室是必需的。室内建议配备高效液相色谱仪、气相色谱仪等先进仪器，用于种子中有效成分的定性和定量，以便开展后续的种子质量分级工作。目前，高通量筛选技术已出现在多数海关的检验实验室，用来快速分析大量样本。发芽室建议配置智能光照培养箱、冰箱等设备，进行种子活力、种子生活力、发芽率等生物学特性的测试，用于评估种子的健康状况和种植潜力。分子生物学室需配备 PCR 仪、凝胶成像系统等设备，用于品种真实性鉴定、品种纯度鉴定，甚至是遗传变异分析等工作。例如，使用第三代测序技术来进行基因组学研究。微生物检测室则用于检测种子携带的病原微生物，需设置无菌操作台、生物安全柜、显微镜等设备，确保先进的微生物培养技术和分子诊断方法可以使用的同时，保证操作人员安全。种子质量检测区的各个子区域应根据检测流程的逻辑顺序进行排列，以确保检测流程的顺畅。通常情况下，天平室、净度分析室、发芽室在前，而化学分析室、分子生物学室和微生物检测室在后，以避免交叉污染。

（四）数据处理与报告区

数据处理与报告区应设置综合管理室或办公室，配备电脑、打印机等设备，用于数据录入、统计分析、报告编写和打印。这个区域的存在确保了检测数据的有效管理和结果的及时传达。可以配置云技术来存储和共享数据，以实现远程协作。数据处理与报告区可以设置在靠近种子质量检测区的位置，便于及时处理和分析检测数据。

（五）样品储存区

样品储存区应设有不同条件（如常温、冷藏、冷冻）的储存设施，用于妥善保存种子样品、标准物质、试剂等，确保样品的稳定性和完整性。样品储存区应靠近实验室准备区和种子质量检测区，以方便取用样品和试剂。

（六）废物处理区

此外，还应设立废物处理区，用于安全处理实验产生的废液、固体废物和生物废弃物。废物处理区应靠近实验室出口，以便于废物的收集和处理。若实验室尚有空间，还可以建立会议室或会客室，设在实验室的较安静区域。

实验室设定的种子检验项目不同，最终设置的功能区域也不同。例如，不开展健康测定项目，微生物检测区就是非强制需求的。对于种子检验实验室内部从入门到离开的最佳区域规划路线，建议如下：样品接收与预处理区→准备区→种子质量检测区→数据处理与报告区→样品储存区→废物处理区。这样的布局不仅确保了检测流程的连贯性，也有利于维护实验室的安全与卫生，保障了实验室能够高效地进行种子检测工作，从而为种子的质量控制提供坚实的技术支持。

三、 实验室仪器设备管理

在实验室环境中，确保检验检测数据及结果的准确性至关重要。实验室中所有可能影响检验检测数据及结果准确性的设施与资源（包括但不限于仪器、软件、测量标准、标准物质、参考数据、试剂、消耗品、辅助设备及其组合装置），在投入使用前以及定期地，都应进行验证、检定或校准。

首先，在设备采购阶段，实验室应当根据国家标准《实验室仪器设备管理指南》（GB/Z 27427—2022）的指导，对自制与非自制仪器设备提出明确的技术要求，并仔细审查供应商的能力和服务质量，确保所选设备符合预期用途并能长期稳定运行。其次，针对新购入或更新换代后的设备，实验室必须按照既定程序执行初次验证活动。这包括检查设备是否达到制造商声明的技术参数，评估其安装环境是否适宜，以及测试其实际操作表现是否符合实验室的需求。只有当上述所有条件均得到满足时，该设备才被视为合格并允许正式加入日常工作中去。同时，为了保证量值传递链条的有效性，所有的校准活动都应追溯至国际单位制（SI）或其他公认的国家计量基准。

一旦设备开始服役，实验室就需要建立一套完善的管理体系来跟踪每一台设备的状态变化。管理体系需包括设备的验证、使用、维护、保管和运输等各个环节的操作流程，以确保其可追溯性和有效性。

四、 实验室人员培训

实验室应对所有员工进行必要的岗位培训和技术培训，确保其具备相应的专业知识和技能。实验室人员的受教育程度、专业技术背景和工作经历、资质资格、技术能力等可以根据实验室开展的检测服务需要来确定。应定期评估员工的能力，保留完整的培训记录，证明员工的能力符合岗位需求。鼓励和支持员工参加外部培训和继续教育，以不断提升其专业素养。

五、 实验室管理体系建立及运行

种子检验实验室必须建立一个全面而细致的管理体系，以确保实验室的运作符合国内法律法规、国家标准、行业标准及国际标准的要求。管理体系文件通常应包括质量手册、程序文件、作业指导书等文档，这些文件应该涵盖从样品接收到最终报告签发的所有环节，以及内部审核、申诉投诉处理、不符合工作控制、纠正和预防措施控制、管理评审等内容。具体来说，管理体系的构建包括以下几个方面。

（一） 质量手册编制

质量手册是建立、实施、完善管理体系应当长期遵守的文件，编制时需明确阐述实验室的质量方针、目标、组织结构以及检测能力，清晰反映实验室对质量管理体系的理解和应用，确保其符合国内外相关的法律法规及标准要求。

（二） 程序文件编制

程序文件作为质量手册的支撑文件，是指导实验室进行各项检测活动的操作指南，所有员工都必须遵循这些文件中的工作规范和操作流程。编制时应该全面覆盖从样品接收直至最终报告发布的全过程，其中包括但不限于样品的标识、存储、处理，检测方法的选择与实施，数据记录与分析，结果报告，不符合项的管理，内部审核以及管理评审的内容。此外，应设计标准化的检测记录表格和报告模板，以确保所有记录的完整性、准确性和可追溯性。一般记录保存应不少于3年。对于特别或复杂的检验检测工作，需要制定特定的操作指导书，以保证操作的一致性和准确性。

（三）内部审核与管理评审

实验室应定期执行内部审核，目的是确认管理体系是否符合既定要求，这些要求包括相关的政策法规、国际标准以及实验室自身制定的规定。内部审核也是评估管理体系是否得到妥善实施和持续维护的重要手段。通过这一过程，实验室能够及时识别管理体系中的不足之处，并采取必要的纠正措施来解决这些问题。实验室内部审核的流程通常包括策划与准备、实施审核、报告审核结果以及后续的纠正措施跟踪几个主要阶段。具体来说，每年年初由质量负责人组织编制年度审核计划，明确审核的方式、目的、范围和依据等，并据此成立内审组，制定详细的审核实施计划；在正式审核前至少一周通知受审部门，随后召开首次会议，介绍审核组成员及分工、声明审核目标、确认审核准则和范围等内容；接着进入现场审核阶段，内审员依据事先编制好的检查表，通过查、问、听、看等方式收集客观证据并记录；审核过程中发现的问题会形成不符合项报告，在末次会议上向管理层汇报审核情况；最后编写审核报告，总结审核发现的问题并提出改进建议，同时对受审核部门采取的纠正措施进行跟踪验证以确保其有效性。

管理评审是实验室管理体系中的另一个重要环节，它是由实验室的高层管理人员定期组织的，目的是评估质量管理体系的整体绩效，识别管理体系的改进机会和变更的需求，确保其持续的适宜性、充分性和有效性。审核计划需要提前规划并获得批准，明确审核的目标、范围、依据、时间安排、审核团队成员及其职责。审核应当涵盖管理体系的所有关键领域，包括但不限于质量手册、程序文件、设备校准与维护、操作指南、人员培训、记录与报告、样品管理。审核工作应由受过适当培训且具有相应资格的人员执行，以确保审核的客观性和公正性。在整个审核过程中，应详细记录所有的观察结果、任何不符合项以及建议的改进措施。即便未发现不符合项，也应保持完整的审核记录。审核完成后，审核小组应编制一份审核报告，并将其提交给实验室管理层审议，后续按规定的时间保存。

六、 实验室日常维护

实验室应按照上述管理体系定期进行维护，保证种子检验工作的有效运行。同时，还应严格执行国家及行业规定的实验室安全与环境保护措施。定期检查实验室环境，确保其满足安全卫生标准。对于危险化学品的储存和使用，应遵循严格的管理制度，以防止意外发生。此外，实验室还应具备应急响应计划，以应对可能发生的紧急情况。

第三节 种子检验实验室资质认定流程

一个有资质认可证书的种子检验实验室或中心的建立，需由国家认证认可监督管理委员会（以下简称国家认监委）和各省级人民政府的质量技术监督部门对种子检验机构具备的种子检验的基本条件和能力进行考核，只有批准为合格种子检验机构，并颁发资质认可证书后，实验室才准许在批准的种子检验项目范围内使用种子质量检验机构合格标志。后期如需增加、改动检验项目，应及时变更其种子检验机构合格证书的相关内容。

种子检验实验室的资质认定步骤大致如下：明确实验室资质认定主要形式→建立符合要求的实验室并有效运行→提交申请材料→发证部门受理决定→评审与整改验收→批准发证→保持维护。本书以下对其中关键环节进行说明，希望能对想获取资质认可证书的实验室工作者提供帮助。

一、 实验室资质认定主要形式

在进行一个种子检验实验室的资质认定之前，首要任务是确认需求并熟悉相关政策法规。申请人可以通过资质认定官方网站获取最新的政策文件、申请指南及相关部门的联系方式，向秘书处表达意向，获取相关帮助，从而确保资质认定过程顺利进行。

我国实验室资质认定由国家认监委统一管理，分国家和省两级实施，旨在确认实验室和检查机构的基本条件及其能力是否符合法律、行政法规的规定及相关技术规范或标准的要求。国家认监委由国家市场监督管理总局管理、国务院授权，统一管理、监督和综合协调实验室资质认定工作。国家认监委负责实施国家级实验室的资质认定；各省、自治区、直辖市人民政府质量技术监督部门和各直属出入境检验检疫机构负责所辖区域内的实验室资质认定和监督检查工作。

国内种子检验实验室资质认定标志共有 3 种。2006 年 2 月 21 日原国家质量监督检验检疫总局公布的《实验室和检查机构资质认定管理办法》（质检总局令第 86 号，2021 年废止）和 2006 年 7 月 27 日国家认监委印发的《实验室资质认定评审准则》（国认实函〔2006〕141 号）明确指出，资质认定的形式包括计量认证（China Inspection Body and Laboratory Mandatory Approval，CMA）和审查认可（China Accredited Laboratory，CAL）。另有国家认监委批准设立并授权的中国合格评定国家认可委员会（China National Accreditation Service for Conformity Assessment，CNAS）的实验室认可。

截至目前，国内尚在通行的有 CMA 计量认证标志和 CNAS 实验室认可标志，CAL 审查认可标志已不再使用。实验室资质认定主要形式见图 2-3-1。

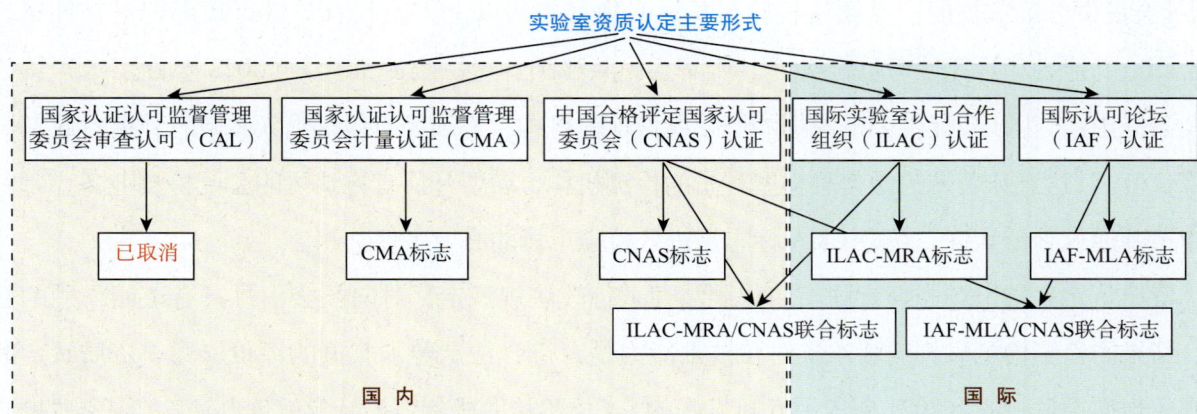

图 2-3-1　实验室资质认定主要形式

（一）审查认可

审查认可（CAL）是质量技术监督部门根据有关法律法规的规定，对其依法授权或依法设置承担产品质量检验工作的检验机构进行合理规划、界定检验任务范围，并在对检验机构公证性和技术能力进行考核后，准予其承担法定产品质量检验工作的行政行为。授予 CAL 前该机构必须经过 CMA 认证，否则不能授予。CAL 许可和授权的对象为国有检验检测机构，外资和民营检验检测机构无法获得。

2015 年 4 月 9 日公布的《检验检测机构资质认定管理办法》（国家质量监督检验检疫总局令第 163 号）中指出"资质认定包括检验检测机构计量认证"，删除了原《实验室和检查机构资质认定管理办法》（质检总局令第 86 号）中"审查认可 CAL"的表述。2017 年 11 月 4 日修订通过的新版《中华人民共和国标准化法》（中华人民共和国主席令第七十八号）中，原关于审查认可CAL 表述的第十九条"县级以上政府标准化行政主管部门，可以根据需要……或者授权其他单位的检验机构"已被删除。这意味着 CAL 已失去法律依据。直至 2019 年 3 月 28 日，国家认监委下发的《2019 年认证认可检验检测工作要点》（国认监〔2019〕5 号）的通知中明确指出："取消产品质量检验机构授权（CAL）。"这意味着 CAL 彻底成为历史，目前我国检验机构资质认定形式仅有 CMA 和 CNAS 认可。

（二）计量认证

计量认证（CMA）资质认定是我国通过《中华人民共和国计量法》，对为社会出具公证数据的检验机构（实验室）进行强制考核的一种手段。《中华人民共和国计量法》第二十二条表述："为社会提供公证数据的产品质量检验机构，必须经省级以上人民政府计量行政部门对其计量检定、测试的能力和可靠性考核合格。"《中华人民共和国计量法实施细则》（2022 年修正本）第二十九条提出："为社会提供公证数据的产品质量检验机构，必须经省级以上人民政府计量行政部门计量认证。"这意味着无论是何种类型种子的检测机构，若要开展官方认可的公开检测业务，都需要申请并通过计量认证。获取 CMA 标志是进入检验市场的必要条件之一。

资质认定是指市场监督管理部门依照法律、行政法规规定，对向社会出具具有证明作用的数据、结果的检验检测机构的基本条件和技术能力是否符合法定要求实施的评价许可。资质认定的实施应当遵循最新的（2021 年 5 月 6 日发布的）《检验检测机构资质认定管理办法》（国家质量监督检验检疫总局令第 163 号修正版）。评审依据遵循最新的 2023 年版《检验检测机构资质认定评审准则》（市场监管总局公告 2023 年第 21 号）。2023 年版《检验检测机构资质认定评审准则》依照《中华人民共和国计量法》及其实施细则、《中华人民共和国认证认可条例》（2020 年修订版）等法律、行政法规的规定，为依法实施《检验检测机构资质认定管理办法》相关资质认定技术评审要求而制定，于 2023 年 6 月 1 日由国家市场监管总局发布，2023 年 12 月 1 日起实施。2023 年版《检验检测机构资质认定评审准则》在《检验检测机构资质认定能力评价　检验检测机构通用要求》（RB/T 214—2017）和《检验检测机构资质认定评审准则》（2016 年版）及其释义的基础上，汲取《检测和校准实验室能力的通用要求》（GB/T 27025—2019/ISO/IEC 17025：2017）的精髓，同时兼顾我国对检验检测市场强制管理的要求制定而成，是目前最新的评审准则。

CMA 许可条件为通过计量认证评审，评审内容主要包括计量认证对象的组织与管理、质量体系、人员、设施和环境、仪器设备和标准物质、量值溯源和校准、检验方法、记录、证书和报告、检验的分包、外部支持服务和供应等要素。

取得 CMA 合格证书的实验室，可按证书上所限定的检验项目，在其产品检验报告上使用 CMA 标志。CMA 标志由 CMA 三个英文字母形成的图形和检验机构计量认证证书编号两部分组成。持有 CMA 证书表明该机构出具的检验报告在国内的产品质量评价、司法裁决、贸易出证、成果鉴定等领域内具有法律效力。

（三）CNAS 认可

实验室资质认定除 CMA 外，还有中国合格评定国家认可委员会（CNAS）的实验室认可。

CNAS 前身为原中国认证机构国家认可委员会和原中国实验室国家认可委员会，由国家认监委批准设立并授权。CNAS 根据《中华人民共和国认证认可条例》《认可机构监督管理办法》的规定，依法经国家市场监督管理总局确定，从事实验室、认证机构、检验机构、审定与核查机构等合格评定机构认可评价活动。目前，CNAS 已加入多个国际组织。实验室进行资质认可时，除了要符合我国相关的法律法规和 CNAS 发布的认可规则、准则等文件要求外，也需依据国际标准化组织/国际电工委员会（ISO/IEC）、国际认可论坛（IAF）、国际实验室认可合作组织（ILAC）和亚太认可合作组织（APAC）等国际组织发布的标准、指南和其他规范性文件。

　　CNAS 认可的法律依据是《检测和校准实验室能力的通用要求》（GB/T 27025—2019/ISO/IEC 17025：2017）。CNAS 评审依据不止一个，目前有 CNAS-CL01 ~ CNAS-CL10 的 10 个基本准则，涉及医学实验室质量和能力认可、能力验证提供者认可、标准物质/标准样品生产者能力认可、实验动物饲养和使用机构质量和能力认可、司法鉴定/法庭科学机构能力认可和生物样本库质量和能力认可等多个方面。每个基本准则又会延伸出数量不等的专用准则。专用准则是 CNAS 制定的在特定领域或特定行业中实施相应准则的应用要求，如应用说明等。例如，CNAS-CL01-A×××就是 CL01 在特定领域的应用说明。

　　在进行种子检验实验室资质认定时，评审依据应遵循《检测和校准实验室能力认可准则》（CNAS-CL01：2018）。CNAS-CL01：2018 准则由 CNAS 于 2018 年 3 月 1 日正式发布，2019 年 2 月 20 日第一次修订，等同采用《实验室管理体系检测和校准实验室能力的一般要求》（ISO/IEC 17025：2017），是适用于检验实验室、校准实验室的最新的 CNAS 评审基本准则。检验实验室在建立管理体系时，除满足 CNAS-CL01：2018 基本认可准则的要求外，还要根据所开展的检测/校准/鉴定活动的技术领域，同时符合 CNAS 基本认可准则在相关领域应用说明、相关认可要求中的规定。CNAS 的认可流程可以参照 CNAS-RL01：2019《实验室认可规则》。

　　对于上述 2 种国内通行的种子检验实验室资质认定，需要注意以下区别：CNAS 认可属于自愿性质，适用于各种类型的实验室、企业和研究机构等，适用范围广泛，多用于内部测试；而 CMA 认证则具有政府强制性，针对所有为社会提供公证数据的产品质量检验机构。

（四）国际认证认可

　　一个种子检验实验室的检测、鉴定服务不只局限于国内，同样也需参与国际性服务、贸易，对接国际性的合格评定和互认制度。目前国际认证认可组织主要有国际实验室认可合作组织（International Laboratory Accreditation Cooperation，ILAC）和国际认可论坛（International Accreditation Forum，IAF）。二者都是非政府组织。

ILAC 前身是成立于 1977 年的国际实验室认可大会，现有正式成员 116 个，其中 45 个国家和地区的 55 个认可机构组织签署了 ILAC 互认协议（Mutual Recognition Arrangement，MRA）。ILAC-MRA 是国际实验室认可使用组织的认可标志。2006 年 7 月中国 CNAS 签署了 ILAC 实验室（包括检测和校准）互认协议，可使用 ILAC-MRA/CNAS 联合标志，与多达 45 个国家和地区开展种子贸易。

IAF 成立于 1993 年，是由正式会员——48 个国家和地区的 50 个认可机构，以及非正式会员——14 个机构组成的多边合作组织。中国 CNAS 亦是正式会员之一，于 2008 年签署了多边互认协议（Multilateral Recognition Arrangement，MLA），可使用 IAF-MLA/CNAS 联合标志，这极大拓展了我国种业对外发展的范围。

除此以外，还有一些区域认可组织，包括亚太区域的亚太认可合作组织（Asia Pacific Accreditation Cooperation，APAC）、美洲区域的泛美认可合作组织（Inter American Accreditation Cooperation，IAAC）、欧洲区域的欧洲认可合作组织（European co-operation for Accreditation，EA），以及南部非洲发展共同体认可合作组织（Southern African Development Accreditation Cooperation，SADAC）等。2023 年 7 月中国 CNAS 通过 APAC 的国际同行评审，继续保持了 14 项认可制度的互认资格。

中国 CNAS 被 IAF、ILAC 和 APAC 认可机构认可，意味着其在符合性评审项目范围内所颁发的认证证书在国际贸易领域均能得到签署互认协议的国家和地区的承认与信任。因此，持有 CNAS 认可证书对于需要国际互认的检测报告或希望提升自身技术水平并与国际接轨的国内实验室尤为重要。

了解国内和国际实验室资格认定的相关政策与组织后，还需要根据种子检验实验室实际开展的项目来确定评审项目范围。一般的种子检验实验室都会开展净度分析、发芽试验、生活力测定、真实性和品种纯度鉴定、水分和重量测定等项目，建议结合市场和自身对种子检测报告的需求方向进一步敲定评审项目。相关项目的政策标准可参考本书第一章。

二、 资质认定实验室建立

（一）硬件设施搭建

实验室的空间布局和仪器设备管理要求前文已进行阐述，若进行资质认定，则已有的空间布局、仪器设备等硬件设施必须符合资质认定评审要求。

1. 实验室空间布局

CMA 评审内容就包括对计量认证对象的设施、环境、仪器设备要素的考核。《检验检测机构资质认定评审准则》（2023 年版）第十条要求"检验检测机构应当具有固定的工作场所，工作环境符合检验检测要求"；第十一条要求，检验检测机构应当配备符合开展检验检测（包括抽样、样品制备、数据处理与分析等）工作要求的设备和设施。因此，申请人需在实验室内部规划和设置一系列关键功能区域，以确保实验室能满足检测工作的专业性、安全性和高效性要求。若实验室的检验对象是实施 GAP 的中药材种子，还应按照新版 GAP 要求设立标本、留样等工作室。新版 GAP 中明确提到："中药材种子留样环境应当能够保持其活力，保存至生产基地中药材收获后三年；种苗或药用动物繁殖材料依实际情况确定留样时间。"实验室应按规定完成批次取样和留样。

2. 仪器设备管理

无论是 CMA 还是 CNAS，认证申请过程中都明确要求所使用的仪器设备必须具备良好的测量溯源性。为了确保仪器设备的校准能够追溯到国际单位制（SI）单位，实验室应选择符合《测量结果的计量溯源性要求》（CNAS-CL01-G002：2021）标准的校准服务机构。如果实验室选择进行内部校准，则需遵守《内部校准要求》（CNAS-CL01-G004：2023）的规定。而对于那些无法直接追溯到 SI 单位的测量设备，则应遵循《检测和校准实验室能力认可准则》（CNAS-CL01：2018）的相关要求，或者按照《检验检测机构资质认定评审准则》（2023 年版）保留检验检测结果相关性或准确性的证据。

（二）实验室管理体系建立及运行

实验室管理体系文件的编制基本要求在上一节中已有阐述，在此不再赘述。为了确保能够获得并保持有效的检测资格认定，实验室编制的管理体系文件必须符合资质认定评审要求，如 CMA 和 CNAS 的评审准则。CMA 评审依据《检验检测机构资质认定评审准则》（2023 年版）中要求：检验检测机构建立的管理体系文件包含政策、制度、计划、手册、程序和作业指导书，以恰当的文件形式体现。文件形式包括但不限于质量手册、程序文件、作业指导书。《检测和校准实验室能力认可准则》（CNAS-CL01：2018）对实验室管理体系也有明确要求。具体来说，管理体系的构建包括以下几个方面。

1. 质量手册编制

质量手册是建立、实施、完善管理体系应当长期遵守的文件，需明确阐述实验室的质量方针、目标、组织结构以及检测能力，清晰反映实验室对质量管理体系的理解和应用，确保其符合国内外相关的法律法规及标准要求。CNAS 体系文件要求质量手册和程序文件的编写依据是《检测和校准实验室能力认可准则》（CNAS-CL01：2018）。CMA 体系文件要求质量手册和程序文件的编写依据是《检验检测机构资质认定评审准则》（2023 年版）。一个检验实验室通常都会申请 CNAS、

CMA 的资质认可，因此，质量手册和程序文件的编写依据通常包含上述 2 个编写依据。

以申请 CMA 为例，质量手册以及相关的质量文件应阐述实验室为满足《检验检测机构资质认定评审准则》（2023 年版）的要求所制定的方针和工作程序，内容应包括以下要素。

（1）最高管理者的质量方针、目标和承诺、相关措施。

（2）质量手册的管理。

（3）管理要求：实验室组织与管理结构，包括组织结构图；每个工作人员的职责权限；管理体系的建立；文件控制；要求、标书和合同的评审；服务和供应商的采购；服务客户、处理投诉与申诉；不符合检测工作的控制；预防和纠正措施；记录的控制；内部审核与管理评审。

（4）技术要求：检测方法及方法的确认；人员的培训、考核及管理；设施与环境的配备和监控；测量溯源性；抽样；检测样品的处理；检测结果质量的保证；检测报告要求。

2. 程序文件编制

程序文件作为质量手册的支撑文件，是指导实验室进行各项检测活动的操作指南，所有员工都必须遵循这些文件中的工作规范和操作流程。程序文件应该全面覆盖从样品接收直至最终报告发布的全过程，其中包括但不限于样品的标识、存储、处理，检测方法的选择与实施，数据记录与分析，结果报告，不符合项的管理，内部审核以及管理评审等内容。此外，应设计标准化的检测记录表格和报告模板，以确保所有记录的完整性、准确性和可追溯性。记录保存不少于 6 年。

对于特别或复杂的检测任务，需要制定特定的操作指导书，以保证操作的一致性和准确性。具体的程序文件应包括以下要素。

（1）保护国家及商业机密和客户机密管理程序：包括保密和保护所有权、公正性和诚实性保证、抽（采）样、检测样品处置和管理。

（2）技术监督管理程序：包括人员培训和考核，检测环境的建立、控制和维护，实验室安全与内务管理，不符合检测工作的控制管理，以及实施改进、纠正及预防措施，关于允许偏离规定的政策和程序或标准规范的例外情况的管理措施。

（3）管理体系文件控制和维护程序，包括记录、档案控制和实验室获准签字人的识别（适用时）。

（4）标书和合同的评审、检测工作的分包管理，以及服务和供应品采购控制程序。

（5）服务客户和处理申诉及投诉的程序和处理抱怨程序。

（6）内部管理体系审核和管理评审程序，质量体系审核和评审程序。

（7）实验室实现量值溯源的程序：列出在用的检验，在用的仪器设备和参考测量标准，仪器设备的校准、检定（验证）维护。

（8）检测方法及方法的确认程序：包括检测工作管理，仪器设备的控制与管理，期间核查控制，测量不确定度评定控制，标准物质、试剂和标准溶液的管理，数据控制与保护，实现测量可溯源、允许偏离的程序，开展新工作的程序、检测报告的编制和管理等。

（9）能力验证和质量控制程序：涉及检定（验证）的活动，包括实验室之间比对、能力验证计划。

3. 内部审核与管理评审

实验室内部审核和管理评审方案的建立和实施可参考《实验室和检验机构内部审核指南》（CNAS-GL011：2018）和《实验室和检验机构管理评审指南》（CNAS-GL012：2018）。在实验室资质认定申请阶段，实验室的管理体系至少要正式、有效运行6个月（CMA认证3个月），并完成一次覆盖管理体系全范围和全部要素的完整的内部审核和管理评审，形成文件记录。在获得资质认定后，也应定期进行内部质量审核和管理评审，确保实验室管理体系的有效运行并持续改进。

（1）内部审核

《实验室和检验机构内部审核指南》（CNAS-GL011：2018）要求：内部审核应按照文件化的程序至少每年进行1次，确保管理体系的所有组成部分在12个月内都被审查。为此，实验室应制定内部审核计划或建立滚动式审核机制，确保管理体系的各个部分都能在1年内接受审核。完整的审核报告需包括以下信息。

1）审核组成员名单。

2）审核日期和区域。

3）被检查的所有区域的详细情况。

4）机构运作中值得肯定的或好的方面。

5）确定的不符合项及其对应的相关文件条款。

6）改进建议。

7）商定的纠正措施及其完成时间，以及实施人员。

8）采取的纠正措施。

9）确认完成纠正措施的日期。

10）质量负责人确认完成纠正措施的签名。

对于审核中发现的不符合项，应及时制定纠正措施计划，并跟踪验证其有效性，定期审查纠正措施的实施进度，确保管理体系持续改进。

（2）管理评审

CNAS建议管理评审应至少12个月进行1次，也可根据需要增加频次。在管理评审之前，需要准备充分的信息，这些信息包括但不限于以下内容。

1）目标实现。

2）政策和程序的适宜性。

3）以往管理评审所采取措施的情况。

4）近期内部审核的结果。

5）纠正措施。

6）外部评估的结果。

7）投诉与建议。

8）改进措施的实施效果。

9）相关法律法规、标准的变更情况。

10）实验室资源的利用情况。

11）不符合项的处理情况。

12）其他可能影响管理体系的因素等

管理评审应当依据管理评审计划开展，通常以会议形式完成。管理评审会议应全面讨论这些信息，并做出必要的改进决策。管理评审的结果通常会涉及管理体系改进的机会、资源的需求、质量方针及目标的任何变更，以及其他相关的决策和行动。完成管理评审后，应编制正式的管理评审报告，并对所做出的决策和行动进行追踪实施，确保所有必要的改进措施得以落实，并对其有效性进行评估。

4. 参与能力验证与比对试验

在检测实验室资质认定过程中，除定期审核以外，实验室还应采取其他有效的检查方法来确保提供给委托方结果的质量，并应对这些检查方法的有效性进行评审，参与能力验证与比对试验是确保实验室检测结果准确性的关键步骤之一。《检验检测机构资质认定评审准则》第二章第十二条第九点提到："检验检测机构应当实施有效的数据、结果质量控制活动，质量控制活动与检验检测工作相适应……外部质量控制活动包括但不限于能力验证、实验室间比对等。"在 CNAS 申请受理要求中也提到："初次申请认可的每个子领域应至少参加过 1 次能力验证且获得满意结果（3 年内参加的能力验证有效）。申请认可的项目如果不存在可获得的能力验证，实验室也要尽可能的与已获认可的实验室进行实验室间比对，以验证是否具备相应的检测/校准/鉴定能力。"所以实验室应当按照资质认定部门的要求，积极参加其组织开展的能力验证或者比对，以保证自己持续符合资质认定条件和要求。

参与能力验证，实验室需要确保其技术能力和管理体系符合相关标准和规范的要求。这包括但不限于仪器设备的校准、人员的技术培训、检测方法的标准化以及记录与报告的完整性。参与能力验证的过程还应记录在案，以便追踪验证结果和采取必要的改进措施。

参与实验室间的比对试验，同样是实验室检测资格认定的重要组成部分之一。通过参与国内外的实验室间比对试验，实验室可以验证其检测结果的准确性、一致性和可靠性，并证明其技术能力和管理体系的有效性。这种比对试验通常涉及不同实验室使用相同的测试样本进行检测，然后比较各实验室的结果，以此来评估实验室之间的差异。实验室应记录参与比对试验的过程和结果，包括所采取的任何必要的改进措施。这不仅可以作为实验室内部质量管理的一部分，还可以作为实验室资质认定过程中的支持材料。实验室应积极寻求参与这些比对试验的机会，特别是那些由权威机构组织的比对试验。参与这些活动有助于实验室了解自身在同行中的位置，发现潜在的问题，并采取纠正措施以改善其检测流程和技术水平。

（三）人员能力与培训

申请资质认定的实验室所有员工在满足第二章第二节所述的能力要求外，还需满足《检测和校准实验室能力认可准则》（CNAS-CL01：2018）和《检验检测机构资质认定评审准则》（2023 年版）的要求。其中检验检测报告授权签字人必须具有中级及以上相关专业技术职称或者同等能力。

三、　申请材料准备与受理决定

（一）CMA 资质认定申请

申请 CMA 资质认定的检验检测实验室，需向国家认监委或省级资质认定部门提交书面申请及相关材料，并确保所提供信息的真实性。实验室应在管理体系建立并运行至少 3 个月后提出申请。资质认定部门将组建评审组，根据申请人提交的材料，在机构主体、人员配置、场所环境、设备设施、管理体系等 5 个方面进行审查，审查的重点包括《检验检测机构资质认定申请书》及其附件、管理体系文件的描述及实际运行情况等，以确定是否符合资质认定的要求。申请人会在申请后的 5 个工作日内得到资质认定部门是否受理的决定。如果材料审查合格，接下来将对申请人进行技术评审。同时，CMA 会进行一个资质认定告知承诺程序，以技术评审的方式，让申请人承诺现场考核的真实性，现场评审组会根据现场评审的结果，得出申请人承诺是否属实的结论。如若承诺严重不实或虚假承诺，也会影响资质认定证书的获得。

（二）CNAS 认证申请

申请 CNAS 认证的检验检测实验室，应当向中国合格评定国家认可委员会（CNAS）申请实验室认可。申请人可登录 CNAS 网站（https：//www.cnas.org.cn）"实验室/检验机构认可业务在线申请"系统填写认可申请，签署《认可合同》，并交纳申请费。需准备的申请资料包括质量手册、程序文件、内审报告、管理评审报告、能力验证结果、技术人员资格证书等支持文件。CNAS 秘书处收到实验室递交的申请资料并确认交纳申请费后，会进行初步审查，以确认是否满足申请受理要求，做出是否受理的决定。在这里，申请人需要着重注意满足以下两点要求。

（1）管理体系符合认可要求，且正式、有效运行 6 个月以上，与 CMA 要求的 3 个月不同。

（2）初次申请认可的每个子领域要求至少有 1 次 3 年内的能力验证结果；如果没有，则需进行实验室间比对试验。

以上两点要求相比其他要求，需要提早准备并花费时间，应注意提前规划安排，以免耽误资质认定。

初步审查文件时，CNAS 秘书处可能会安排现场初访，并将所发现的问题通知申请实验室。实验室要在 1 个月内书面回复 CNAS 秘书处，对所提问题进行澄清或采取措施进行整改，直至审查结果满足受理要求。

四、评审与整改

（一）CMA 评审和整改

CMA 技术评审包含书面审查和现场评审（或远程评审）。现场评审适用于初次评审、扩展能力范围评审、复查换证（当涉及能力变化时）以及变更评审。书面审查适用于已获得资质认定的实验室在技术能力范围内进行少量参数的扩展或变更以及复查换证。远程评审则适用于多场地实验室共享电子数据、现场评审复核时间不足、已获得资质认定的技术能力内的少量参数变更及扩展等情况。对于首次参加 CMA 评审的检测实验室，应选择现场评审。

在安排现场试验时，会覆盖所有申请类别的主要或关键项目/参数、仪器设备、检测方法、实验人员、实验材料等，并确保覆盖所有检验检测场所。具体流程可参考国家市场监督管理总局发布的《检验检测机构资质认定现场评审工作程序》（2023 年第 21 号附件）。专业的评审员将根据《检验检测机构资质认定评审准则》（2023 年版）对实验室进行全面审查，审查内容包括现场操作观察、现场试验、现场提问、人员访谈、记录查证等。现场评审的结论分为"符合""基本符合"

"不符合" 3 种情况。如果评审结论为 "基本符合"，实验室需要对评审组指出的问题进行整改，并提交整改报告，等待最终的认可决定。通常情况下，CMA 给予的整改时间不超过 30 个工作日。

（二）CNAS 评审和整改

CNAS 做出受理决定后，会指定一位评审组长对实验室提交的资料进行全面审查。能否进行现场评审取决于文件审查的结果。文件审查的内容包括管理体系文件是否符合认可准则的要求、质量管理体系是否能有效运作并自我完善、人员和设备是否与申请的能力范围相匹配、测量结果的计量溯源是否合规、能力验证活动是否满足相关要求、证书/报告的规范性等。

如果在文件审查过程中发现不符合项，评审组长将以书面形式通知实验室进行纠正。一旦实验室将文件纠正到足以进行现场评审的标准，CNAS 将组成评审组，并向实验室发送《认可资料审查通知单》，以安排现场评审。在现场评审期间，评审组将逐一确认实验室申请认可的技术能力，包括所有项目/参数、仪器设备、检测/校准/鉴定方法、类型、实验人员、实验材料等，与 CMA 基本一致。

关于现场评审的具体要求，可以参照《实验室认可规则》（CNAS-RL01：2019）的第 7 条。对于评审中发现的任何不符合项，实验室应及时纠正，并在纠正后制定有效的纠正措施，提交整改报告，等待最终的认可决定。通常情况下，CNAS 给予的整改期限为 2 个月。

如果实验室成功获得认可，CNAS 秘书处将向认可的实验室颁发认可证书及认可决定通知书，并在 CNAS 官方网站上公布相关信息。实验室可以在 CNAS 网站上的 "获认可的机构名录" 中查询自己的认可状态。

五、 实验室资质的持续维护

获取资质认定证书后，实验室仍需持续监控和改进管理体系，定期参加能力验证，保持与认可机构的沟通，确保认可状态的有效性。同时，检验实验室应当定期向资质认定部门上报包括持续符合资质认定条件和要求、遵守从业规范、开展检验检测活动等内容的年度报告，以及统计数据等相关信息。

检验实验室不得转让、出租、出借资质认定证书和标志；不得伪造、变造、冒用、租借资质认定证书和标志；不得使用已失效、撤销、注销的资质认定证书和标志。

CNAS 认可证书有效期一般为 6 年，认可周期通常为 2 年，即每 2 年实施一次复评审，还会有首次获得资质后 1 年内的监督评审和不定期的监督评审。如果想持续保持认可资格，应至少在证书有效期届满 1 个月前向 CNAS 秘书处表达保持认可资格的意向。

CMA 证书有效期也是 6 年，其间会有一次复评审和不定期的监督评审，需要延续资质的，应当在其有效期届满 3 个月前提出申请。

第四节 种子检验实验室实例

一、 中国医学科学院药用植物研究所药用植物种子检测实验室 （CMA）

（一）药用植物种子检测实验室概况

中国医学科学院药用植物研究所建于 1983 年。总所设在北京，位于中关村科技园区；下设云南、海南、广西、新疆、重庆、贵州等分所。它是国内唯一专业从事药用植物资源保护和开发利用的国家级公益型研究所，是世界知名的药用植物专业研究机构之一，是国内顶尖的从事中药研究的专业机构，是世界卫生组织传统医学研究合作中心。

国家药用植物种质资源库系国家财政专项投资，由中国医学科学院药用植物研究所承建，是目前国内最大、唯一运行的国家级药用植物专业种质库，也是全国唯一保存顽拗性药用植物种质的资源库。面向全国开展野生、栽培、珍稀濒危药用植物种质资源的收集和保存工作；以种子保存为主，兼顾其他形式遗传材料保存。药用植物种子检测实验室配合国家药用植物种质资源库收集、保存种子的检测工作，是药用植物研究所的二级机构（图 2-4-1）。目前实验室已获取 CMA 资质，其检测结果具备法律效力，可以为市场上的药用植物种子质量检验提供可靠保证。

（二）药用植物种子检测实验室管理结构

依据《检验检测机构资质认定评审准则》（2015 年试行版）以及国家有关法律、法规要求，药用植物种子检测实验室已建立、实施和保持与该研究所人员构成特点及地理信息检测活动范围相适应的文件化的管理体系。质量手册以 CNAS-CL01: 2006《检测和校准实验室能力认可准则》的 25 个要素及其相应条款为主线编制而成。中心人员的能力满足《检验检测机构资质认定评审准则》（2015 年试行版）的要求。药用植物种子检测实验室组织结构见图 2-4-2。

图2-4-1　药用植物种子检测实验室

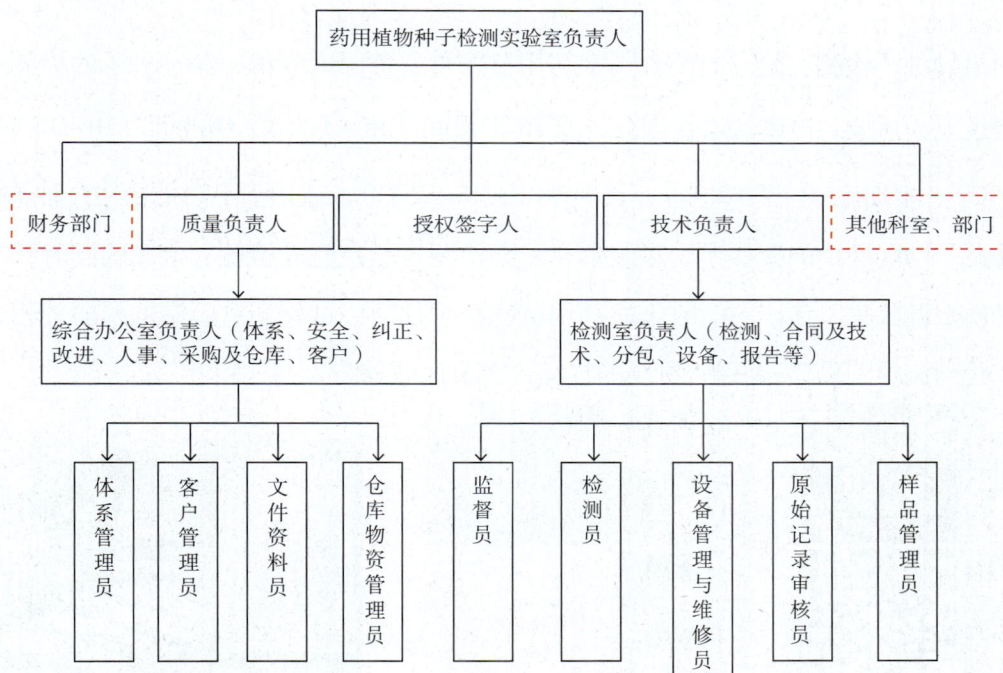

图2-4-2　药用植物种子检测实验室组织结构

（三）实验室功能结构

为满足检测项目需求，药用植物种子检测实验室分区布置如下（图2-4-3）：非功能区设置了会议室、综合办公室，功能区包含种子收样室、接种室、生理生化室、重量室、样品前处理室、净度室、水分室、分样室、包装室、发芽室、储藏室、共用仪器室、清洗室，储存区包含超低温保存室和低温冷库区域。目前所有功能室皆运转良好。

样品前处理室	清洗室	洗手间	净度室水分室		发芽室
生理生化室		会议室	分样室包装室	低温冷库双15干燥间	低温冷库中期间
接种室					低温冷库长期库2
超低温保存室	综合办公室	重量室	共用仪器室	低温冷库短期间	低温冷库长期库1
		收样室			
		接种室			储藏室

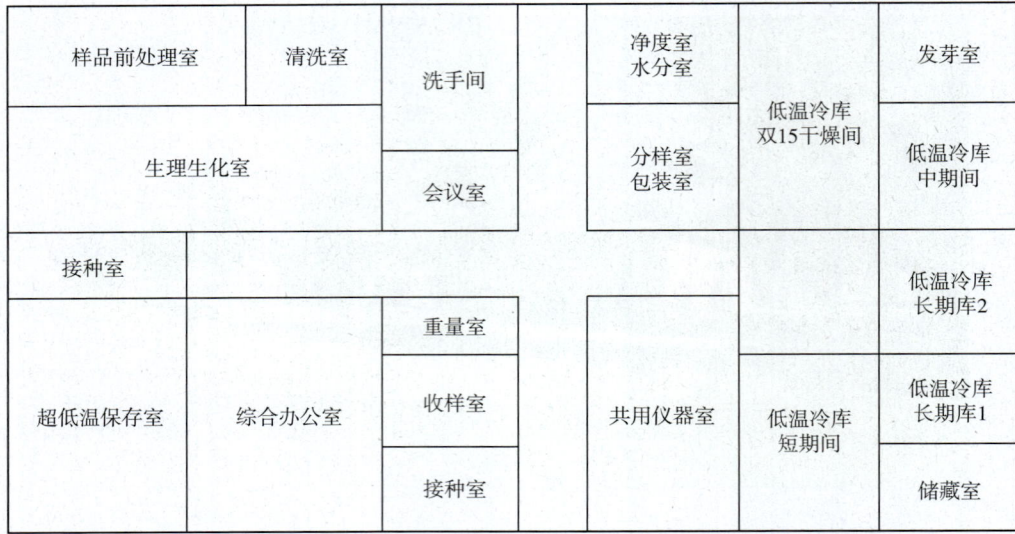

图 2-4-3　药用植物种子检测实验室平面图

　　因药用植物种子检测实验室需配合国家药用植物种质资源库收集、保存种子的检测工作，故冷库区域建设尤为重要，冷库区域被划分为双15干燥间（15±1℃）、缓冲间（10~15℃）、短期库（10±2℃）、中期库（-4±2℃）、长期库（-18±2℃），适用于不同批量待检种子样品的临时或长期保藏。功能区中的分样室、包装室在配合检测实验室完成检验、检测的同时，亦可用于药用植物种质资源收集工作。一般收集的药用植物种子都会经过检测实验室的检验流程，再保藏入库。种子检验流程图见2-4-4，种子的样品分装及保藏见图2-4-5。

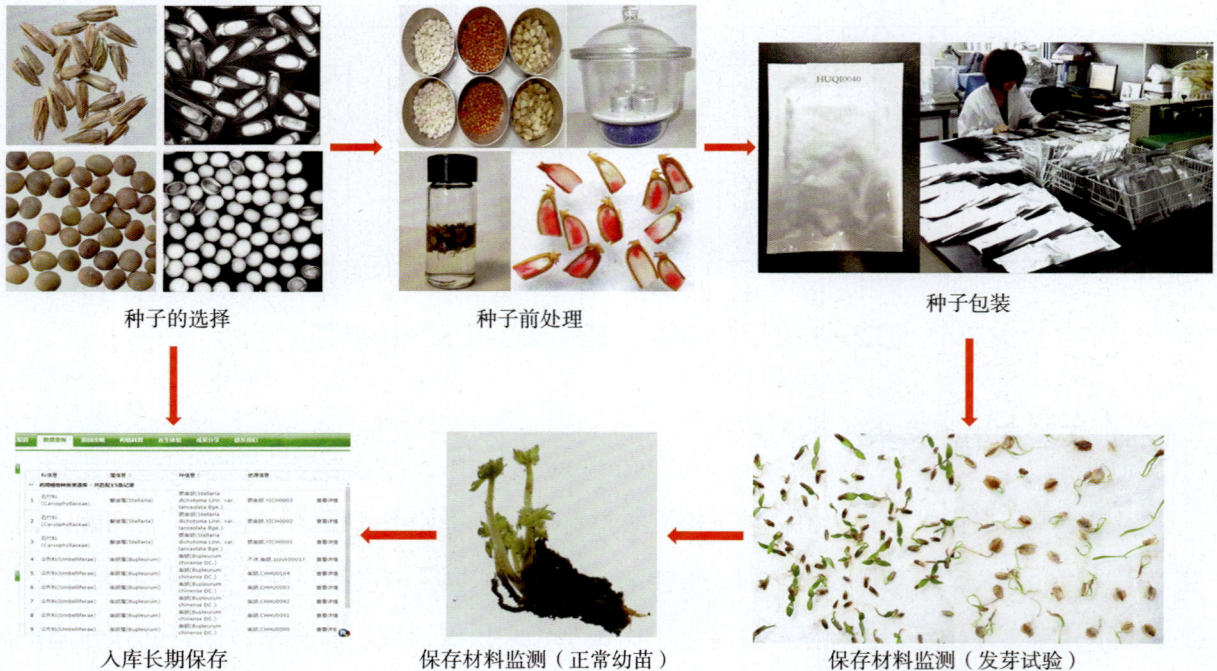

种子的选择　　　　　　　　种子前处理　　　　　　　　种子包装

入库长期保存　　　　保存材料监测（正常幼苗）　　　保存材料监测（发芽试验）

图 2-4-4　种子检验流程图

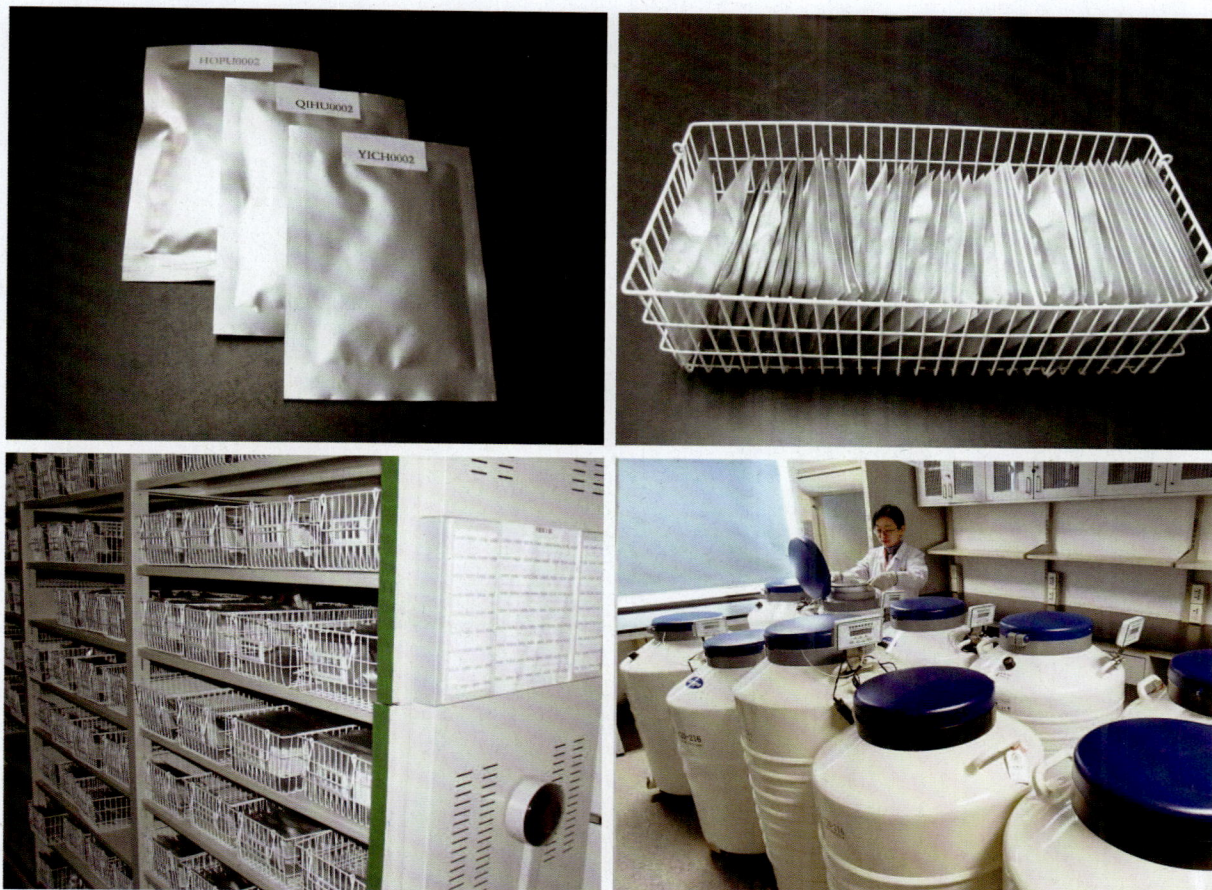

图2-4-5　种子的样品分装及保藏

（四）实验室检验项目

药用植物种子检测实验室于 2015 年 8 月 2 日建立，实施第 B 版《检测和校准实验室能力认可准则》（CNAS-CL01：2006）和《检验检测机构资质认定评审准则》（2015 年试行版）实验室质量管理体系。可提供检验项目包括药用植物种子的净度分析、水分测定、发芽试验、真实性和品种纯度鉴定、生活力测定、活力测定、重量测定、健康测定及 X 射线测定（图 2-4-6～图 2-4-13）。其中，种子 X 射线测定属于种子检验中的内部结构检测或无损检测项目。这项技术主要用于评估种子的内部结构，而不需要破坏种子本身，常与净度分析和活力测定结合使用，综合判定种子质量。ISTA 也制定有种子 X 射线测定的标准操作规程（SOP），确保不同实验室之间的结果可比性和一致性。中国医学科学院药用植物研究所为开展上述工作，根据有关标准、规范配备了满足要求的检验设备和配套设施。依据标准为 1996 年版《国际种子检验规程》和《农作物种子检验规程》（GB/T 3543.1—1995～GB/T 3543.7—1995）中的对应各章节。

图 2-4-6　种子发芽测定

图 2-4-7　种子净度分析

图 2-4-8　种子水分测定

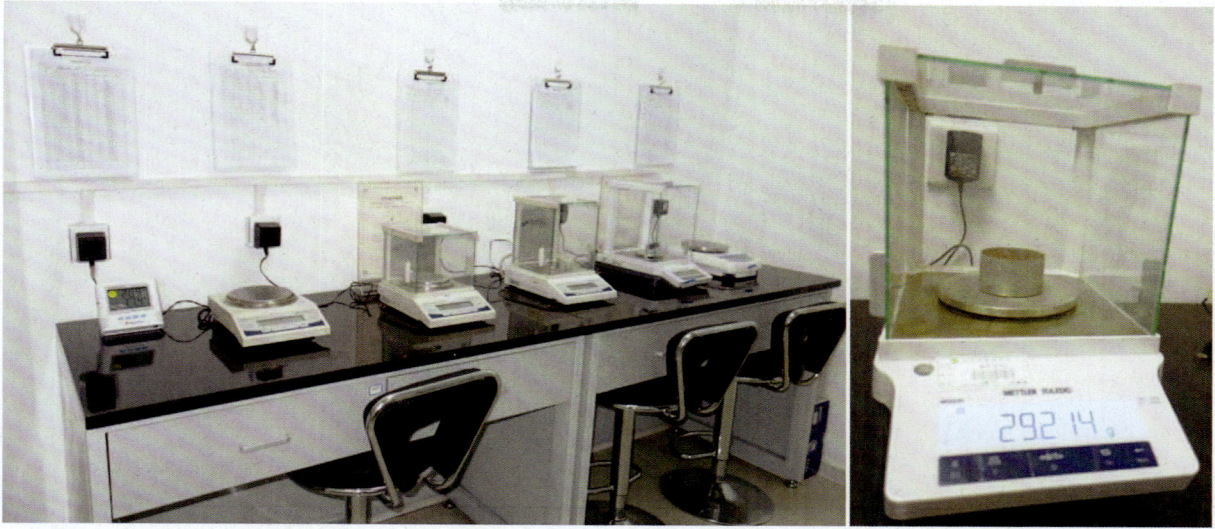

图2-4-9　种子重量测定

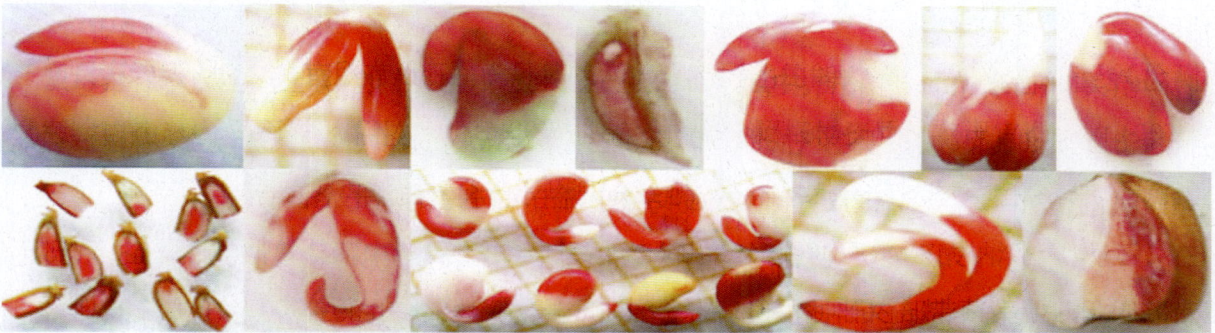

图2-4-10　种子生活力测定——部分无生活力种子染色实例

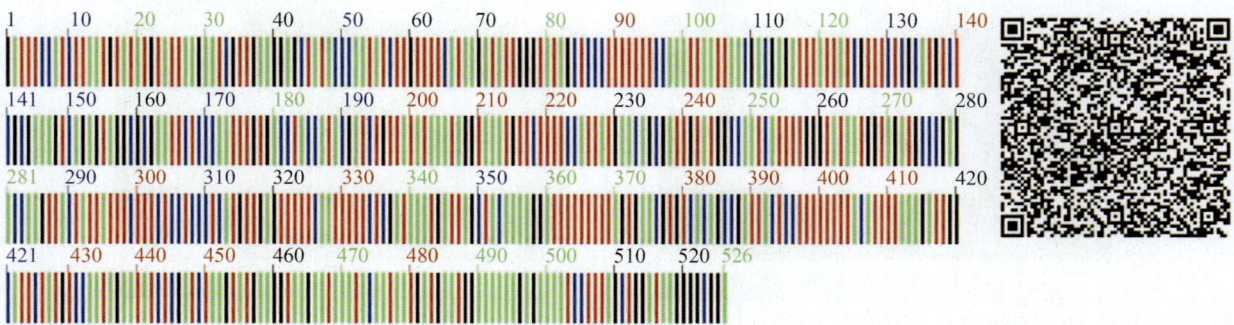

图2-4-11　种子真实性和品种纯度鉴定

图 2-4-12　种子健康测定（甘草种子）

A. 交链孢属真菌；B. 曲霉属真菌；C. 发芽期间种苗受真菌侵染情况；D. 根霉属真菌

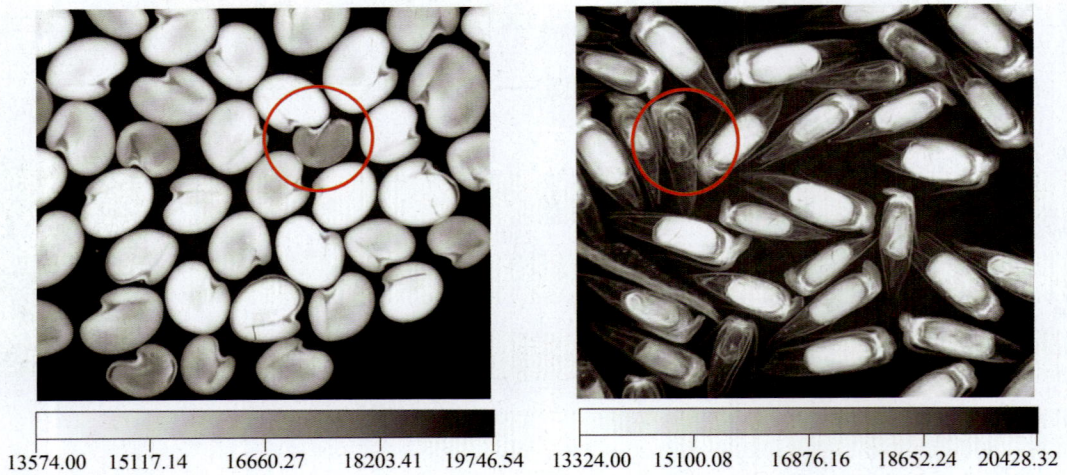

图 2-4-13　种子 X 射线测定

（五）实验室运行情况

药用植物种子检测实验室是我国首家具备 CMA 资质的第三方药用植物种子检测机构。自 2015 年运行以来，药用植物种子检测实验室配合国家药用植物种质资源库收集、保存种子的检测工作，共计完成 3 万余份种子的检验、检测工作，其中包括 36 种海外重要药用植物、60 种世界传统药用植物、5 种进口药材原植物、全部《中华人民共和国药典》植物（共 608 种）、322 种濒危药用植物、7 159 份大宗栽培药材种质。同时，实验室依据种子检测结果进行研究，建立了正常性种子超低温保存方法体系，实现了 910 种正常性种子的超低温保存；开发了 20 种正常性种子的超干保存技术、103 种顽拗性种子的液氮超低温保存技术、3 种愈伤组织的超低温保存技术和通用流程，初步实现了种子从 50 年到"无限期"保存。对外，实验室提供资源库种质、鉴定、评估、检测等服务，在战略保存前提下，持续提升共享服务能力。

二、 中国医学科学院药用植物研究所海南分所检验测试中心南药种质及种子检测实验室 （CMA）

（一）南药种质及种子检测实验室概况

中国医学科学院药用植物研究所海南分所检验测试中心（以下简称"海南分所检验测试中心"）隶属于中国医学科学院药用植物研究所海南分所。海南分所检验测试中心定位于为解决国家南药资源危机，围绕珍稀濒危及进口南药供应、常用大宗南药生产、深度开发与产业发展过程中假冒伪劣的严重问题，积极开展中药及其南药种质及种子的检测工作，具备南药种质鉴定及种子检测、中药检测等综合设计和检测的能力，可提供各种南药种质鉴定及种子检测、中药检测等检测技术服务。下设有综合办公室、沉香（芳香南药）鉴定中心、南药种质及种子检测室等主要科室。

中国医学科学院药用植物研究所海南分所南药种质及种子检测实验室（图 2-4-14）为海南分所检验测试中心内设机构，位于海南省海口市。主要承担海南省及华南区南药种质鉴定与种子检测工作，承担该中心南药种质及种子质量抽检工作，配合国家南药基因资源库鉴定和第四次全国中药资源普查所收集的南药种质、种子检测工作，同时也为国家基本药物所需中药材种子种苗繁育基地、种质库和海南省南药种植所需种质、种子及面向社会提供鉴定及检测服务。

图2-4-14　南药种质及种子检测实验室

（二）实验室管理结构

依据《检验检测机构资质认定评审准则》（2015年试行版）、《检测和校准实验室能力认可准则》（CNAS-CL01：2018）、《检验检测机构资质认定能力评价　检验检测机构通用要求》（RB/T 214—2017），结合该研究所实际情况和多年的质量管理经验，南药种质及种子检测实验室编制了质量手册和程序文件。中心人员的能力满足上述3个文件的要求。南药种质及种子检测实验室组织结构见图2-4-15。

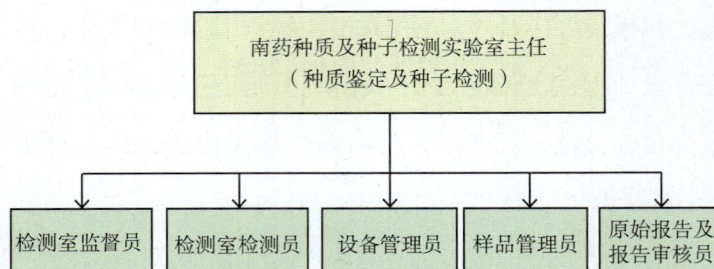

图2-4-15　南药种质及种子检测实验室组织结构

（三）实验室功能结构

南药种质及种子检测实验室分区布置如下（图2-4-16）：功能区包含种子接纳室、种子常规检测室、种子生理生化检测室、种子健康抽查室、发芽室、更衣室，储存区包含种子解冻室、液氮室、超低温处理室。目前所有功能室皆运转良好。

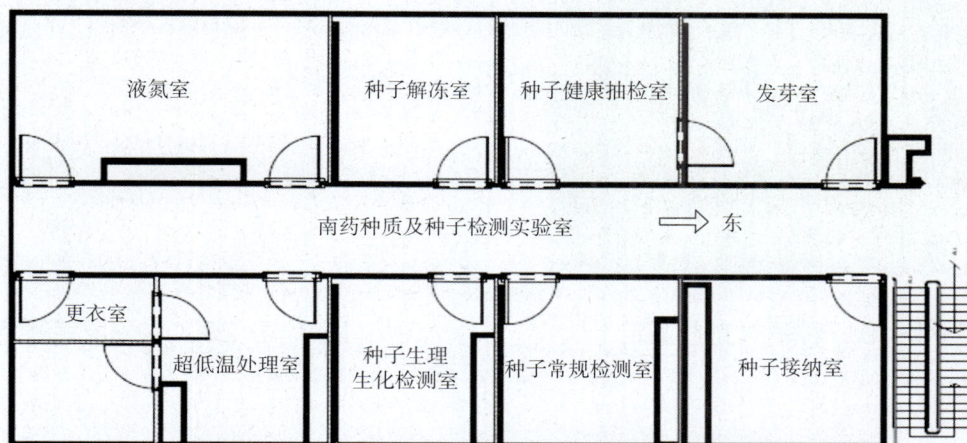

图 2-4-16 南药种质及种子检测实验室平面图

（四）实验室检验项目

2015 年 11 月 4 日南药种质及种子检测实验室获原海南省质量技术监督局核发的 CMA 资质认定证书。作为第三方检测平台，可为全国南药种质、种子质量提供检测服务，并出具具有 CMA 标识的检测报告。目前主要检测项目有南药种子真实性和品种纯度鉴定、重量测定、净度分析、生活力测定、水分测定、发芽试验、X 射线测定等（图 2-4-17~图 2-4-20）。依据的标准为 1996 年版《国际种子检验规程》、《农作物种子检验规程》（GB/T 3543.1—1995 ~ GB/T 3543.7—1995）和《林木种子检验规程》（GB/T 2772—1999）中的对应各章节。

图 2-4-17 种子真实性和品种纯度鉴定

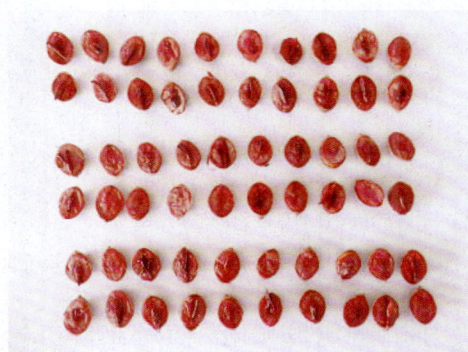

图 2-4-18 种子生活力测定——
无生活力种子染色实例

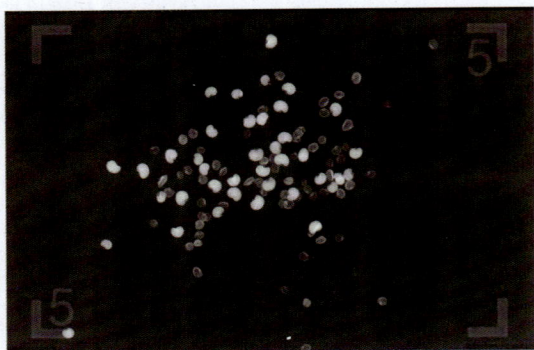

图 2-4-19 种子 X 射线测定

图 2-4-20 种子发芽测定

（五）实验室运行情况

海南分所检验测试中心在 2015 年 1 月 8 日建立和实施《检验检测机构资质认定评审准则》（2015 年试行版）、《检测和校准实验室能力认可准则》（CNAS-CL01：2006）、《检测和校准实验室能力认可准则在化学检测领域的应用说明》（CNAS-CL10：2012）的二合一实验室质量管理体系。海南分所检验测试中心于 2015 年 11 月首次通过检验检测机构资质认定，是全国第一个具备 CMA 资质的沉香鉴定机构，同时也是我国首家具备 CMA 资质的第三方南药种质及种子检测机构。

自 2016 年运行以来，海南分所检验测试中心的南药种质及种子检测实验室为公检法提供咨询、检测服务 70 余人次，完成南药种子检测报告 30 余份（图 2-4-21）。2021 年 11 月 2 日，实验室通过了换证复查评审，将继续作为我国南药种质、种子种苗和南药药材的第三方质量检测平台，为海南省南繁种业种子种苗质量检测和沉香产业发展提供检测技术支撑，更好地服务于海南南药、黎药及沉香产业，服务于"一带一路"的建设，为海南"香岛""健康岛"的建设贡献力量。

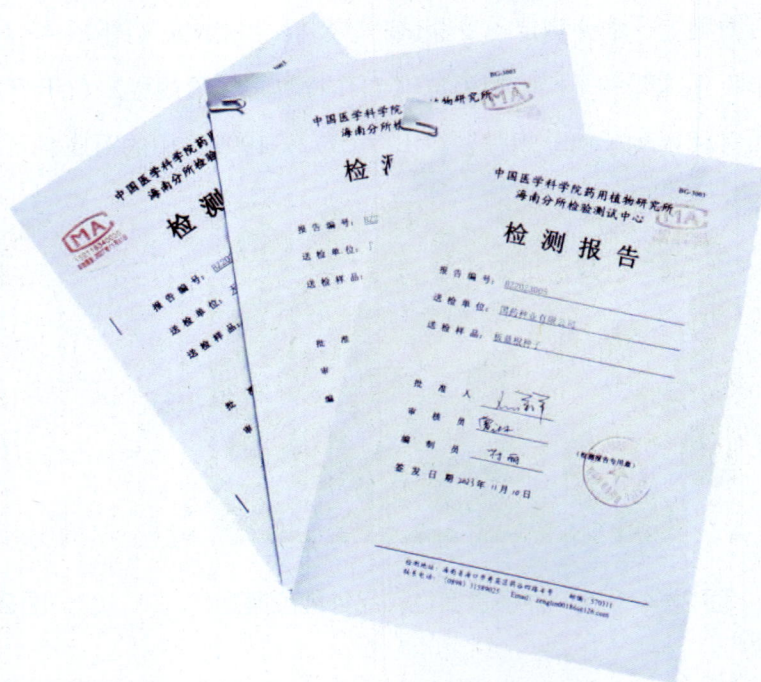

图 2-4-21 南药种质及种子检测实验室 CMA 检测报告展示

第三章

药用植物种子种苗质量检验方法

第一节　白　术

白术为菊科植物白术 *Atractylodes macrocephala* Koidz. 的干燥根茎。有健脾燥湿、固表止汗等作用。分布于长江流域，全国各地都有栽培，主产于浙江、江苏、安徽、福建、江西、湖南、湖北等省，以浙江栽培面积最大。

白术种子容易萌发，种子的萌发适温为 20 ℃。生产上可春播，播种期浙江在 3 月上旬至 5 月上旬，但以 3 月下旬至 4 月上旬为宜，北京在 4 月中、下旬；条播或撒播，条播按行距 20 ~ 26 cm，播幅 12 ~ 15 cm，开浅沟，深 3 ~ 5 cm，沟底要平，使出苗一致；覆土 3 cm，播后稍镇压，使种子与土壤紧密结合，播种量条播每亩① 4 ~ 5 kg，撒播 5 ~ 7.5 kg，播种后 10 d 出苗。

一、真实性检验

（一）种子形态鉴定

根据种子的形态特征如大小、形状、颜色、光泽、表面构造等，必要时可借助放大镜等进行逐粒观察，与标准种子样品或鉴定图片和有关资料进行对照。

白术种子②形态特征：瘦果倒卵圆形，棕黄色，长 7.0 ~ 12.0 mm，宽 2.0 ~ 4.0 mm，厚 1.5 ~ 3.0 mm，表面密被黄白色柔毛，冠毛长 1.2 ~ 2.0 cm，有的已脱落，基部刚毛质，上部羽状分枝，

---

① 亩为中国传统土地面积单位，1 亩约等于 667 m²。在生产实践中，亩为常用面积单位，本书未做换算。
② 本书药用植物的种子定义为生物学上的种子和果实，部分药用植物收集到的种子是果实。

子叶肉质。白术种子外部形态见图 3-1-1。

图 3-1-1　白术种子外部形态

（二）幼苗真实性鉴定

白术为一年生或多年生草本植物，高 20~40 cm，直立分枝。单叶互生，茎中下部叶有长柄，下部叶片常 3 裂，上部叶稀 5~7 羽状全裂，裂片椭圆形至卵状披针形，先端裂片最大，边缘有贴伏的细刺齿；茎中上部叶柄渐短，叶片椭圆形至卵状披针形，分裂或不分裂，叶片边缘具细锐齿，齿端呈刺芒状，两面被柔毛，基部鞘状，半抱茎；花序枝上的叶不分裂，卵状披针形，先端尾尖，叶缘具芒状细锐齿。白术出苗 3 d 叶片浅绿色，卵形叶端急尖，长约 2 cm，叶脉明显；白术出苗 7 d 叶片长 5 cm，叶柄较长，颜色变深，叶脉明显，边缘锯齿不明显；白术出苗 10 d 叶片长 6 cm，叶柄较长，颜色变深，叶脉明显，边缘锯齿不明显。不同时期白术幼苗外部形态见图 3-1-2。

（三）分子鉴定

1. 简单重复序列间扩增（inter-simple sequence repeat，ISSR）引物的筛选

用提取自河北安国北七公的小白术种子 DNA 一份作为 ISSR 引物筛选的模板 DNA，从 100 条引物中筛选出能够扩出相对清晰条带的引物。聚合酶链式反应（polymerase chain reaction，PCR）体系：Taq DNA 聚合酶（5 U/ul）0.5 μl，10×缓冲液 2.5 μl，4 种脱氧核糖核苷酸混合物（dNTP 混合物）（各 2.5 mM）1 μl，模板 DNA 0.5 μl，引物 1 μl，灭菌蒸馏水加至 25 μl。PCR 程序：94 ℃预变性 5 min；94 ℃变性 30 s，50 ℃退火 30 s，72 ℃延伸 1 min，循环 40 次；72 ℃延伸 10 min；4 ℃保存。

通过初始设定的 ISSR-PCR 反应体系共筛选出 12 条能够扩出清晰条带的引物，它们分别是

白术出苗3 d

白术出苗7 d

白术出苗10 d

6月上旬白术整体出苗情况

图3-1-2 不同时期白术幼苗外部形态

816、822、823、824、834、835、836、840、848、853、873、881，其序列见表3-1-1。

表3-1-1 经引物筛选试验选出的 12 条 ISSR 引物序列

引物编号	序列
816	GAGAGAGAGAGAGAGAT
822	CACACACACACACACAT
823	YCYCYCYCYCYCYCYCA
824	TCTCTCTCTCTCTCTCG
834	AGAGAGAGAGAGAGAGYT
835	AGAGAGAGAGAGAGAGYC
836	ATATATATATATATATYA
840	GAGAGAGAGAGAGAGAYT
848	CACACACACACACACARG
853	TCTCTCTCTCTCTCTCRT
873	GATAGATAGATAGATA
881	GGGGTGGGGTGGGGTGGGGT

2. ISSR 分析条件的优化

采用单因素控制依次改良的试验法对影响 ISSR 扩增的 6 个主要因素做进一步的优化，即退火温度选择 50.5 ℃、51 ℃、51.5 ℃、52 ℃ 4 个梯度的温度进行梯度试验，对 Taq DNA 聚合酶浓度、镁离子（Mg^{2+}）浓度（以 10×PCR 缓冲液的用量来衡量）、脱氧核苷三磷酸（deoxy ribonucleoside triphosphate，dNTP）浓度、模板和引物的浓度做了一定范围的调整，选择条带清晰且具有鉴别特征的因素变量作为最终的试验条件。经温度梯度试验后选择条带最清晰的引物 824（52 ℃）和 835（50 ℃）进一步进行反应体系的优化，优化前和优化后的 ISSR-PCR 产物电泳图谱见图 3-1-3。

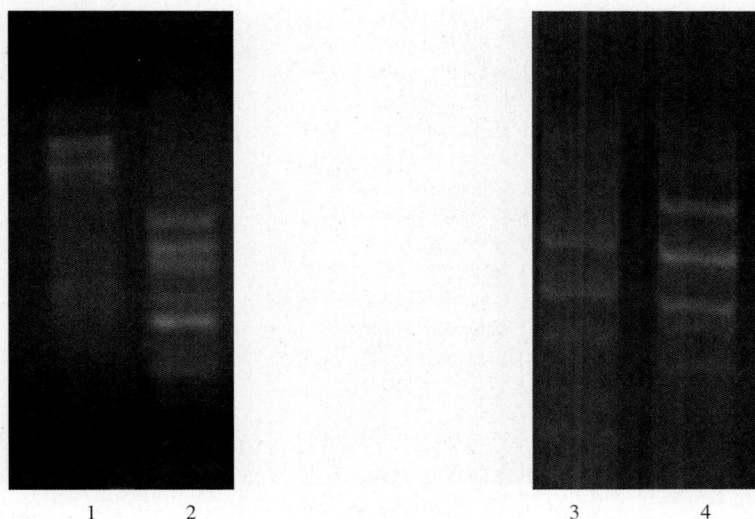

1. 引物 835 优化前；2. 引物 835 优化后；3. 引物 824 优化前；4. 引物 824 优化后。

图 3-1-3　引物 835、824 优化前和优化后 PCR 结果

通过优化前和优化后 PCR 结果的比较，最终确定引物 835 的反应体系为 rTaq（5 U/μl）0.3 ul，10×PCR 缓冲液 2.0 μl，dNTP 混合物（各 2.5 mM）2.0 μl，模板 DNA 1 μl，引物 1.5 μl，灭菌蒸馏水加至 25 μl。其 PCR 程序为 94 ℃预变性 5 min；94 ℃变性 30 s，50 ℃退火 30 s，72 ℃延伸 1 min，循环 40 次；72 ℃延伸 10 min；4 ℃保存。引物 824 的反应体系为 rTaq（5 U/μl）0.5 μl，10×PCR 缓冲液 2.5 μl，dNTP 混合物（各 2.5 mM）1.0 μl，模板 DNA 1 μl，引物 1.0 μl，灭菌蒸馏水加至 25 μl。其 PCR 程序为 94 ℃预变性 5 min；94 ℃变性 30 s，52 ℃退火 30 s，72 ℃延伸 1 min，循环 40 次；7 2 ℃延伸 10 min；4 ℃保存。

3. 鉴别特征的选择

抽取 3 份选自 16 个产地的白术 DNA 样品及组外对照北苍术种子 DNA，用选择的 2 条 ISSR 引物按最终确定的程序进行 ISSR-PCR 反应，用含有 0.5 μg/ml 溴乙锭（ethidium bromide，EB）的 1% 琼脂糖凝胶电泳检测扩增产物并记录电泳结果，筛选具有鉴别特征的条带。

选择的 2 条 ISSR 引物均能将白术种子与北苍术种子区别开来。2 条引物共扩增出条带 16 条，其中多态性条带 15 条。经过鉴别特征的筛选，引物 824 的标记结果在不同个体之间表现出较大的差异性，因而不适用于居群间的鉴别。但标记 824-2200 和标记 824-400 可用于白术与北苍术的鉴别，如图 3-1-4 所示，在北苍术中标记 824-2200 阳性、标记 824-400 阴性；在白术中标记 824-2200 阴性、标记 824-400 阳性。

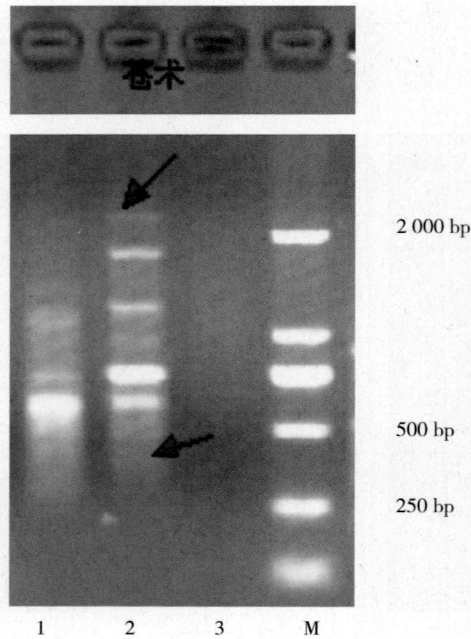

1. 白术种子；2. 北苍术种子；3. 水；M. DNA 标记。

图3-1-4　白术与北苍术用引物 824 扩增结果区分

引物 835 的标记结果具有稳定性，通过鉴别特征的筛选，标记 835-500 可以将二性子白术籽与其他类别的白术种子区别开来（图 3-1-5）。

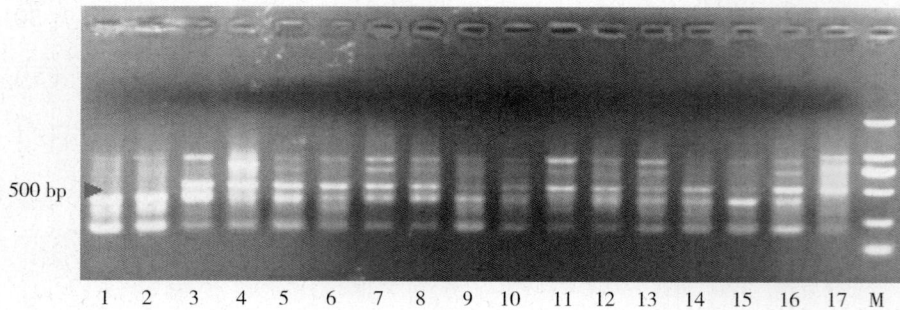

1~2. 二性子白术籽（石家庄、齐村）；3~5. 小白术籽（河西、齐村、北七公）；6~7. 大白术籽（於村、齐村）；8~10. 改良白术籽（定州、安国、山西）；11~16. 白术籽［霍山、亳州、宁国、尚湖镇、新渥镇（已撤销）、於潜镇］；17. 北苍术；M. DNA 标记。

图3-1-5　引物 835 对各试验种子的 PCR 结果

二、 含水量测定

按 GB/T 3543.6—1995 中恒温烘干法程序操作，因白术种子中含有不饱和脂肪酸，所以不进行磨碎处理，在相对湿度 70% 以下的室内进行烘干。取收集自河北的改良白术籽、小白术籽、大白术籽、二性子白术籽 4 个类型的种子进行研究。先将样品铝盒预先烘干（130 ℃，1 h），并放入干燥器中冷却 2 h 以上，称重。称取每批次白术种子 3 组，每组 2 份，每份 5 g 左右，放入已经烘干至恒重的称量瓶内，在电子天平上称重（精确至 0.001 g）。恒温烘箱通电预热至 110～115 ℃，将铝盒放入烘箱内的上层，打开盒盖，迅速关闭烘箱门，使箱温在 5～10 min 内回升至（103±2）℃时开始计算时间，烘 8 h。到时间后戴上手套在箱内加盖，盖好盒盖，取出后放入干燥器内冷却至室温，约 30 min 后精密称定，计算（103±2）℃加热 8 h 种子的水分百分率。同法分别采用（150±2）℃加热 1 h，（130±2）℃加热 3 h，计算种子水分百分率，结果见图 3-1-6。

结果表明，（103±2）℃加热 8 h 与（150±2）℃加热 1 h、（130±2）℃加热 3 h 在 0.05 水平上具有显著性差异，而（150±2）℃加热 1 h 与（130±2）℃加热 3 h 之间没有显著性差异。确定（103±2）℃加热 8 h 为测定白术种子水分方法。

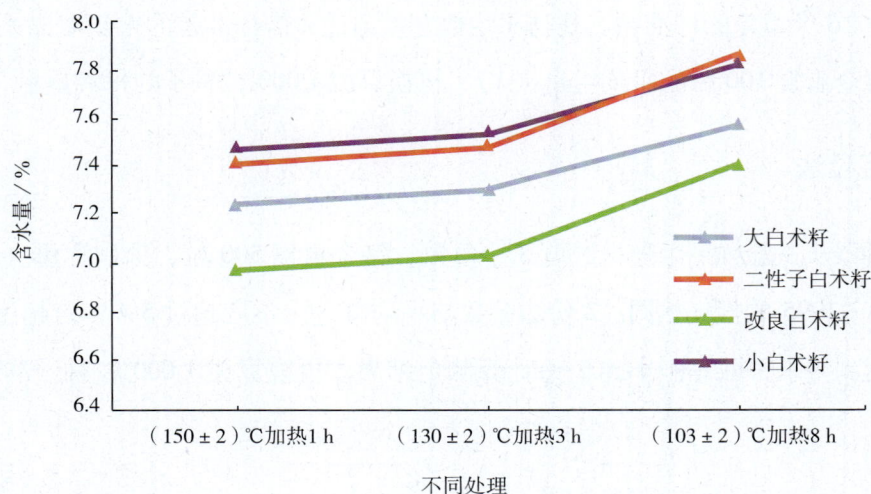

图 3-1-6　不同处理方法下白术种子含水量

三、 重量测定

(一) 百粒法

用手或数种器从试验样品中随机数取 8 个重复，每个重复 100 粒，分别称重（g），小数位数与 GB/T 3543.3—1995 的规定相同。

计算 8 个重复的平均重量、标准差及变异系数，标准差、变异系数的计算公式如下。

$$标准差(S) = \sqrt{\frac{n(\sum X^2) - (\sum X)^2}{n(n-1)}}$$

式中，X 为各重复重量（g）；n 为重复次数。

$$变异系数 = \frac{S}{\overline{X}} \times 100$$

式中，S 为标准差；$\overline{X}$ 为 100 粒种子的平均重量（g）。

种子的变异系数不超过 4.0，则可计算测定的结果。如变异系数超过上述限度，则应再测定 8 个重复，并计算 16 个重复的标准差。凡与平均数之差超过 2 倍标准差的重复略去不计。则从 8 个或 8 个以上的每个重复 100 粒的平均重量（$\overline{X}$），再换算成 1 000 粒种子的平均重量（即 $10 \times \overline{X}$）。

(二) 五百粒法

用手或数种器从试验样品中随机数取 3 个重复，每个重复 500 粒，分别称重（g），小数位数与 GB/T 3543.3—1995 的规定相同。2 份的差数与平均数之比不应超过 5%，若超过应再分析第 4 份重复，直至达到要求，取差距小的 2 份计算测定结果。再换算成 1 000 粒种子的平均重量（即 $2 \times \overline{X}$）。

(三) 千粒法

用手或数粒仪从试验样品中随机数取 2 个重复，大粒种子数 500 粒，中小粒种子数 1 000 粒，各重复称重（g），小数位数与 GB/T 3543.3—1995 的规定相同。2 份的差数与平均数之比不应超过 5%，若超过应再分析第 3 份重复，直至达到要求，取差距小的 2 份计算测定结果。

表 3 - 1 - 2 数据显示，3 种方法间没有差异，用 3 种方法均可。目前国际上通用百粒法，而我国常用千粒法，因白术主要是我国本土栽培，故规定用千粒法测定较为适宜。

表 3-1-2 不同方法下白术种子重量测定

品种	批号	方法	平均值	标准差	变异系数	含水量 / %	千粒重/g
大白术	1	百粒法	2.988	0.015	0.503	10.425	29.884
		五百粒法	14.977	0.070	0.465		29.954
		千粒法	29.723	0.129	0.433		29.723
	2	百粒法	2.565	0.068	2.640	10.365	25.651
		五百粒法	12.620	0.522	4.139		25.241
		千粒法	24.986	1.258	5.035		24.986
	3	百粒法	2.855	0.013	0.445	10.445	28.549
		五百粒法	14.255	0.023	0.161		28.510
		千粒法	28.430	0.055	0.194		28.430
小白术	4	百粒法	2.956	0.037	1.251	10.301	29.563
		五百粒法	14.726	0.144	0.981		29.452
		千粒法	29.443	0.665	2.260		29.443
	5	百粒法	2.997	0.007	0.237	10.415	29.970
		五百粒法	14.952	0.015	0.102		29.903
		千粒法	29.954	0.060	0.201		29.954
	6	百粒法	2.972	0.046	1.549	10.322	29.724
		五百粒法	14.990	0.023	0.153		29.980
		千粒法	29.426	0.666	2.264		29.426
二性子白术	7	百粒法	1.802	0.006	0.313	10.517	18.015
		五百粒法	9.012	0.023	0.250		18.024
		千粒法	18.004	0.012	0.067		18.004
	8	百粒法	1.802	0.006	0.322	10.467	18.024
		五百粒法	9.020	0.028	0.309		18.040
		千粒法	18.024	0.054	0.302		18.024
	9	百粒法	1.967	0.015	0.741	10.523	19.670
		五百粒法	9.873	0.044	0.450		19.745
		千粒法	19.845	0.112	0.567		19.845
改良白术	10	百粒法	2.401	0.016	0.648	10.333	24.011
		五百粒法	11.970	0.071	0.592		23.940
		千粒法	24.027	0.041	0.171		24.027
	11	百粒法	2.395	0.008	0.321	10.240	23.949
		五百粒法	11.970	0.031	0.261		23.940
		千粒法	24.455	0.788	3.224		24.455
	12	百粒法	2.535	0.010	0.381	10.251	25.349
		五百粒法	12.679	0.031	0.244		25.357
		千粒法	25.367	0.049	0.192		25.367

四、 发芽试验

本部分考察了不同的发芽床、发芽温度、发芽前处理、发芽光照对种子发芽率的影响。

(一) 发芽床

设定发芽床的温度为 20 ℃，光照条件下在纸上（TP）、纸间（BP）、砂上（TS）及砂间（BS）4 个发芽床上进行发芽试验，每个处理 400 粒种子，设 4 次重复。纸上（TP）：在发芽盒中铺 3 层湿润的滤纸，人工配合数种板置种；纸间（BP）：在发芽盒中铺 3 层湿润的滤纸，置种后，在种子上面再铺一层湿润滤纸；砂上（TS）：在发芽盒中铺 3 cm 厚、粒径为 0.05 ~ 0.80 mm 的湿砂（砂水比为 4:1），然后置种；砂间（BS）：在发芽盒中铺 3 cm 厚、粒径为 0.05 ~ 0.80 mm 的湿砂（砂水比为 4:1），置种后，再均匀铺上约 3 mm 细砂。

由表 3-1-3 中数据可以看出，白术在各发芽床的发芽率均较高，在纸上与纸间发芽床发芽较快，但都不如在砂床发芽的幼苗整齐。经综合考查，认为纸上和砂上培养的白术种子发芽率高、发芽整齐、幼苗形态较优。白术种子试验最适发芽床为纸上和砂上。但选择纸上时要格外注意保持发芽纸的湿润，以免发芽受影响。砂上发芽床中白术幼苗的长势最佳，但发芽较慢。

表 3-1-3　发芽床对白术种子萌发的影响

发芽床	第 1 次计数时间 / d	末次计数时间 / d	发芽率 / %	$P_{0.05}$
TP	4	8	77	ab
BP	4	8	72	c
TS	4	8	79	a
BS	4	4	77	ab

注：不同字母在同一列中标记的数据表示在 $P < 0.05$ 水平上存在显著性差异。相同字母表示差异不显著。

(二) 发芽温度

试验设定 10 ℃、15 ℃、20 ℃、25 ℃、30 ℃、35 ℃ 6 个温度进行处理。每个处理 100 粒种子，重复 4 次。处理时用光照条件，TP 作发芽床。试验中每天注意保持发芽纸湿润。由表 3-1-4 中的结果可以看出，温度在 15 ℃ 与 20 ℃ 白术种子的发芽率显著高于其他处理温度各组，30 ℃ 时白术种子发芽率骤减且种苗多畸形，35 ℃ 时则几乎没有发芽，表明在此温度下白术发芽受到抑制，15 ~ 20 ℃ 为其发芽适温区间。但有研究表明，白术种子在 20 ℃ 下的活力指数明显高于 15 ℃。故认为20 ℃为白术发芽试验的最适温度。这和农业生产中谷雨前后播种是相一致的。

表3-1-4　温度对白术种子萌发的影响

温度/℃	发芽势/%	$P_{0.05}$	发芽率/%	$P_{0.05}$
10	16	c	59	c
15	36	a	74	ab
20	35	a	76	a
25	27	b	63	b
30	9	d	14	d
35	0	e	0	e

注：不同字母在同一列中标记的数据表示在$P < 0.05$水平上存在显著性差异。相同字母表示差异不显著。

(三) 发芽前处理

白术种子表面茸毛较多，容易吸附霉菌，为防止霉菌在培育过程中滋生，研究采用4种预处理方法对种子进行消毒：①用0.3%高锰酸钾溶液消毒后冲洗，在温水中浸泡30 min，漂去部分茸毛；②用0.3%双氧水溶液消毒后冲洗，在温水中浸泡30 min，漂去部分茸毛；③用75%酒精消毒后，冲洗至无醇味，在温水中浸泡30 min，漂去部分茸毛；④用5%次氯酸钠溶液消毒后，在温水中浸泡30 min，漂去部分茸毛。按上法处理后，置种培育。通过相关资料，拟采用20 ℃、光照条件下用TP进行培养。试验每个处理100粒种子，重复4次。试验中注意保持发芽纸的湿润。

由表3-1-5可知，经过双氧水处理的白术种子发芽势最高，次氯酸钠处理的次之，发芽势与其他各组在统计学上均有差别。经处理各组的种子霉烂数目明显比不处理的少，因而发芽率较高。经处理各组的发芽率无统计学差别，但经高锰酸钾处理组的不正常苗数量较多。通常认为次氯酸钠与双氧水较为温和，对种子发芽影响小。故双氧水和次氯酸钠具有消毒及促进种子发芽的双重作用。

表3-1-5　消毒处理方法对白术种子萌发的影响

处理方法	发芽势/%	$P_{0.05}$	发芽率/%	$P_{0.05}$
A	24	d	77	ab
B	38	a	79	a
C	30	c	79	a
D	35	b	76	b
不处理	19	e	64	c

注：A高锰酸钾处理；B双氧水处理；C酒精处理；D次氯酸钠处理。不同字母在同一列中标记的数据表示在$P < 0.05$水平上存在显著性差异。相同字母表示差异不显著。

（四）发芽光照

选择 20 ℃，纸上（TP）进行光照 1 000 lx、黑暗对照发芽，每天记录发芽数，每个处理 400 粒种子，重复 4 次。试验中每天注意保持发芽纸湿润。

由表 3-1-6 可以看出光照对白术种子发芽的影响不显著，但是在光照条件下便于检验幼苗的生长状况，便于对白化苗及黄化畸形苗进行鉴定。且白术为阳性植物，其后期生长需要强光。故认为光照对白术种子发育成优良的幼苗是有利的，应在光照条件下进行白术的发芽检测。

表 3-1-6　光照对白术种子萌发的影响

光照条件	末次计数时间 /d	发芽率 /%	$P_{0.05}$
光照	8	76	ab
黑暗	8	78	a

注：不同字母在同一列中标记的数据表示在 $P < 0.05$ 水平上存在显著性差异。相同字母表示差异不显著。

发芽开始后，每天详细观察并记录正常种子的发芽情况，将不正常种苗、死种子拣出并记录。试验如果发现有霉烂种子需及时剔除，以防止其感染其他种子，直至无萌发种子出现为止。

综上所述，白术发芽的最适条件为用双氧水或次氯酸钠对种子进行预处理，20 ℃、光照，在纸上发芽。

（五）幼苗鉴定标准

1. 白术种子发育规律描述

白术种子在光照条件下的正常萌发表现如下。首先，种子膨大，胚根突破种皮（露白），下胚轴及胚根伸长，胚根部密生白色茸状根毛。下胚轴长到约 1.0 cm 时，子叶脱出种皮或部分脱出种皮，下胚轴逐渐转绿，子叶呈紫色并开始打开。随后，在 2 片子叶间可见顶芽，若此时胚根发育仍正常，幼苗通常可发育为正常幼苗。在白术种子的发芽过程中，未见有次生根的生长。

2. 正常苗与不正常苗

参考《农作物种子检验规程　发芽试验》（GB/T 3543.4—1995）实施指南，对试验的白术幼苗进行鉴定。

白术种子的正常幼苗分为 3 类，见图 3-1-7。

（1）完整正常幼苗：具有发育良好的根系，其初生根细长，长满白色根毛，在规定试验时期内产生或不产生次生根；子叶出土型发芽，具有发育良好的茎轴，其下胚轴直立、细长并有伸长能力。子叶 2 片，绿紫色；初生叶 2 片，绿色，两面密生柔毛；具 1 个完整顶芽。

（2）带有轻微缺陷的正常幼苗：初生根局部损伤或生长迟缓、停滞，但有足够发育的次生根；子叶损伤（采用50%规则）；初生叶局部损伤（采用50%规则）；顶芽没有明显的损伤或腐烂。

（3）次生感染的正常幼苗：由真菌或细菌感染引起，使幼苗主要构造发病和腐烂，但有证据表明病原部来自种子本身。

图3-1-7　白术种子的正常幼苗

白术种子的不正常幼苗分为3类，见图3-1-8。

（1）受损伤的幼苗：初生根、胚轴、胚芽、胚芽鞘、子叶、初生叶等主要构造出现破损。

（2）畸形或不匀称的幼苗：初生根、胚轴、胚芽鞘、子叶、初生叶等主要构造出现卷曲、短粗、水肿、白化等畸形或不匀称现象。

（3）腐烂幼苗：初生感染引起幼苗的主要构造发病和腐烂，幼苗不能正常生长。

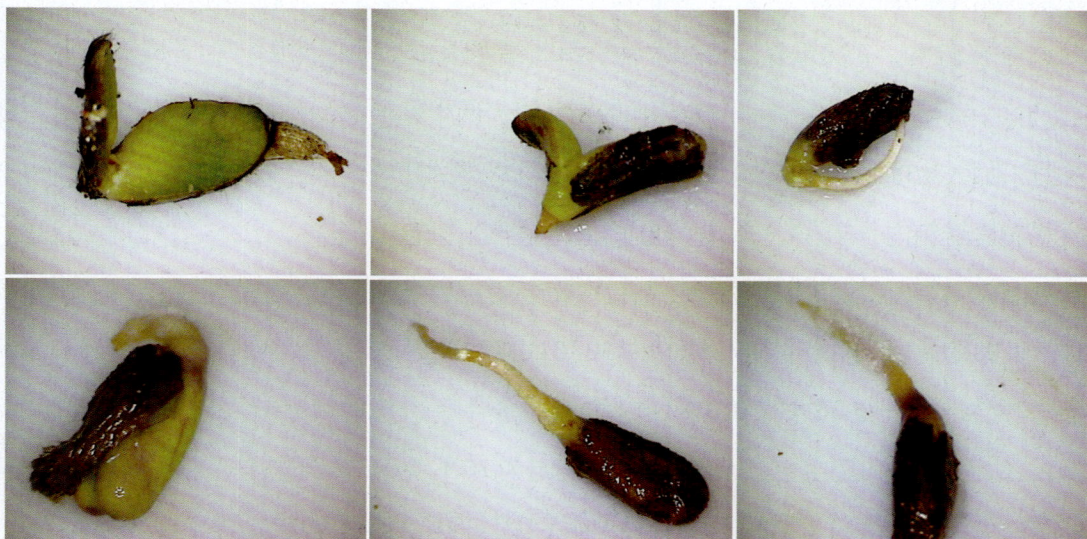

图3-1-8　白术种子的不正常幼苗

五、 生活力测定

分别采用红墨水法、BTB 法和 TTC 法对白术种子生活力进行检验方法的研究。

(一) 红墨水法

取白术种子 50 粒，2 次重复。红墨水溶液浓度设 5.0%、7.5%、10.0% 此 3 个水平，种子预处理方法同 TTC 法。染色时间设为 20 min、30 min、40 min、50 min 4 个水平，红墨水以液面覆盖种子为度。再将培养皿放置在恒温箱内，30 ℃、36 ℃、40 ℃ 恒温条件下染色。种子染色完毕后，用清水洗去浮色，根据种子着色程度及着色部位鉴定种子生活力。着色深为没有生活力的种子。

(二) BTB 法

BTB 琼脂的制作：称取 0.1 g BTB，溶解于 100 ml 弱碱性水中，此时溶液应呈淡蓝色或者蓝色。如果溶液显黄色，则可以加少量稀氨水调节 pH 值。取上述溶液 100 ml 置于烧杯中，加入 3.0 g 琼脂粉末加热并不断搅拌。待琼脂溶解、溶液成为均一液体后，趁热倒在数个干净的培养皿中，待形成一层均匀薄层，此时应盖好，防止空气中二氧化碳进入，引起不稳定。操作方法同 TTC 法，取吸胀的种子 200 粒，均匀地埋好。种子平放以尽量接触琼脂。置于 35 ℃ 下培养 2~4 h，在蓝色背景下观察，种子胚附近呈现黄色晕圈的是活种子，否则是死种子。

(三) TTC 法

取白术种子 50 粒，2 次重复。将白术种子用蒸馏水浸泡 12 h，然后将种子摊放于滤纸上干燥 12 h，取吸胀的白术种子，沿其种子胚的中心线纵切为两半，使胚的构造露出。取经过处理的种子放入培养皿，加入浓度为 0.1%、0.3%、0.6% 3 个水平的四唑溶液，以液面覆盖种子为度。再将培养皿放置在恒温箱内，30 ℃、36 ℃、40 ℃ 恒温条件下染色。

结果见图 3-1-9 和表 3-1-7。只有 TTC 染色测定白术种子生活力方法的结果最为真实，并与真实种子发芽率有极大的相关性。同时在 30 ℃ 的观察结果表明，染色时间不够，延长时间可以获得较好的观察结果。在 36 ℃、0.3% 四唑溶液的条件下，直接观察就可以获得较理想的结果。所以 TTC 法测定白术种子生活力，最佳条件可确定为 36 ℃，0.3% 四唑溶液，4~5 h 后观察。

红墨水染色法简便廉价，常用于检验种子生活力。但检测误差较大，种子中大多有死亡细胞，即使活种子也有可能染色，区分度不高，在实际检测过程中受检测人员主观能动性的影响较大。

BTB 法难于掌握，琼脂块制作过程烦琐，不适于常规检测，且检验结果稳定性不高，极易受到空气或是种子表面水分中二氧化碳的影响而使结果错误。综上所述，采用 TTC 法测定最为合适。

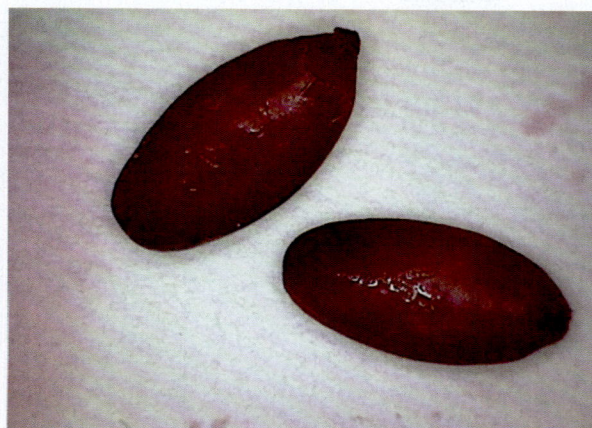

红墨水法（不具有生活力）　红墨水法（具有生活力）

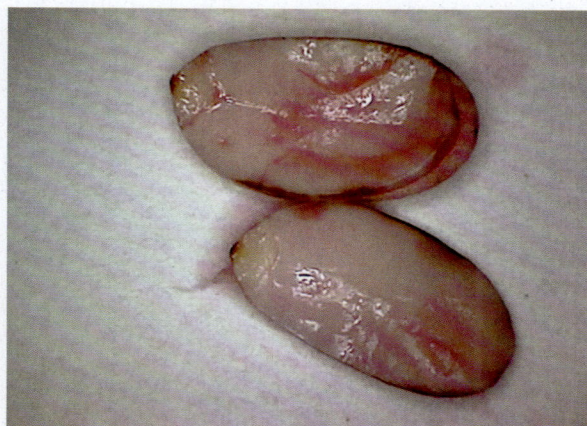

BTB法（具有生活力）　TTC法（具有生活力）

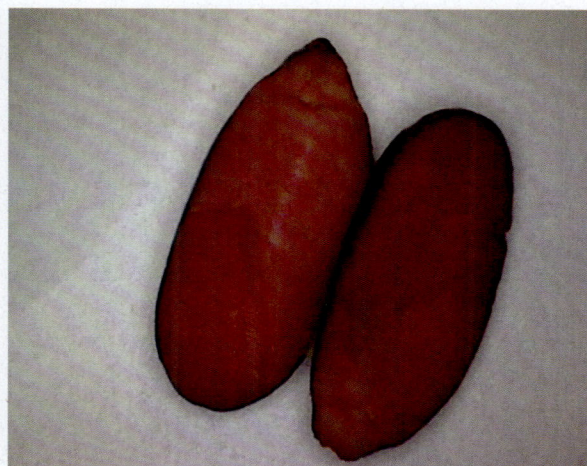

图 3-1-9　白术种子生活力染色结果

表 3-1-7　不同处理方法下白术种子生活力测定结果

样品编号	品种	不同发芽方法的测定结果 / %		不同检测方法的测定结果 / %		
		纸上	砂上	红墨水法	TTC 法	BTB 法
1	大白术	64	72	65	76	62
2	大白术	72	50	74	53	69
3	大白术	76	73	78	77	73
4	大白术	71	79	73	83	69
5	大白术	70	78	71	82	68
6	大白术	53	61	54	64	51
7	大白术	78	50	80	53	75

样品编号	品种	不同发芽方法的测定结果 / %		不同检测方法的测定结果 / %		
		纸上	砂上	红墨水法	TTC 法	BTB 法
8	大白术	61	61	62	64	59
9	大白术	74	64	76	68	71
10	大白术	73	69	75	73	70
11	小白术	55	53	56	56	53
12	小白术	69	70	70	74	67
13	小白术	61	61	62	64	59
14	小白术	64	74	65	78	62
15	小白术	73	76	75	80	70
16	小白术	50	72	51	76	48
17	小白术	75	78	77	82	72
18	小白术	69	50	70	53	67
19	小白术	50	70	51	74	48
20	小白术	70	61	71	64	68
21	二性子白术	74	72	76	76	71
22	二性子白术	78	76	80	80	75
23	二性子白术	63	70	64	74	61
24	二性子白术	69	71	70	75	67
25	二性子白术	78	70	80	74	75
26	二性子白术	73	75	75	79	70
27	二性子白术	79	78	81	82	76
28	二性子白术	78	53	80	56	75
29	二性子白术	53	72	54	76	51
30	二性子白术	73	73	75	77	70
31	改良白术	78	78	80	82	75
32	改良白术	72	74	74	78	69
33	改良白术	72	56	74	59	69
34	改良白术	75	72	77	76	72
35	改良白术	70	64	71	68	68
36	改良白术	70	73	71	77	68
37	改良白术	74	69	76	73	71
38	改良白术	56	53	57	56	54
39	改良白术	61	73	62	77	59
40	改良白术	64	75	65	79	62
41	改良白术	70	64	71	68	68

六、 种子健康度检查

（一）肉眼检查

首先观察白术种子的带虫、带菌情况。通过对 17 份不同产地白术种子的虫蛀数、霉变数进行检查，综合评比浙江、安徽、河北、山西 4 个产地的白术种子的健康度。虫蛀数和霉变数均为每 100 粒种子中的平均值，健康度计算公式如下，结果见表 3－1－8。

$$健康度 = \frac{总种子粒数 - 虫蛀数 - 霉变数}{总种子粒数} \times 100\%$$

结果表明，河北及山西改良白术的种子健康度较好，平均为 98%，安徽霍山县的白术种子虫蛀数较多，健康度低，质量较差，这一结果可能与种子的收集途径有关。

表 3-1-8　试验用白术种子健康度状况一览

种子来源	虫蛀数	霉变数	健康度 / %
（二性子白术）河北安国齐村	4	5	91
（二性子白术）河北石家庄	4	5	91
（改良白术）河北定州	1	2	97
（改良白术）河北安国齐村	0	2	98
（改良白术）山西新绛	0	1	99
（小白术）河北安国河西	3	6	91
（小白术）河北安国齐村	2	7	91
（大白术）河北安国齐村	2	1	97
（大白术）河北安国於村	2	3	95
（白术）安徽亳州	0	1	99
（白术）安徽宁国	1	5	94
（白术）安徽霍山	13	1	86
（白术）浙江磐安新渥镇（已撤销）	3	2	95
（白术）浙江磐安尚湖镇	1	6	94
（白术）浙江临安於潜镇	3	5	92

（二）平皿培养法

采用平皿培养法，取 2～3 个产地的净种子样本进行牛肉膏培养基及马铃薯葡萄糖琼脂（PDA）培养基的培养检测，每个处理重复 2 次；观察菌落生长情况，进行拍照并计算带菌率；将分离到的真菌分别进行纯化；通过 DNA 提取、测序、比对方法进行鉴定。

1. 种子外部带菌检测

从每份样本中随机选取 100 粒种子，放入经灭菌的培养皿中，用 75% 乙醇表面润洗一遍，倒出乙醇，用无菌水充分润洗 2 次，将种子接种到牛肉膏培养基及 PDA 培养基上，每个平皿 8 粒左右，在（25±2）℃、黑暗条件下培养，2 d 后观察菌落生长情况，进行拍照并计算带菌率（表 3-1-9、表 3-1-10）。

$$带菌率（\%）= 带菌种子总数／检测种子总数 ×100\%$$

平皿培养法可以有效检测到不同真菌类群（图 3-1-10）。无论是在牛肉膏培养基还是 PDA 培养基上，种子外部带菌率均为 100%，说明两种培养基对结果没有影响，根据实际情况，选择更方便易得的一种培养基即可。

表 3-1-9　牛肉膏培养基检测白术外部染菌情况

样品编号	检测种子总数/粒	带菌种子总数/粒	带菌率/%
1	7	7	100
1	7	7	100
3	7	7	100
3	8	8	100
4	8	8	100
4	8	8	100

表 3-1-10　PDA 培养基检测白术外部染菌情况

样品编号	检测种子总数/粒	带菌种子总数/粒	带菌率/%
1	8	8	100
1	8	8	100
3	9	9	100
3	8	8	100
4	8	8	100
4	8	8	100

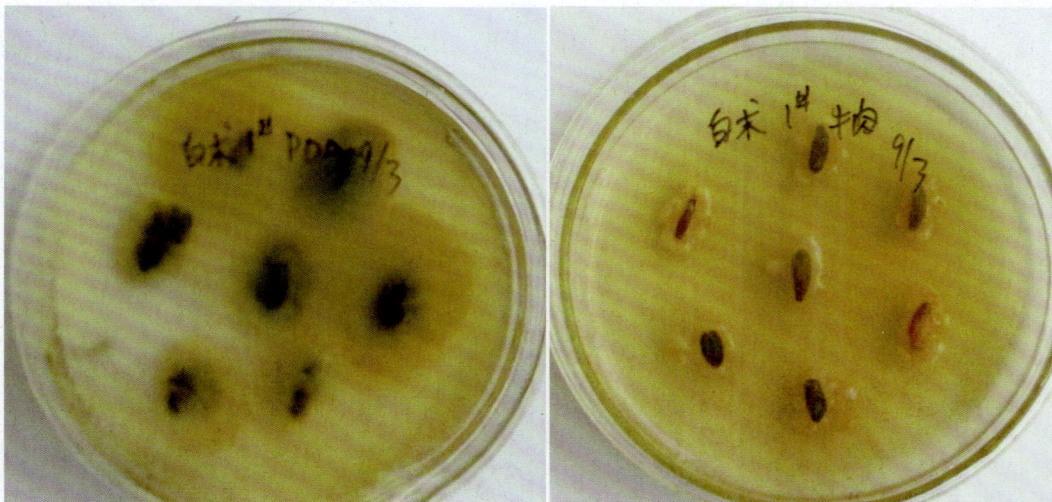

图 3-1-10 白术种子外部菌落形态 （左：PDA 培养基；右：牛肉膏培养基）

2. 种子内部带菌检测

从每份样本中随机选取 100 粒种子，放入经灭菌的培养皿中，用 75% 乙醇表面消毒 5 min，倒出乙醇，用 0.1% 升汞消毒 3 min，用无菌水充分润洗 3 次，将种子切开或剥皮，接种到牛肉膏培养基及 PDA 培养基上，每个平皿 8 粒左右，在（25±2）℃、黑暗条件下培养，2 d 后观察菌落生长情况，进行拍照并计算带菌率（表 3-1-11、表 3-1-12）。

平皿培养法可以有效检测到不同真菌类群（图 3-1-11）。种子内部带菌率要低于外部带菌率。在牛肉膏培养基和 PDA 培养基上的白术种子内部染菌比例都在 0~42.9%，但使用牛肉膏培养基的白术种子平均染菌比例要稍低于 PDA 培养基。建议优先选择牛肉膏培养基。不同编号种子的染菌比例差异较大，可能和来自不同产地有关。

表 3-1-11 牛肉膏培养基检测白术内部染菌情况

样品编号	检测种子总数/粒	带菌种子总数/粒	带菌率/%	平均带菌率/%
1	7	3	42.9	
1	7	2	28.6	
3	7	0	0	25.0
3	7	2	28.6	

表 3-1-12 PDA 培养基检测白术内部染菌情况

样品编号	检测种子总数/粒	带菌种子总数/粒	带菌率/%	平均带菌率/%
1	7	3	42.9	
1	7	2	28.6	
3	6	2	33.3	26.2
3	9	0	0	

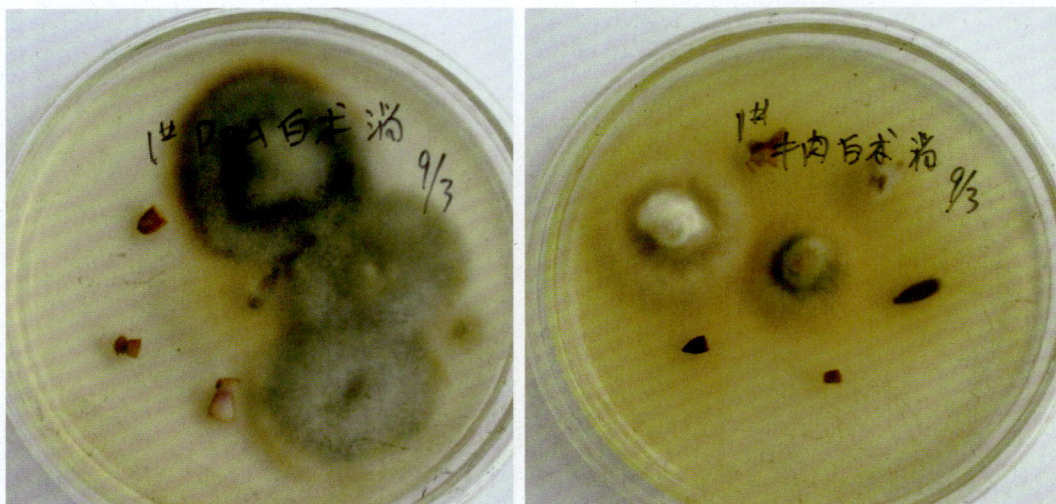

图 3-1-11 白术种子内部菌落形态 （左：PDA 培养基；右：牛肉膏培养基）

3. 纯化、鉴定

将观察到的真菌分别接到新的培养基上进行分离纯化，3~5 d 后取纯化菌丝进行鉴定。平皿培养法可以有效分离获得不同真菌类群（图 3-1-12），初步鉴定白术携带的真菌分别属于小核菌属（*Sclerotium* spp.）、链格孢属（*Alternaria* spp.）。

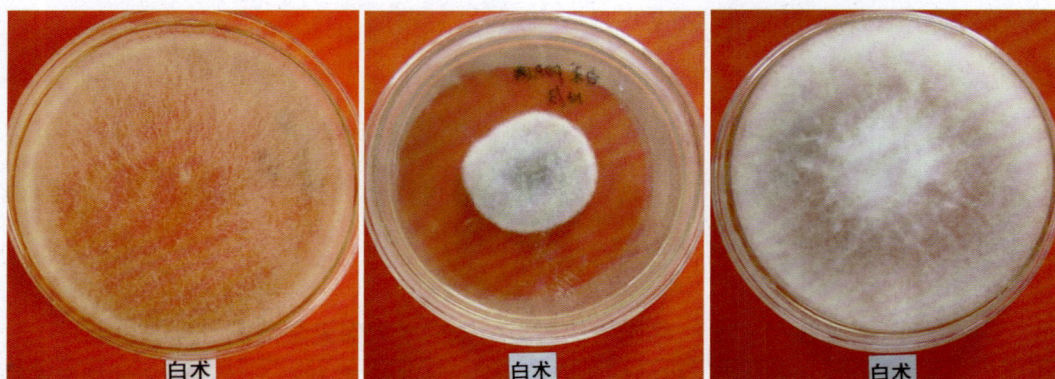

图 3-1-12 白术种子真菌形态 （左：小核菌属；中：链格孢属；右：未鉴定）

（本节内容由中国中医科学院中药研究所提供，编委：陈敏、郑玉光、杨光，资料整理人员：由会玲、吴中秋、邓国兴、李国川、侯方洁、宋军娜、王乾、郑开颜）

第二节 北苍术

北苍术为菊科植物北苍术 *Atractylodes chinensis* (DC.) Koidz. 的根。北苍术主要分布于东北三省，河北、山东、内蒙古、宁夏、甘肃等地也有野生资源分布。吉林、河北北部有少量驯化栽培。

北苍术多野生于海拔 800~1 850 m 的丘陵、杂草或山阴坡的疏林边，怕强光和高温、高湿，且耐寒力较强（其幼苗能承受 −15 ℃ 左右的低温），喜凉爽、温和、湿润的气候。生长期的适宜温度在 15~25 ℃。一般土壤均可种植，但以排水良好、土层深厚、疏松肥沃、富含腐殖质、半阴半阳的砂壤土栽培为宜。

一、真实性检验

（一）种子形态鉴定

根据种子的形态特征如大小、形状、颜色、光泽、表面构造等，必要时可借助放大镜等进行逐粒观察，与标准种子样品或鉴定图片和有关资料进行对照。

北苍术种子形态特征：瘦果圆柱状，长 4.0~6.0 mm，宽 1.5~2.0 mm，厚 1.0~2.0 mm；表面密被黄白色柔毛，冠毛长 1.0~1.5 cm，有的已脱落，基部刚毛质，上部羽状分枝；子叶肉质。北苍术种子外部形态见图 3-2-1。

图 3-2-1 北苍术种子外部形态

（二）幼苗真实性鉴定

北苍术幼苗叶片较宽，革质；出苗 3 d 长 1 cm 左右，出苗 7 d 后边缘锯齿逐渐明显，长 1.5 ~ 2.0 cm。成熟植株叶互生，茎中下部叶匙形或倒卵形，基部楔形，前端钝，边缘多为 3 ~ 5 羽状缺裂，有平开的硬刺，茎上部叶椭圆形至卵状披针形，3 ~ 5 羽状浅裂至不裂，无叶柄。不同时期北苍术幼苗外部形态见图 3 - 2 - 2。

北苍术出苗 3 d　　　　　　北苍术出苗 7 d　　　　　　北苍术整体出苗情况

图 3 - 2 - 2　不同时期北苍术幼苗外部形态

（三）分子鉴定

用收集自浙江的北苍术种子进行研究，试验研究方法见"白术"章节。

结果表明，标记 824-2200 和标记 824-400 可用于北苍术与白术种子的鉴别。如图 3 - 1 - 4 所示，在北苍术中标记 824-2200 阳性、标记 824-400 阴性；在白术中标记 824-2200 阴性、标记 824-400 阳性。

二、含水量测定

按 GB/T 3543.6—1995 中恒温烘干法程序操作，在相对湿度 70% 以下的室内进行。因北苍术种子中含有不饱和脂肪酸，所以不进行磨碎处理。先将样品铝盒预先烘干（130℃，1 h），并放入干燥器中冷却 2 h 以上，称重。称取每批次北苍术种子 3 组，每组 2 份，每份 5 g 左右，放入已经烘干至恒重的铝盒内，在电子天平上称重（精确至 0.001 g）。恒温烘箱通电预热至 110 ~ 115℃，将铝盒放入烘箱内的上层，打开盒盖，迅速关闭烘箱门，使箱温在 5 ~ 10 min 内回升至（103 ±2）℃时开始计算时间，烘 8 h。到时间后戴上手套在箱内加盖，盖好盒盖，取出后放入干燥器内冷却至室温，约 30 min 后精密称定，计算（103 ±2）℃加热 8 h 种子的水分百分率。同法分别采用（150 ±2）℃加热 1 h，（130 ±2）℃加热 3 h，计算种子水分百分率，结果见图 3 - 2 - 3。

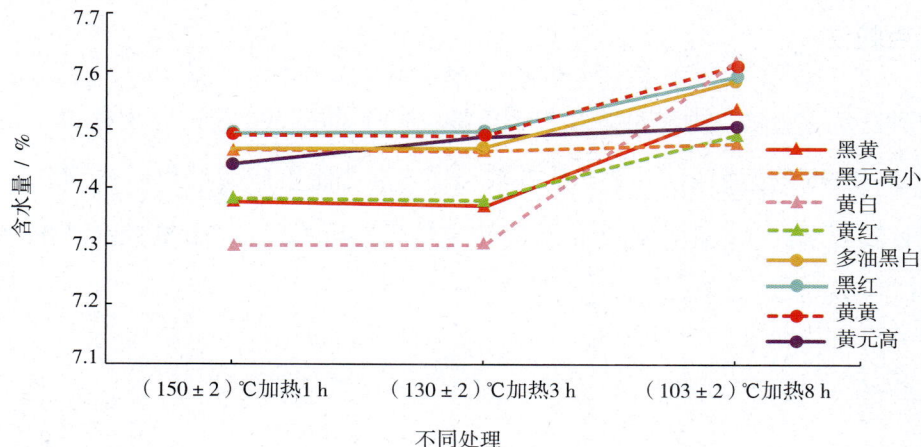

图 3-2-3　不同处理方法下北苍术种子含水量

结果表明，（103 ±2）℃加热 8 h 与（150 ±2）℃加热 1 h、（130 ±2）℃加热 3 h 在 0.05 水平上具有显著性差异，而（150 ±2）℃加热 1 h 与（130 ±2）℃加热 3 h 之间没有显著性差异。确定（103 ±2）℃加热 8 h 为测定北苍术种子含水量方法。

三、 重量测定

（一） 百粒法

用手或数种器从试验样品中随机数取 8 个重复，每个重复 100 粒，分别称重（g），小数位数与 GB/T 3543.3—1995 的规定相同。

计算 8 个重复的平均重量、标准差及变异系数。标准差、变异系数的计算公式如下。

$$标准差(S) = \sqrt{\frac{n(\sum X^2) - (\sum X)^2}{n(n-1)}}$$

式中，X 为各重复重量（g）；n 为重复次数。

$$变异系数 = \frac{S}{\overline{X}} \times 100$$

式中，S 为标准差；$\overline{X}$ 为 100 粒种子的平均重量（g）。

种子的变异系数不超过 4.0，则可计算测定的结果。如变异系数超过上述限度，则应再测定 8 个重复，并计算 16 个重复的标准差。凡与平均数之差超过 2 倍标准差的重复略去不计。则从 8 个或 8 个以上的每个重复 100 粒的平均重量 ($\overline{X}$)，再换算成 1 000 粒种子的平均重量（即 $10 \times \overline{X}$）。

（二）五百粒法

用手或数种器从试验样品中随机数取 3 个重复，每个重复 500 粒，分别称重 (g)，小数位数与 GB/T 3543.3—1995 的规定相同。2 份的差数与平均数之比不应超过 5%，若超过应再分析第 4 份重复，直至达到要求，取差距小的 2 份计算测定结果，再换算成 1 000 粒种子的平均重量（即 $2 \times \overline{X}$）。

（三）千粒法

用手或数粒仪从试验样品中随机数取 2 个重复，大粒种子 500 粒，中小粒种子 1 000 粒，各重复称重 (g)，小数位数与 GB/T 3543.3—1995 的规定相同。2 份的差数与平均数之比不应超过 5%，若超过应再分析第 3 份重复，直至达到要求，取差距小的 2 份计算测定结果。

不同方法下北苍术种子重量测定结果见表 3 – 2 – 1。结果表明，3 种方法间没有差异，用 3 种方法均可。目前国际上通用百粒法，而我国常用千粒法，因北苍术主要是我国本土栽培，故规定用千粒法测定较为适宜。

表 3-2-1　不同方法下北苍术种子重量测定

样品名称	批号	方法	平均值	标准差	变异系数	千粒重/g
黑黄	1	百粒法	1.474	0.005	0.316	14.740
		五百粒法	7.342	0.030	0.409	14.685
		千粒法	14.725	0.028	0.192	14.725
	2	百粒法	1.468	0.006	0.400	14.684
		五百粒法	7.468	0.017	0.223	14.936
		千粒法	14.943	0.044	0.293	14.943
黑元高小	1	百粒法	1.524	0.054	3.535	15.243
		五百粒法	7.728	0.003	0.037	15.457
		千粒法	15.533	0.007	0.046	15.533
	2	百粒法	1.510	0.020	1.317	15.103
		五百粒法	7.538	0.063	0.838	15.076
		千粒法	15.069	0.063	0.419	15.069

续表

样品名称	批号	方法	平均值	标准差	变异系数	千粒重/g
黄白	1	百粒法	1.630	0.005	0.289	16.304
		五百粒法	8.179	0.031	0.374	16.359
		千粒法	16.271	0.085	0.521	16.271
	2	百粒法	1.631	0.022	1.333	16.309
		五百粒法	8.155	0.086	1.059	16.311
		千粒法	16.294	0.050	0.308	16.294
黄红	1	百粒法	1.477	0.055	3.714	14.766
		五百粒法	7.404	0.278	3.756	14.807
		千粒法	14.910	0.787	5.279	14.910
	2	百粒法	1.455	0.007	0.479	14.548
		五百粒法	7.278	0.031	0.421	14.556
		千粒法	14.657	0.049	0.338	14.657
黄元高	1	百粒法	1.633	0.057	3.517	16.328
		五百粒法	8.247	0.027	0.328	16.493
		千粒法	16.575	0.078	0.474	16.575
	2	百粒法	1.615	0.007	0.445	16.145
		五百粒法	8.063	0.048	0.596	16.125
		千粒法	16.198	0.135	0.834	16.198
多油黑白	1	百粒法	1.661	0.032	1.918	16.610
		五百粒法	8.386	0.037	0.439	16.773
		千粒法	16.703	0.098	0.588	16.703
	2	百粒法	1.718	0.037	2.150	17.176
		五百粒法	8.587	0.052	0.608	17.174
		千粒法	17.321	0.014	0.082	17.321
黑红	1	百粒法	1.784	0.015	0.851	17.839
		五百粒法	8.901	0.058	0.656	17.803
		千粒法	17.702	0.162	0.915	17.702
	2	百粒法	1.786	0.010	0.573	17.859
		五百粒法	8.879	0.046	0.523	17.757
		千粒法	17.720	0.035	0.200	17.720
黄黄	1	百粒法	1.644	0.028	1.679	16.438
		五百粒法	8.248	0.082	0.989	16.496
		千粒法	16.485	0.014	0.086	16.485
	2	百粒法	1.643	0.004	0.256	16.430
		五百粒法	8.236	0.028	0.338	16.472
		千粒法	16.551	0.078	0.474	16.551

四、 发芽试验

发芽试验是要测定样品的最大发芽潜力。为使种子获得最大发芽潜力，需要给予最适宜的条件，包括预处理方法、温度、发芽床、光照等。本部分考察了不同的发芽床、发芽温度、发芽前处理、发芽光照对种子发芽率的影响。

（一）发芽床

设定发芽床的温度为 20 ℃，光照条件下在纸上（TP）、纸间（BP）、砂上（TS）及砂间（BS）4 个发芽床上进行发芽试验，每个处理 400 粒种子，设 4 次重复。纸上（TP）：在发芽盒中铺 3 层湿润的滤纸，人工配合数种板置种。纸间（BP）：在发芽盒中铺 3 层湿润的滤纸，置种后，在种子上面再铺一层湿润滤纸。砂上（TS）：在发芽盒中铺 3 cm 厚、粒径为 0.05~0.80 mm 的湿砂（砂水比为 4:1），然后置种。砂间（BS）：在发芽盒中铺 3 cm 厚、粒径为 0.05~0.80 mm 的湿砂（砂水比为 4:1），置种后，再均匀铺上约 3 mm 厚细砂。

由表 3-2-2 中数据可以看出，北苍术种子在各发芽床的发芽率均较高，在纸上与纸间发芽床发芽较快，但都不如在砂上发芽的幼苗整齐。经综合考查，认为纸上和砂上培养的北苍术种子发芽率高、发芽整齐、幼苗形态较优。北苍术种子试验最适发芽床为纸上和砂上。

表 3-2-2　发芽床对北苍术种子萌发的影响

发芽床	第 1 次计数时间 /d	末次计数时间 /d	发芽率 /%	$P_{0.05}$
TP	4	10	87	ab
BP	4	10	86	b
TS	4	10	89	a
BS	4	10	87	ab

注：不同字母在同一列中标记的数据表示在 $P < 0.05$ 水平上存在显著性差异。相同字母表示差异不显著。

（二）发芽温度

设定 10 ℃、15 ℃、20 ℃、25 ℃、30 ℃ 5 个温度进行发芽试验。每个处理 100 粒种子，重复 4 次。处理时用光照条件，TP 作发芽床。试验中每天注意保持发芽纸湿润。

由表 3-2-3 中的结果可以看出，温度在 15 ℃ 与 20 ℃ 时北苍术种子的发芽率显著高于其他处理温度各组，30 ℃ 时北苍术种子发芽率骤减且种苗多畸形，表明在此温度下北苍术发芽受到抑制，

15~20 ℃为其发芽适温区间。但有研究表明，北苍术种子在20 ℃下的活力指数明显高于15 ℃。故认为20 ℃为北苍术发芽试验的最适温度。

表3-2-3　温度对北苍术种子萌发的影响

温度 / ℃	发芽势 / %	$P_{0.05}$	发芽率 / %	$P_{0.05}$
10	20	c	81	b
15	30	a	89	a
20	27	ab	88	a
25	22	bc	82	b
30	18	d	72	c

注：不同字母在同一列中标记的数据表示在 $P < 0.05$ 水平上存在显著性差异。相同字母表示差异不显著。

（三）发芽前处理

北苍术种子表面茸毛较多，容易吸附霉菌，为防止霉菌在培育过程中滋生，研究采用4种预处理方法对种子进行消毒：①用0.3%高锰酸钾溶液消毒后冲洗，在温水中浸泡30 min，漂去部分茸毛；②用0.3%双氧水溶液消毒后冲洗，在温水中浸泡30 min，漂去部分茸毛；③用75%酒精消毒后，冲洗至无醇味，在温水中浸泡30 min，漂去部分茸毛；④用5%次氯酸钠溶液消毒后，在温水中浸泡30 min，漂去部分茸毛。按上法处理后，置种培育，通过相关资料，拟采用20 ℃、光照条件下用TP进行培养。每个处理100粒种子，重复4次。试验中注意保持发芽纸的湿润。

由表3-2-4可知，经过双氧水处理的北苍术种子发芽势最高，次氯酸钠处理的次之，发芽势与其他各组在统计学上均有差别。经处理各组的种子霉烂数目明显比不处理的少，因而发芽率较高。经处理各组的发芽率无统计学差别，但经高锰酸钾处理组的不正常苗数量较多。故认为双氧水和次氯酸钠具有消毒及促进种子发芽的双重作用。

表3-2-4　消毒处理方法对北苍术种子萌发的影响

处理方法	发芽势 / %	$P_{0.05}$	发芽率 / %	$P_{0.05}$
A	17	cd	86	ab
B	28	a	88	a
C	19	c	84	b
D	26	ab	89	a
不处理	14	d	69	c

注：A 高锰酸钾处理；B 双氧水处理；C 酒精处理；D 次氯酸钠处理不同字母在同一列中标记的数据表示在 $P < 0.05$ 水平上存在显著性差异。相同字母表示差异不显著。

（四）发芽光照

选择 20 ℃，纸上（TP）进行光照 1 000 lx、黑暗对照发芽，每天记录发芽数，每个处理 400 粒种子，重复 4 次。试验中每天注意保持发芽纸湿润。

由表 3-2-5 可以看出光照对北苍术种子发芽率的影响不显著，但是在光照条件下便于检验幼苗的生长状况，便于对白化苗及黄化畸形苗进行鉴定。且北苍术为阳性植物，其后期生长需要强光。故认为光照对北苍术种子发育成优良的幼苗是有利的，应在光照条件下进行北苍术的发芽检测。

表 3-2-5　　光照对北苍术种子萌发的影响

光照条件	末次计数时间 /d	发芽率 /%	$P_{0.05}$
光照	10	87	a
黑暗	10	86	a
自然光	10	87	a

注：不同字母在同一列中标记的数据表示在 $P < 0.05$ 水平上存在显著性差异。相同字母表示差异不显著。

发芽开始后，每天详细观察并记录正常种子的发芽情况，将不正常种苗、死种子拣出并记录。如果发现有霉烂种子需及时剔除，以防止其感染其他种子，直至无萌发种子出现为止。

综上所述，北苍术种子最适宜发芽条件为在培育时用双氧水或次氯酸钠进行消毒并适当浸泡，温度 20 ℃，给予光照，在纸上发芽。发芽试验的计数时间为 4～10 d。

（五）幼苗鉴定标准

1. 北苍术种子发育规律描述

北苍术种子在光照条件下的正常萌发表现如下。首先，种子膨大，胚根突破种皮（露白），下胚轴及胚根伸长，胚根部密生白色茸状根毛。下胚轴长到约 1.0 cm 时，子叶脱出种皮或部分脱出种皮，下胚轴逐渐转绿，子叶呈紫色并开始打开。随后，在 2 片子叶间可见顶芽，若此时胚根发育仍正常，幼苗通常可发育为正常幼苗。在北苍术种子的发芽过程中，未见有次生根的生长。

2. 正常苗与不正常苗

在种子萌发期间，注意观察种苗发育过程，参照 1996 年版《国际种子检验规程》，对北苍术幼苗进行评价归类。

北苍术种子的正常幼苗分为 3 类，见图 3-2-4。

（1）完整正常幼苗：具有发育良好的根系，其初生根细长，长满白色根毛，在规定试验时期内产生或不产生次生根；子叶出土型发芽，具有发育良好的茎轴，其下胚轴直立、细长并有伸长能力。子叶2片，绿紫色；初生叶2片，绿色，两面密生柔毛；具1个完整顶芽。

（2）带有轻微缺陷的正常幼苗：初生根局部损伤或生长迟缓、停滞，但有足够发育的次生根；子叶损伤（采用50%规则）；初生叶局部损伤（采用50%规则）；顶芽没有明显的损伤或腐烂。

（3）次生感染的正常幼苗：由真菌或细菌感染引起，使幼苗主要构造发病和腐烂，但有证据表明病原部来自种子本身。

图3-2-4 北苍术种子的正常幼苗

北苍术种子的不正常幼苗分为3类，见图3-2-5。

图3-2-5 北苍术种子的不正常幼苗

（1）受损伤的幼苗：初生根、胚轴、胚芽、胚芽鞘、子叶、初生叶等主要构造出现破损。

（2）畸形或不匀称的幼苗：初生根、胚轴、胚芽鞘、子叶、初生叶等主要构造出现卷曲、短粗、水肿、白化等畸形或不匀称现象。

（3）腐烂幼苗：初生感染引起幼苗的主要构造发病和腐烂，幼苗不能正常生长。

五、 生活力测定

分别采用红墨水法、BTB法和TTC法对北苍术种子生活力进行方法研究。

（一）红墨水法

取北苍术种子50粒，2次重复。将北苍术种子用蒸馏水浸泡12 h，然后将种子摊放于滤纸上干燥12 h，取吸胀的北苍术种子，沿其种子胚的中心线纵切为两半，使胚的构造露出。红墨水溶液，浓度设5.0%、7.5%、10.0%此3个水平，以液面覆盖种子为度。再将培养皿放置在恒温箱内，30 ℃、36 ℃、40 ℃恒温条件下染色。染色时间设为20 min、30 min、40 min、50 min 4个水平。种子染色完毕后，用清水洗去浮色，根据着色程度及着色部位鉴定北苍术种子生活力。

（二）BTB法

BTB琼脂的制作：称取0.1 g BTB，溶解于100 ml弱碱性水中，此时溶液应呈淡蓝色或者蓝色。如果溶液显黄色，则可以加少量稀氨水调节pH值。取上述溶液100 ml置于烧杯中，加入3.0 g琼脂粉末加热并不断搅拌，待琼脂溶解、溶液成为均一液体后，趁热倒在数个干净的培养皿中，待形成一层均匀薄层，此时应盖好，防止空气中二氧化碳进入，引起不稳定。

操作方法同红墨水法，取吸胀的种子200粒，均匀地埋好。种子平放以尽量接触琼脂。置于35 ℃下培养2~4 h，在蓝色背景下观察，种子胚附近呈现黄色晕圈的是活种子，否则是死种子。

（三）TTC法

取北苍术种子50粒，2次重复。对种子进行预处理，方法同红墨水法。取经过处理的种子放入培养皿，加入浓度为0.1%、0.3%、0.6% 3个水平的四唑溶液，以液面覆盖种子为度。再将培养皿放置在恒温箱内，30 ℃、36 ℃、40 ℃恒温条件下染色。结果见表3-2-6。

在30 ℃的观察结果表明，染色时间不够，延长时间可以获得较好的观察结果。在36 ℃、0.3%四唑溶液的条件下，直接观察就可以获得较理想的结果。所以TTC法测定北苍术种子生活力，最佳条件可确定为 36 ℃，0.3% 四唑溶液，4~5 h 后观察。

表 3-2-6　不同浓度 TTC 下北苍术种子生活力测定结果

染色温度 /℃	TTC 浓度 /%	不同染色时间的测定结果 /%				
		1 h	2 h	3 h	4 h	5 h
30	0.1	16	32	62	81	86
	0.3	17	66	84	88	88
	0.6	32	87	88	89	90
36	0.1	15	31	64	78	89
	0.3	23	68	81	92	93
	0.6	36	85	89	90	91
40	0.1	21	33	65	78	86
	0.3	25	65	81	88	92
	0.6	31	88	90	89	93

　　不同染色方法下北苍术种子生活力测定结果见图 3-2-6 和表 3-2-7。结果表明，只有 TTC 染色测定北苍术种子生活力方法的结果最为真实，并与真实种子发芽率有极大的相关性。

　　分析认为红墨水染色法简便廉价，常用于检验种子生活力，但该法检测误差较大，种子中大多有死亡细胞，即使活种子也有可能染色，区分度不高，在实际检测过程中受检测人员主观能动性的影响较大。BTB 法难于掌握，琼脂块制作过程烦琐，不适于常规检测，且检验结果稳定性不高，极易受到空气或是种子表面水分中二氧化碳的影响而使结果错误。综上所述，采用 TTC 法测定最为合适。

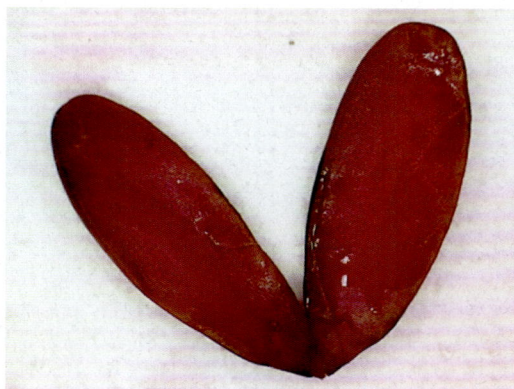

红墨水法（不具有生活力）　　　　　　　　　红墨水法（具有生活力）

BTB法（具有生活力）   TTC法（具有生活力）

图3-2-6　北苍术种子生活力染色结果

表3-2-7　不同处理方法下北苍术种子生活力测定结果

样品名称	不同发芽方法的测定结果 /%		不同检测方法的测定结果 /%		
	纸上	砂上	红墨水法	TTC 法	BTB 法
北苍术（黑黄-1）	72	74	86	77	64
北苍术（黑黄-2）	78	65	94	68	70
北苍术（黑黄-3）	73	86	88	90	65
北苍术（黑黄-4）	66	86	79	90	59
北苍术（黑黄-5）	64	73	77	76	57
北苍术（黑元高小-1）	67	68	80	71	60
北苍术（黑元高小-2）	90	83	108	87	80
北苍术（黑元高小-3）	82	80	98	84	73
北苍术（黑元高小-4）	87	79	91	82	78
北苍术（黑元高小-5）	89	88	93	92	79
北苍术（黄白-1）	90	83	94	87	80
北苍术（黄白-2）	81	42	85	44	72
北苍术（黄白-3）	74	74	77	77	66
北苍术（黄白-4）	83	92	87	96	74
北苍术（黄白-5）	80	76	84	79	71
北苍术（黄红-1）	79	78	82	81	70
北苍术（黄红-2）	67	83	70	87	60
北苍术（黄红-3）	90	80	94	84	80
北苍术（黄红-4）	82	79	86	82	73
北苍术（黄红-5）	87	88	91	92	78
北苍术（黄元高-1）	89	83	93	87	79
北苍术（黄元高-2）	90	42	94	44	80

续表

样品名称	不同发芽方法的测定结果/%		不同检测方法的测定结果/%		
	纸上	砂上	红墨水法	TTC 法	BTB 法
北苍术（黄元高-3）	81	92	85	96	72
北苍术（黄元高-4）	81	76	85	79	72
北苍术（黄元高-5）	74	78	77	81	66
北苍术（多油黑白-1）	83	83	87	87	74
北苍术（多油黑白-2）	80	80	84	84	71
北苍术（多油黑白-3）	79	79	82	82	70
北苍术（多油黑白-4）	67	88	70	92	60
北苍术（多油黑白-5）	90	72	94	75	80
北苍术（黑红-1）	82	78	86	81	73
北苍术（黑红-2）	68	73	71	76	61
北苍术（黑红-3）	83	66	87	69	74
北苍术（黑红-4）	80	64	84	67	71
北苍术（黑红-5）	79	67	82	70	70
北苍术（黄黄-1）	88	90	92	94	78
北苍术（黄黄-2）	83	82	87	86	74
北苍术（黄黄-3）	42	87	44	91	37
北苍术（黄黄-4）	74	89	77	93	66
北苍术（黄黄-5）	88	90	92	94	78

六、 种子健康度检查

采用平皿培养法，取 2~3 个产地的净种子样本进行牛肉膏培养基及 PDA 培养基的培养检测，每个处理重复 2 次；观察菌落生长情况，进行拍照并计算带菌率；将分离到的真菌分别进行纯化；通过 DNA 提取、测序、比对方法进行鉴定。

1. 种子外部带菌检测

从每份样本中随机选取 100 粒种子，放入经灭菌的培养皿中，用 75% 乙醇表面润洗一遍，倒出乙醇，用无菌水充分润洗 2 次。将种子接种到牛肉膏培养基及 PDA 培养基上，每个平皿 8 粒左右，在（25±2）℃、黑暗条件下培养，2 d 后观察菌落生长情况，进行拍照并计算带菌率。结果见表 3-2-8、表 3-2-9。

$$带菌率（\%）=\frac{带菌种子总数}{检测种子总数}\times100\%$$

平皿培养法可以有效检测到不同真菌类群（图 3 - 2 - 7）。无论是牛肉膏培养基上还是 PDA 培养基上，种子外部带菌率均为 100%，说明两种培养基对结果没有影响，根据实际情况，选择更方便易得的一种培养基即可。

表 3-2-8　牛肉膏培养基检测北苍术种子外部染菌情况

样品编号	检测种子总数 / 粒	带菌种子总数 / 粒	带菌率 / %
4	9	9	100
4	9	9	100
3	9	9	100
3	8	8	100

表 3-2-9　PDA 培养基检测北苍术种子外部染菌情况

样品编号	检测种子总数 / 粒	带菌种子总数 / 粒	带菌率 / %
3	8	8	100
3	8	8	100
4	9	9	100
4	8	8	100

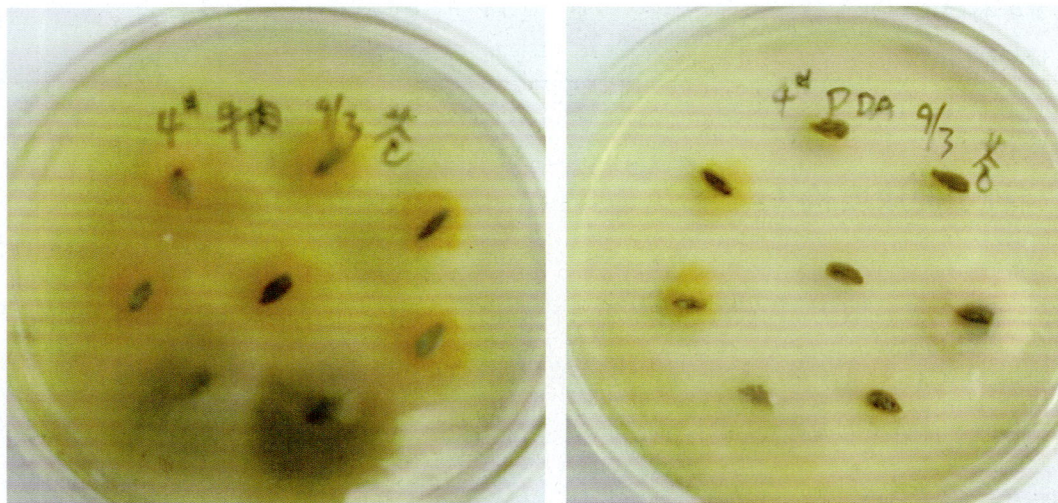

图 3-2-7　北苍术种子外部菌落形态 （左： 牛肉膏培养基； 右： PDA 培养基）

2. 种子内部带菌检测

从每份样本中随机选取 100 粒种子，放入经灭菌的培养皿中，用 75% 乙醇表面消毒 5 min，倒出乙醇，用 0.1% 升汞消毒 3 min，用无菌水充分润洗 3 次。将种子切开或剥皮，接种到牛肉膏培养基及 PDA 培养基上，每个平皿 8 粒左右，在 （25 ± 2） ℃、黑暗条件下培养，2 d 后观察菌落生长情况，进行拍照并计算带菌率。结果见表3－2－10、表3－2－11。

　　平皿培养法可以有效检测到不同真菌类群（图3－2－8）。种子内部带菌率要低于外部带菌率。在牛肉膏培养基和PDA培养基上的北苍术种子内部染菌比例都在11.1%～25.0%，但使用牛肉膏培养基的北苍术种子平均染菌比例要稍低于PDA培养基。建议优先选择牛肉膏培养基。

表3-2-10　牛肉膏培养基检测北苍术种子内部染菌情况

样品编号	检测种子总数/粒	带菌种子总数/粒	带菌率/%	平均带菌率/%
3	9	2	22.2	
3	9	1	11.1	
4	8	1	12.5	17.7
4	8	2	25.0	

表3-2-11　PDA培养基检测北苍术种子内部染菌情况

样品编号	检测种子总数/粒	带菌种子总数/粒	带菌率/%	平均带菌率/%
3	8	1	12.5	
3	8	3	37.5	
4	7	1	14.3	19.7
4	7	1	14.3	

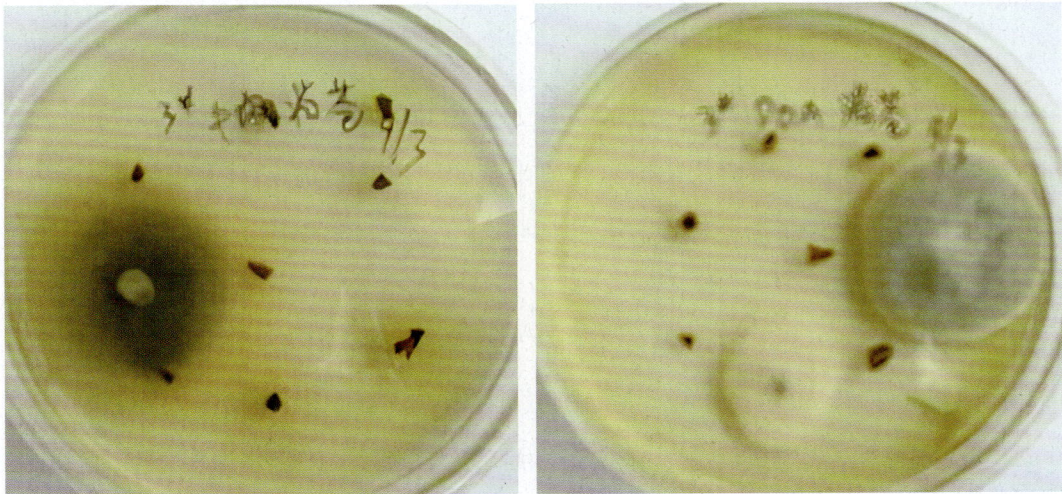

图3-2-8　北苍术种子内部菌落形态（左：牛肉膏培养基；右：PDA培养基）

3. 纯化、鉴定

　　将观察到的真菌分别接到新的培养基上进行分离纯化，3～5d取纯化菌丝进行鉴定。平皿培养法可以有效分离获得不同真菌类群（图3－2－9），初步鉴定北苍术种子携带的真菌分别属于小核菌属（*Sclerotium* spp.）、链格孢属（*Alternaria* spp.）。

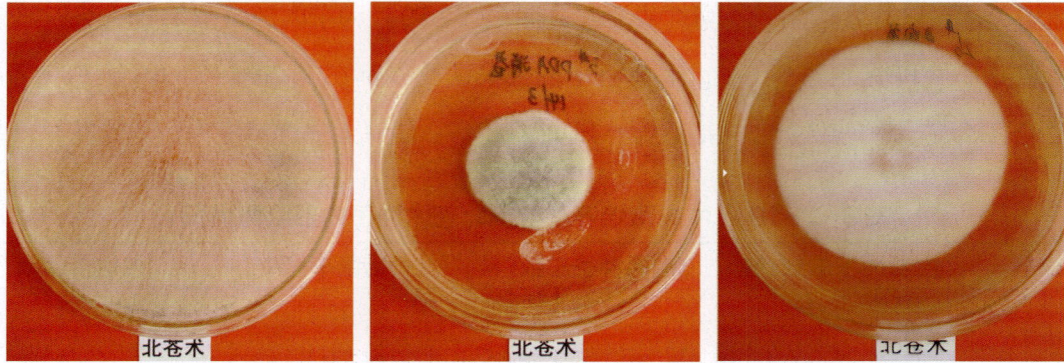

图3-2-9　北苍术种子真菌形态（左：小核菌属；中：链格孢属；右：未鉴定）

（本节内容由中国中医科学院中药研究所提供，编委：郑玉光、杨光、陈敏，资料整理人员：由会玲、吴中秋、邓国兴、李国川、侯方洁、宋军娜）

第三节　柴　胡

柴胡为伞形科植物柴胡 *Bupleurum chinense* DC. 或狭叶柴胡 *Bupleurum scorzonerifolium* Willd. 的干燥根。按性状不同，分别习称"北柴胡"和"南柴胡"。柴胡为解热药和镇痛剂，有解表和里、升阳、疏肝解郁作用。柴胡分布于东北、华北、西北、华东、湖北、四川等地。狭叶柴胡分布于东北、华北、西北、华东。

柴胡种子容易萌发，在15～25 ℃温度下均萌发良好，在30 ℃高温下发芽受到抑制。生产上3～4 月播种，条播的行距30 cm 左右，穴播的穴距23～27 cm，播沟和播穴宜浅，每亩用种子500～750 g，与火灰拌匀，均匀地撒在沟或穴里。播后如遇天旱，应浇水保湿，半月后陆续出苗。

一、真实性检验

（一）种子形态鉴定

柴胡属植物的种子为双悬果、椭圆形，侧面扁平，合生面收缩，表面棕褐色，略粗糙，悬果切面近半圆形或五边形，油管围绕胚乳四周，胚乳背面圆形，腹面平直，胚小。未见柴胡种子存在易混淆植物种子的报道。对三岛柴胡 *B. falcatum*、银州柴胡 *B. yinchowense*、北柴胡 *B. chinense* 和"中柴 1 号" *B. chinense* cv. Zhongchai No. 1 的种子进行观察区分，可见柴胡属不同种的种子间差别很小。

从图 3 - 3 - 1 可以看出，银州柴胡和北柴胡的种子一般无鳞片，而三岛柴胡种子几乎全部有密生鳞片，"中柴 1 号"的种子部分有鳞片。银州柴胡种子呈短且厚的扁圆形，北柴胡种子细长、颜色深，而三岛柴胡和"中柴 1 号"的种子粒大饱满、颜色较浅。虽然从调查结果来看，其种子存在细微差别，但由于柴胡为复伞形花序，分阶段成熟，种子外观又与种子的成熟度、植株上的着生部位有关，生产中采集的种子个体间差别较大，因此仅依据种子形态特征还是难以鉴定到种。

图 3 - 3 - 1　柴胡属主要种的种子形态特征

A. 三岛柴胡；B. 银州柴胡；C. 北柴胡；D. "中柴 1 号"

（二）幼苗真实性鉴定

选择柴胡属栽培较多的三岛柴胡、银州柴胡、北柴胡、"中柴 1 号"和南柴胡，进行播种和幼苗、成株特征观察。可以看出"中柴 1 号"的茎节数少于其他种质，三岛柴胡根茎短，而南柴胡叶片颜色较深等特征。三岛柴胡主要特征是叶片较软，花的苞片较大；银州柴胡主要特征是茎中空，茎棱突出；北柴胡主要特征是叶片狭长，茎节数多；"中柴 1 号"主要特征是叶尖尖锐，茎节数少；南柴胡主要特征是根茎有基生叶脱落留下的毛刷状结构，叶片狭窄。只有结合植株各部位的形态特征，才可区分不同来源柴胡种的栽培种质。

二、含水量测定

用烘干减重法测定 7 份中柴系列柴胡种子的水分含量。每个试样重复两次。先将样品盒（铝盒）烘干（130 ℃，1 h），然后放入干燥器中进行冷却。从充分混匀的柴胡试样中随机称取两份种子（5.0 g/份），放入冷却后的样品盒中一起称重（精确至0.001 g）。称重时试样在空气中的暴露时间不应超过2 min。再将样品盒连同种子进行烘干。高温烘干法采用130~133 ℃烘干1.5 h，低恒温烘干法采用（103±2）℃烘干17 h。待冷却后进行称量。根据烘干后种子失去的重量计算种子含水量百分比，精确到0.1%。每一试样的含水量用其两次测定值的算术平均数表示，其之间差距不得超过0.2%。

将低恒温烘干法烘干种子17 h的结果与高温烘干法比较可知（图3-3-2），低恒温烘干法所得水分稍低于高温烘干法，但每种方法测定各样品之间的含水量关系基本一致。考虑测定时间因素，建议使用高温烘干法烘干1.5 h后计算种子水分。

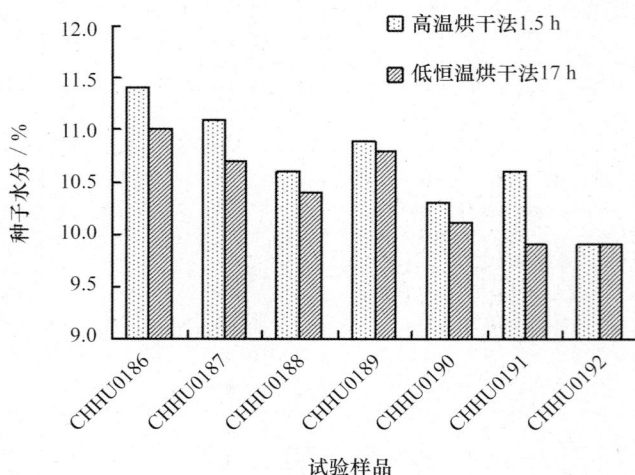

图3-3-2　高温烘干法和低恒温烘干法种子水分测定结果的比较

三、 重量测定

采用千粒法和五百粒法（1 000粒2个重复和500粒3个重复）测定9份中柴系列柴胡种子的重量，平均值分别是1.138 g和1.144 g（表3-3-1），两种方法得到的各样品间的重量关系基本相同，依据误差不高于5%的标准，两种方法皆可行，但我国常用方法为千粒法，建议采用千粒法测定柴胡种子重量。

表3-3-1　千粒法和五百粒法测得柴胡种子重量

样品编号	五百粒法测得 千粒重/g	千粒法测得 千粒重/g	误差 （五百粒法）/%	误差 （千粒法）/%
CHHU0186	1.027	1.087	1.5	4.6
CHHU0187	0.943	0.956	0.8	1.8
CHHU0188	1.193	1.162	2.1	2.9
CHHU0189	1.089	1.143	5.2	4.4
CHHU0190	1.160	1.080	2.1	3.6
CHHU0191	1.363	1.324	5.6	2.5
CHHU0192	1.285	1.319	6.0	2.5
CHHU0193	0.959	1.102	0.3	4.3
CHHU0194	1.223	1.119	2.6	3.7
平均值	1.138	1.144	2.9	3.4

四、 发芽试验

在已经充分混匀的柴胡净种子中随机抽取4个重复（100粒/重复）进行发芽试验。容器使用有机塑料发芽盒，0.5 cm浸湿海绵上覆双层滤纸。25 ℃、8 h光照，15 ℃、16 h无光照条件下变温培养。置床当天为第0 d，大约从第7 d开始幼苗发育到适当阶段，可以对其进行正确评定时进行第一次计数，到第35 d左右进行最后计数并结束试验。试验期间可以根据情况适当增加统计计数。幼苗鉴定时将幼苗分为正常幼苗、不正常幼苗和未发芽种子进行统计。

五、 生活力测定

温度因素影响染色时间，在20～45 ℃温度范围内，温度每增加5 ℃，染色时间相应减半。根据柴胡种子的外形、胚的着生部位及胚的大小，横向切去分果末端（果柄着生端）1/3～1/2，能保证胚的完整。为使操作容易、染色效果提高，种子染色前要经过预湿，预湿温度为20 ℃（不超过发芽最适温度），预湿时间根据柴胡种子吸水曲线和种子萌发所需时间确定，柴胡种子浸泡1.5 h后吸收的水分就达到干种子重量的50%以上，浸泡21 h后吸收的水分达到全部可吸收水分的90%以上，考虑1 d的工作周期，确定柴胡种子的预湿时间为16 h。

如图3-3-3所示，采用0.5%四唑溶液在30 ℃温度下染色18 h后，凡胚乳切面和胚全部染成有光泽的鲜红色，且组织状态正常的为正常有生活力的种子，否则为无生活力的种子。实验样品中有23%的种子样品生活力在50%以下，28%的样品生活力在50%~70%，49%的样品生活力高于70%。结果显示，采用建立的柴胡种子生活力检测方法可以检测出各水平柴胡种子的生活力。

图3-3-3　柴胡种子四唑溶液染色结果

六、 种子健康度检查

分别采用洗涤检查法、吸水纸法和平皿法对编号为 CHHU0199、CHHU0186、CHHU0162 和 CHHU0153 的 4 份不同产地来源的柴胡种子进行健康度检查。

（一）洗涤检查法

检查孢子负荷量，计算结果：安徽产地 2.2×10^7 个/g，北京产地 1.6×10^7 个/g，甘肃产地 3.4×10^7 个/g，河北产地 7.2×10^6 个/g。可以推测柴胡种子孢子负荷量平均在 2×10^7 个/g 水平，采用洗涤检查法可快速检测出种子外部带菌量，但不能区分真菌种类和孢子是否有生命力。

（二）吸水纸法

测定结果表明（表 3-3-2）：链格孢属（*Alternaria* spp.）和曲霉菌属（*Aspergillus* spp.）是明显的优势菌群，其次为青霉属（*Penicillium* spp.）、腐霉属（*Fythium* spp.）、毛霉菌属（*Mucor* spp.）、木霉属（*Trichoderma* spp.）以及黑根霉属（*Rhizopus* spp.）。不同品种中以安徽产地种子带菌率最高，达到 56%，并且分离出的真菌种类最多，主要携带曲霉和链格孢霉；北京产地种子的链格孢属分离频率达 92%；甘肃产地种子和河北产地种子曲霉和链格孢霉的分离频率都超过 30%。被检测到的真菌大部分为常见腐生性的（图3-3-4A），但仍然降低种子发芽率和出苗率。种子携带链格孢属（图3-3-4B）比率较高，链格孢属可能是叶斑病的初侵染源。

表3-3-2　柴胡种子带菌种类和分离频率

供试种子	带菌率/%	分离频率/%						
		链格孢属	黑根霉属	曲霉菌属	青霉属	毛霉菌属	木霉属	腐霉属
安徽产地	56	20.0	—	54.3	17.1	2.9	2.9	2.9
北京产地	34	92.0	—	4.0	—	—	—	4.0
甘肃产地	24	55.6	—	44.4	—	—	—	—
河北产地	44	34.5	1.7	41.4	22.4	—	—	—
平均值	39.5	50.5	0.4	36.0	9.9	0.7	0.7	1.7

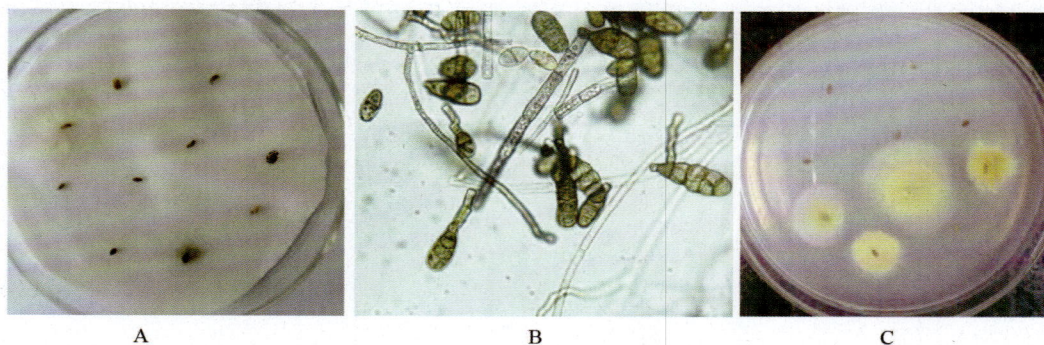

图3-3-4　柴胡种子带菌情况

A. 吸水滤纸上生长的各种真菌；B. 链格孢霉显微照片；C. 5%次氯酸钠杀菌后 PDA 平板上生长的黄曲霉

（三）平皿法

本实验中5%次氯酸钠对种子表面的杀菌效果明显（图3-3-4C），可用于种子内部真菌检验。种子样品的内部真菌仅发现黄曲霉，其分离频率分别为安徽产地种子34%，北京产地种子8%，甘肃产地种子36%，河北产地种子24%。各样品经次氯酸钠杀菌后得到的黄曲霉分离频率均高于未经杀菌的频率，可能是其他真菌对黄曲霉的拮抗作用，使得黄曲霉检出数下降，各真菌间的拮抗作用对分离频率的影响需要进一步研究。

（本节内容由中国医学科学院药用植物研究所提供，编委：魏建和，资料整理人员：隋春、张婕、赵立子、于婧）

第四节　刺五加

刺五加为五加科植物刺五加 *Acanthopanax senticosus*（Rupr. et Maxim.）Harms 的干燥根和根茎或茎，其茎叶和果实也有药理作用报道。刺五加为著名的滋补保健中药，可益气健脾、补肾安神，用于脾肾阳虚、体虚乏力、食欲不振、腰膝酸痛、失眠多梦，享有国际声誉。

刺五加的胚需要经过漫长的形态后熟和生理后熟过程才能使种子发芽。当年采集的种子需要经过催芽处理，翌年播种才能出苗。否则，直播到地里需要 21 个月左右才能出苗。刺五加人工栽培主要采用种子进行繁殖，生产上常采用高低温变温层积处理的方法来完成胚的形态后熟和生理后熟，以确保刺五加种子的发芽。

一、真实性检验

种子形态鉴定内容如下。

（一）刺五加外观形态

中国中医科学院中药研究所通过分析所有采集样品的刺五加种子的外观形态，将刺五加的外观形态分为 2 种类型，分别定义为横椭圆形和横窄椭圆形，结果见图 3 - 4 - 1。

刺五加种子外形特征：种子弓状，略显空瘪状，质地坚硬，不易破除；顶部与基部区别不明显；表面无光泽，无毛，略显光滑，较平整；表面有不明显的细密状小突起；一侧边缘为半圆弧形，向两侧微凸起，凹陷的沟槽不明显，一侧边缘平直，两面略凹；表面灰褐色或灰色；种脐位于种子基部尖端，下陷为近似椭圆形，较不明显；长约 0.70 cm，宽 0.20 ~ 0.30 cm，厚 0.10 ~ 0.15 cm。种仁为黄棕色，弓形或椭圆形，2 片子叶不易分开；质地较硬。

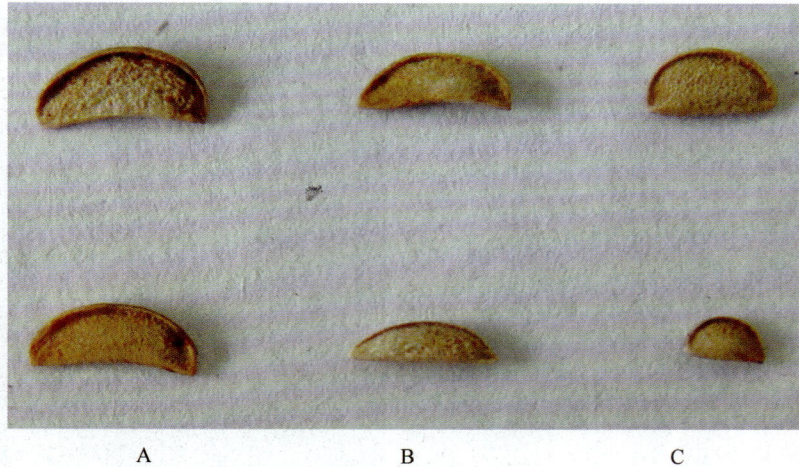

图 3-4-1　不同外观形态的刺五加种子

A. 横窄椭圆形；B、C. 横椭圆形

（二）刺五加颜色

中国中医科学院中药研究所根据刺五加的不同颜色，将颜色定义为红棕色、土黄色、淡黄色 3 种。具体颜色如图 3-4-2 所示。

图 3-4-2　刺五加种子外部颜色

A. 红棕色；B. 土黄色；C. 淡黄色

（三）刺五加纹理

在显微镜下观察刺五加种子表面，刺五加种子表面纹理为粗糙面，间或有不规则突起，不同产地刺五加样品表面观无明显差异，如图 3-4-3 所示。

图 3-4-3　刺五加种子表面纹理

（四）刺五加大小

中国中医科学院中药研究所从每个产地随机选取 20 粒种子，分别测量种子的长度、宽度、厚度和种脊厚度。每个种子测 3 次，取平均值。测定种子长度为着生种脐的种子端至种子相对侧面间的轴长，宽度为垂直于长度轴的种子最大直线距离，厚度为垂直于宽度的第 3 平面的直线距离，宽度和厚度都测量种子的最大部位。单位为 mm，精度为 0.1 mm。不同来源地的刺五加种子测量数据见表 3-4-1。

结果表明，刺五加种子大小的决定因素为种子的长度和宽度，而种子的厚度和种脊的厚度不作考虑。

表 3-4-1　不同来源地的刺五加种子测量数据

序号	来源地	种子长度/mm	种子宽度/mm	种子厚度/mm	种脊厚度/mm
1	黑龙江省铁力市兴隆村	7.1	2.8	0.9	0.8
2	黑龙江省海林市东方林场	7.0	2.9	0.9	0.8
3	黑龙江省海林市石河林场	6.8	3.0	0.9	0.9
4	黑龙江省海林市兴农林场	6.8	2.8	0.8	0.8
5	吉林省汪清县百草沟镇	6.7	2.7	0.8	0.6
6	吉林省延吉市依兰镇	7.0	2.8	0.9	0.8
7	吉林省龙井市太阳镇	6.1	2.7	0.9	0.8
8	吉林省安图县亮兵镇	7.3	2.8	0.9	0.7
9	吉林省敦化市江源镇	7.1	2.9	0.9	0.7
10	吉林省靖宇县三道湖镇	6.4	2.9	0.9	0.8
11	吉林省靖宇县花园口镇	6.8	2.9	0.9	0.7
12	吉林省抚松县万良镇	6.2	2.7	0.9	0.7
13	吉林省白山市江源县夹皮沟林场	6.6	2.8	0.9	0.8
14	黑龙江省铁力市朗乡镇南沟林场	5.3	2.2	0.9	0.7
15	黑龙江省伊春市带岭区东方红林场	5.4	2.4	1.0	0.8
16	黑龙江省佳木斯市汤原县团结林场	5.9	2.6	0.9	0.7
17	黑龙江省牡丹江市林口县青山经营所	7.8	3.1	0.9	0.9
18	黑龙江省七台河市勃利县红旗林场	5.6	2.6	0.9	0.8
19	黑龙江省佳木斯市市区药店	6.0	2.7	0.9	0.8
20	黑龙江省伊春市南岔区岩石森林经营所	5.8	2.6	0.9	0.8
21	黑龙江省哈尔滨市三棵树药材市场	6.1	2.7	1.0	0.8
22	黑龙江省佳木斯市桦南县曙光农场	7.0	2.7	0.9	0.9
23	吉林省通化市通化县快大茂镇	6.4	2.8	0.9	0.7
24	黑龙江省铁力市兴隆村	6.2	2.7	0.7	0.6
25	黑龙江省伊春市翠峦区么河村	5.9	2.9	0.8	0.7
26	黑龙江省伊春市翠峦区	6.0	2.7	0.8	0.7
27	黑龙江省伊春市南岔区	5.8	2.7	0.8	0.7
28	黑龙江省伊春市南岔区松青经营所	5.8	2.7	0.7	0.7
29	黑龙江省伊春市西林区新村	6.2	2.8	0.7	0.6
30	黑龙江省伊春市带岭区	5.9	2.8	0.7	0.7
31	黑龙江省铁力市朗乡镇英山林场	6.9	2.8	0.8	0.7
32	黑龙江省铁力市朗乡镇	6.5	2.7	0.7	0.7
33	黑龙江省牡丹江市林副特产研究所	6.2	2.8	0.8	0.6
34	黑龙江省牡丹江市铁岭镇	6.2	2.7	0.7	0.6

续表

序号	来源地	种子长度 /mm	种子宽度 /mm	种子厚度 /mm	种脊厚度 /mm
35	黑龙江省牡丹江市林口县	6.3	2.7	0.8	0.6
36	吉林省敦化市江源镇二合店村	6.7	2.9	0.7	0.6
37	吉林省白山市江源区湾沟林业局大湖林场	5.8	2.8	0.7	0.6

注：吉林省白山市江源县已撤销，现为江源区；黑龙江省伊春市南岔区已撤销，现为南岔县；黑龙江伊春市翠峦区已撤销，现为乌翠区。

（五）与同属其他种子对比

短梗五加与刺五加种子的比较见表 3-4-2 和图 3-4-4。

表 3-4-2　刺五加与短梗五加种子形态鉴别

物种	形状	大小	颜色	表面特征	种仁
短梗五加	三角状肾形	长约 0.80 cm，宽 0.30~0.40 cm，厚 0.20~0.30 cm	棕褐色或棕色	略显饱满状，质地疏松，容易破除；靠近顶部略尖锐，靠近基部较钝，顶部与基部区别明显；表面无光泽，无毛，粗糙，不平整；不规则网状凹痕密布于种皮两侧；弧形一侧边缘有明显凹陷的沟槽；种脐位于种子基部尖端，下陷为近似椭圆形，非常明显	黄棕色，长椭圆形，2 片子叶不易分开；质地较硬
刺五加	横椭圆形、横窄椭圆形、弓状	长约 0.70 cm，宽 0.20~0.30 cm，厚 0.10~0.15 cm	灰褐色或灰色	略显空瘪状，质地坚硬，不易破除；顶部与基部区别不明显；表面无光泽，无毛，略显光滑，较平整；表面有不明显的细密状小突起；一侧边缘为半圆弧形，向两侧微凸起，凹陷的沟槽不明显，一侧边缘平直，两面略凹；种脐位于种子基部尖端，下陷为近似椭圆形，较不明显	黄棕色，弓形或椭圆形，2 片子叶不易分开；质地较硬

图3-4-4　刺五加种子（左）与短梗五加种子（右）

二、含水量测定

参照《农作物种子检验规程　水分测定》（GB/T 3543.6—1995）和《药用植物种子质量标准第1部分：西洋参》（DB11/T 323.1—2005），采用低恒温烘干法，对37份样品（表3-4-3）进行水分测定。

将样品3~5 g放入称量盒内测定重量（取2个重复的独立试验样品进行测定）。使试验样品在样品盒的分布不超过0.3 g/cm²。先将样品盒预先烘干、冷却、称重，并记下盒号，取得试样2份，每份3 g，将试样放入预先烘干和称重过的样品盒内，再称重（精确至0.001 g）。使烘箱通电预热至110~115 ℃，将样品摊平放入烘箱内的上层，样品盒距温度计的水银球约2.5 cm，迅速关闭烘箱门，使箱温在5~10 min内回升至（103±2）℃时开始计算时间，烘3 h。戴上手套盖好盒盖（在箱内加盖），取出后放入干燥器内冷却至室温，30~45 min后再称重。记下重量。接着再放入105 ℃的烘箱内烘1 h，冷却后称重，直至后次称重和前次称重之差不超过0.02 g为止，记下最后一次重量，即为烘干后重量。进行水分含量计算。种子水分（%）=（烘前试样重－烘后试样重）/烘前试样重×100%。测定中要求：称量准确度为0.001 g；2份试样测定结果的差距不得超过0.4%，否则重新测定水分百分率计算到小数点后1位。

对表3-4-4数据进行分析后，根据实验测定结果、生产实际和相关标准，建议将刺五加种子水分含量控制在12.0%以内，合格刺五加种子的水分含量不得高于12.0%。

表 3-4-3　所测定刺五加种子样品的来源

编号	产地	编号	产地
6	黑龙江省铁力市兴隆村	65	黑龙江省七台河市勃利县红旗林场
9	黑龙江省海林市东方林场	66	黑龙江省佳木斯市市区药店
10	黑龙江省海林市石河林场	67	黑龙江省伊春市南岔区岩石森林经营所
11	黑龙江省海林市兴农林场	68	黑龙江省哈尔滨市三棵树药材市场
12	吉林省汪清县百草沟镇	69	黑龙江省佳木斯市桦南县曙光农场
13	吉林省延吉市依兰镇	A1	黑龙江省铁力市兴隆村
14	吉林省龙井市太阳镇	A2	黑龙江省伊春市翠峦区么河村
15	吉林省安图县亮兵镇	A3	黑龙江省伊春市翠峦区
16	吉林省敦化市江源镇	A4	黑龙江省伊春市南岔区
17	吉林省靖宇县三道湖镇	A5	黑龙江省伊春市南岔区松青经营所
18	吉林省靖宇县花园口镇	A6	黑龙江省伊春市西林区新村
19	吉林省抚松县万良镇	A7	黑龙江省伊春市带岭区
20	吉林省白山市江源县夹皮沟林场	A8	黑龙江省铁力市朗乡镇英山林场
21	吉林省通化市通化县快大茂镇	A9	黑龙江省铁力市朗乡镇
61	黑龙江省铁力市朗乡镇南沟林场	A10	黑龙江省牡丹江市林副特产研究所
62	黑龙江省伊春市带岭区东方红林场	A11	黑龙江省牡丹江市铁岭镇
63	黑龙江省佳木斯市汤原县团结林场	A12	黑龙江省牡丹江市林口县
64	黑龙江省牡丹江市林口县青山经营所	A13	吉林省敦化市江源镇二合店村
		A14	吉林省白山市江源区湾沟林业局大湖林场

注：吉林省白山市江源县已撤销，现为江源区；黑龙江省伊春市南岔区已撤销，现为南岔县；黑龙江伊春市翠峦区已撤销，现为乌翠区。

表 3-4-4　低恒温烘干法下刺五加种子含水量

种子编号	平均样品重/g	相对标准偏差（RSD）/%	平均水分百分含量/%
6	3.008	0.179	8.1
9	3.007	0.332	11.3
10	3.005	0.371	10.8
11	3.003	0.351	11.1
12	3.007	0.327	11.1
13	3.006	0.275	10.5
14	3.005	0.019	11.1
15	3.005	0.239	10.7
16	3.006	0.359	11.4

续表

种子编号	平均样品重/g	相对标准偏差（RSD）/%	平均水分百分含量/%
17	3.002	0.358	11.4
18	3.004	0.294	11.4
19	3.004	0.379	11.9
20	3.002	0.368	10.9
21	3.003	0.291	10.3
61	3.006	0.101	10.3
62	3.006	0.389	10.2
63	3.007	0.304	12.2
64	3.004	0.163	13.2
65	3.007	0.232	10.8
66	3.006	0.341	9.8
67	3.005	0.212	12.3
68	3.004	0.380	9.6
69	3.003	0.255	11.8
A1	3.004	0.370	9.4
A2	3.004	0.358	10.3
A3	3.004	0.262	9.3
A4	3.006	0.027	8.0
A5	3.003	0.021	10.3
A6	3.008	0.342	12.6
A7	3.007	0.355	8.4
A8	3.005	0.240	9.7
A9	3.006	0.205	12.8
A10	3.006	0.347	9.4
A11	3.009	0.046	10.8
A12	3.005	0.331	12.4
A13	3.006	0.110	9.6
A14	3.007	0.192	9.6

三、 重量测定

测定方法依据《农作物种子检验规程　其他项目检验》（GB/T 3543.7—1995）中重量测定的方法。试验所用刺五加种子的产地见表 3 – 4 – 5。

（一）百粒法

用手或数种器从试验样品中随机数取 8 个重复，每个重复 100 粒，分别称重（g），小数位数与 GB/T 3543.3—1995 的规定相同。

计算 8 个重复的平均重量、标准差及变异系数，标准差、变异系数的计算公式如下。

$$标准差(S) = \sqrt{\frac{n(\sum X^2) - (\sum X)^2}{n(n-1)}}$$

式中，X 为各重复重量（g）；n 为重复次数。

$$变异系数 = \frac{S}{\overline{X}} \times 100$$

式中，S 为标准差；$\overline{X}$ 为 100 粒种子的平均重量（g）。

种子的变异系数不超过 4.0，则可计算测定的结果。如变异系数超过上述限度，则应再测定 8 个重复，并计算 16 个重复的标准差。凡与平均数之差超过 2 倍标准差的重复略去不计。则从 8 个或 8 个以上的每个重复 100 粒的平均重量（$\overline{X}$），再换算成 1 000 粒种子的平均重量（即 $10 \times \overline{X}$）。结果见表 3 – 4 – 6。

（二）千粒法

用手或数粒仪从试验样品中随机数取 2 个重复，大粒种子数 500 粒，中小粒种子数 1 000 粒，各重复称重（g），小数位数与 GB/T 3543.3—1995 的规定相同。2 份的差数与平均数之比不应超过 5%，若超过应再分析第 3 份重复，直至达到要求，取差距小的 2 份计算测定结果。结果见表 3 – 4 – 7。

表 3-4-5　试验所用刺五加种子产地

编号	产地
1	黑龙江省铁力市兴隆村
2	黑龙江省海林市东方林场
3	黑龙江省海林市石河林场
4	黑龙江省海林市兴农林场

续表

编号	产地
5	吉林省汪清县百草沟镇
6	吉林省延吉市依兰镇
7	吉林省龙井市太阳镇
8	吉林省安图县亮兵镇
9	吉林省敦化市江源镇
10	吉林省靖宇县三道湖镇
11	吉林省靖宇县花园口镇
12	吉林省抚松县万良镇
13	吉林省白山市江源县夹皮沟林场
14	吉林省通化市通化县快大茂镇
15	黑龙江省铁力市朗乡镇南沟林场
16	黑龙江省伊春市带岭区东方红林场
17	黑龙江省佳木斯市汤原县团结林场
18	黑龙江省牡丹江市林口县青山经营所
19	黑龙江省七台河市勃利县红旗林场
20	黑龙江省佳木斯市市区药店
21	黑龙江省伊春市南岔区岩石森林经营所
22	黑龙江省哈尔滨市三棵树药材市场
23	黑龙江省佳木斯市桦南县曙光农场
24	黑龙江省铁力市兴隆村
25	黑龙江省伊春市翠峦区么河村
26	黑龙江省伊春市翠峦区
27	黑龙江省伊春市南岔区
28	黑龙江省伊春市南岔区松青经营所
29	黑龙江省伊春市西林区新村
30	黑龙江省伊春市带岭区
31	黑龙江省铁力市朗乡镇英山林场
32	黑龙江省铁力市朗乡镇
33	黑龙江省牡丹江市林副特产研究所
34	黑龙江省牡丹江市林副特产研究所
35	黑龙江省牡丹江市铁岭镇
36	黑龙江省牡丹江市铁岭镇
37	黑龙江省牡丹江市林口县

注：吉林省白山市江源县已撤销，现为江源区；黑龙江省伊春市南岔区已撤销，现为南岔县；黑龙江伊春市翠峦区已撤销，现为乌翠区。

表3-4-6　百粒法测定千粒重最终结果

编号	百粒重/g	百粒重 ×10/g	千粒重/g
1	0.5897	5.8970	5.8970
2	0.6005	6.0050	6.0050
3	0.6685	6.6850	6.6850
4	0.7319	7.3190	7.3190
5	0.6594	6.5940	6.5940
6	0.6090	6.0900	6.0900
7	0.5549	5.5490	5.5490
8	0.6511	6.5110	6.5110
9	0.7689	7.6890	7.6890
10	0.6377	6.3770	6.3770
11	0.7280	7.2800	7.2800
12	0.6845	6.8450	6.8450
13	0.5963	5.9630	5.9630
14	0.5925	5.9250	5.9250
15	0.4903	4.9030	4.9030
16	0.6007	6.0070	6.0070
17	0.5265	5.2650	5.2650
18	0.6747	6.7470	6.7470
19	0.5807	5.8070	5.8070
20	0.6265	6.2650	6.2650
21	0.5753	5.7530	5.7530
22	0.6183	6.1830	6.1830
23	0.5674	5.6740	5.6740
24	0.6462	6.4620	6.4620
25	0.5207	5.2070	5.2070
26	0.5223	5.2230	5.2230
27	0.4936	4.9360	4.9360
28	0.6240	6.2400	6.2400
29	0.5523	5.5230	5.5230
30	0.6099	6.0990	6.0990

编号	百粒重/g	百粒重 ×10/g	千粒重/g
31	0.5506	5.5060	5.5060
32	0.5706	5.7060	5.7060
33	0.5227	5.2270	5.2270
34	0.5115	5.1150	5.1150
35	0.9489	9.4890	9.4890
36	0.8206	8.2060	8.2060
37	0.7513	7.5130	7.5130

表3-4-7　千粒法测定千粒重最终结果

编号	千粒重平均值 /g	编号	千粒重平均值/g
1	5.939	20	6.309
2	6.044	21	5.560
3	6.772	22	6.156
4	7.072	23	5.814
5	6.410	24	6.569
6	5.944	25	5.138
7	5.519	26	5.027
8	6.485	27	4.882
9	7.862	28	6.117
10	6.274	29	5.689
11	7.558	30	5.932
12	6.724	31	5.680
13	5.838	32	5.655
14	5.519	33	5.324
15	4.847	34	5.175
16	5.947	35	9.351
17	5.905	36	8.215
18	6.667	37	7.396
19	5.702		

　　根据测定和分类结果，刺五加种子重量测定采用千粒法简单易行，计算不烦琐，分类结果相对百粒法更适宜，所以建议刺五加种子重量测定采用千粒法。

四、 发芽试验

刺五加的种子在每年 10 月收获后，还远没有成熟，在自然状态下有时要经过近 20 个月才能成熟，据报道，在野生自然状态下，刺五加当年的发芽率几乎为零。采用人工催芽的方法，其种胚发育需要经过 3 个阶段，第一阶段：为高温高湿阶段，种胚后熟温度 18~20 ℃，一般需要 40 d，胚芽伸长 0.3~0.5 cm，该时期为胚形成发育始期；第二阶段：为胚的伸长生长期，一般 15~18 ℃，当胚率达到 40% 左右时，胚后熟最适宜温度为 10 ℃，需 40 d 以上；第三阶段：当胚率达到 95% 左右时，种子裂口，须经 0~5 ℃ 低温 40 d 左右，完成生理后熟，播种后种子才能出苗。

将刺五加种子于 10 月中旬经消毒后，拌入 3 倍种子体积的细河沙，放在 15~20 ℃ 条件下，处理 30 d 左右后降温到 0~5 ℃ 条件下处理 3 d 左右，然后每隔 30 d 循环降温 1 次，共进行 3~4 次。当种胚发育成熟明显见到种胚时，转入 −5 ~ −1 ℃ 条件下处理 80 d 左右，取出种子放常温下增温，有裂口即可。

五、 生活力测定

分别采用红墨水法、TTC 法、炒种法、纸上荧光法、BTB 法对种子生活力进行检验。

（一） 红墨水法

使用 0.50% 的红墨水，染色时间设为 15 min、30 min、45 min，染色完毕后，将种子用自来水冲洗多次，直至冲洗水呈无色，凡种胚不着色或着色很浅的为活种子。其他实验条件、方法同 TTC 色法。同时以花生、玉米、大豆、酸浆、五味子、短梗五加的种子为参照。

（二） TTC 法

取刺五加种子 200 粒，在室温下用蒸馏水浸泡 5 h，使种皮软化，增强种胚的呼吸作用。然后将种子摊在吸水纸上干燥 1 h，再将每粒种子沿胚的中心线纵切为两半，将其中一半分别置于 4 个培养皿中，加入 0.10% 的四唑溶液，以覆盖种子为度。于 35 ℃ 恒温条件下染色，观察，直至刺五加种子颜色不再变化。染色完毕后根据胚的着色程度和部位鉴定种子的生活力，计算有生活力种子的百分率。同时以花生、玉米、大豆、酸浆、五味子、短梗五加的种子为参照。

（三）炒种法

将刺五加种子置于酒精灯上灼烧，听见爆鸣声者为活种子，无爆鸣声者为死种子。

（四）纸上荧光法

将室温下用蒸馏水浸泡 5 h 的完整刺五加种子，以 1 cm 距离整齐地排列在培养皿的湿滤纸上，放置 2 h，取出种子，将滤纸阴干，置于紫外荧光灯下，于 365 nm 处进行观察，有荧光光圈者为活种子。同时以煮沸过的死种子为参照。

（五）BTB 法

刺五加果实属聚合浆果状核果，去掉果肉（外果皮及中果皮）后，内果皮与种子紧密结合在一起，且内果皮木质化，像种皮一样。常作为一个播种单位进行种植。将于室温下用蒸馏水分别浸泡 2 h、3 h、4 h、5 h 带内果皮的刺五加种子整齐地埋于备好的 0.05%、0.10%、0.20% BTB 琼脂凝胶中，在 30 ℃恒温条件下染色，分别于 1、2 h、3 h、4 h 后观察种子周围出现黄色晕圈的情况，有晕圈证明有生活力。对照组去除内果皮。每批种子重复测定 3 次，取平均值。BTB 法种子染色情况见图 3 - 4 - 5。

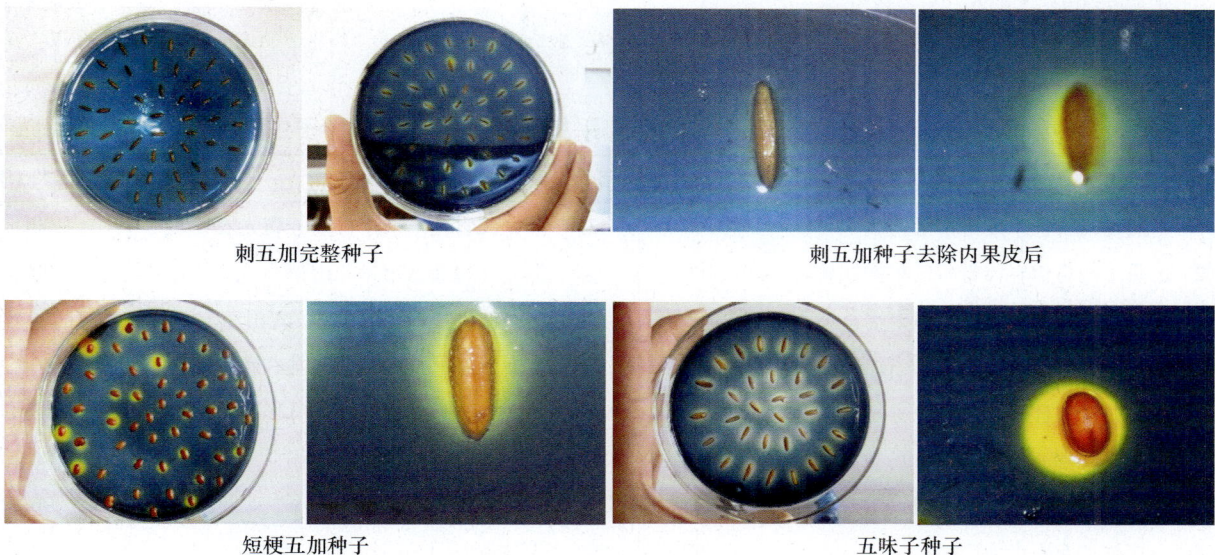

| 刺五加完整种子 | 刺五加种子去除内果皮后 |

| 短梗五加种子 | 五味子种子 |

图 3-4-5 BTB 法种子染色情况

在 BTB 法的实验过程中，浸种时间及染色时间对刺五加种子生活力的影响较为显著，而 BTB 溶液的浓度对种子生活力的影响较小。最终确定浸种 5 h，BTB 浓度为 0.10%，染色 2 h 的效果最佳。

不同生活力测定方法测得刺五加种子生活力结果见表3-4-8。

表3-4-8 不同生活力测定方法测得刺五加种子生活力比较（$n=3$）

产地	TTC法的测定结果/%	红墨水法的测定结果/%	BTB法的测定结果/%		炒种法的测定结果/%
			带内果皮种子	种子	
黑龙江省海林市东方林场	20	39	50	96	47
黑龙江省海林市石河林场	36	46	64	90	60
黑龙江省伊春市东方红林场	39	51	67	100	50
黑龙江省七台河市红旗林场	24	28	69	100	55
黑龙江省伊春市岩石森林经营所	20	26	46	100	72
黑龙江省佳木斯市曙光林场	32	38	67	100	58

在比较刺五加种子生活力测定的5种方法中，纸上荧光法在杀死种子前后，均能显示荧光光圈，这可能是刺五加内果皮中含有荧光物质所致。而在其余4种方法所测得的刺五加种子生活力结果中，TTC法染色2 h后，刺五加种子颜色不再变化，且染色较浅，甚至出现局部染色的现象，所测生活力最低。带内果皮的刺五加种子与刺五加种子生活力比较结果显示，去除内果皮的种子生活力高，甚至可达100%，这可能与刺五加内果皮木质化、较为致密、通透性差及含有内源性抑制物有关。

根据上述测定结果，采用BTB法，在浸种5 h，BTB浓度为0.10%，染色2 h的条件下，对以下产地的刺五加种子进行生活力测定，结果见表3-4-9。

表3-4-9 BTB法测得2009—2010年采集不同产地刺五加种子生活力（$n=3$）

序号	产地	生活力/%	序号	产地	生活力/%
1	黑龙江省佳木斯市市区药店	100	13	黑龙江省佳木斯市桦南县曙光农场	100
2	黑龙江省伊春市带岭区东方红林场	100	14	黑龙江省尚志市帽儿山镇	100
3	黑龙江省铁力市朗乡镇南沟林场	81	15	黑龙江省牡丹江市林口县青山经营所	34
4	黑龙江省伊春市南岔区岩石森林经营所	100	16	黑龙江省七台河市勃利县红旗林场	100
5	黑龙江省佳木斯市汤原县团结林场	97	17	黑龙江省海林市东方红林场	96
6	黑龙江省海林市石河林场	90	18	黑龙江省海林市兴农林场	86
7	吉林省汪清县百草沟镇	91	19	吉林省延吉市依兰镇	96
8	吉林省龙井市太阳镇	82	20	吉林省安图县亮兵镇	93
9	吉林省敦化市江源镇	96	21	吉林省靖宇县三道湖镇	88
10	吉林省靖宇县花园口镇	83	22	吉林省抚松县万良镇	83
11	吉林省白山市江源县夹皮沟林场	99	23	吉林省通化市通化县快大茂镇	96
12	黑龙江省铁力市兴隆村	98	24	黑龙江省林副特产研究所（2010）	82

续表

序号	产地	生活力/%	序号	产地	生活力/%
25	黑龙江省铁力市（2010）	91	31	黑龙江省牡丹江市铁岭镇（2010）	84
26	黑龙江省伊春市南岔区（2010）	71	32	黑龙江省伊春市西林区新村（2010）	67
27	黑龙江省铁力市朗乡镇英山林场（2010）	82	33	黑龙江省牡丹江市铁岭镇	87
28	黑龙江省牡丹江市林口县（2010）	70	34	黑龙江省伊春市南岔区（2010）	72
29	黑龙江省伊春市翠峦区么河村（2010）	87	35	黑龙江省伊春市带岭（2010）	80
30	黑龙江省伊春市翠峦区（2010）	88			

注：吉林省白山市江源县已撤销，现为江源区；黑龙江省伊春市南岔区已撤销，现为南岔县；黑龙江伊春市翠峦区已撤销，现为乌翠区。序号1~23为2009年采集的种子，序号24~35为2010年采集的种子。

由表3-4-9中数据可以看出，2009年所采集种子经过后熟过程，种子生活力几乎均高于2010年新采集到的种子，2009年所采集种子经过1年的后熟过程，除编号为3、8、10、15、22的种子生活力在85.00%以下外，其余种子生活力均在85.00%以上，甚至达100.00%。而2010年新采集的种子，除编号为25、29、30、33的种子生活力在85.00%以上外，其余均在85.00%以下，甚至未达80.00%。

种子生活力测定是快速测定发芽力的一种方法，准确的生活力测定方法能够真实反映种子的发芽能力。刺五加的胚为半成熟胚，在刺五加种子繁殖过程中常常采用高低温变温层积处理的方式来完成种子的后熟过程，以保证种子的发芽率，这个过程需要至少6个月，而直接播种的周期更长，大概需要21个月才能发芽。在种子贸易中，常常因为时间紧迫，不能采用测定种子发芽率的方法来评价刺五加种子的质量。采用BTB法可以快速、准确地测定刺五加种子的生活力，同时也较为准确地反映种子的发芽力，保证贸易的正常进行。另外，其测定结果也可指导生产，可以根据刺五加种子生活力的大小来确定种子的播种量。

六、 种子健康度检查

种子健康测定主要是测定种子是否携带病原菌（如真菌、细菌、病毒）、有害的动物（如线虫等害虫）等健康状况。实验材料来自37个不同产地（表3-4-10）的成熟期果实，经辽宁中医药大学药用植物教研室王冰教授鉴定为五加科刺五加 *Acanthopanax senticosus*（Rupr. et Maxim.）Harms 的干燥果实，搓去果肉，取种子于阴凉通风处充分自然晾干，去除异类种粒、碎屑、虫尸、尘土后，备用。

表3-4-10　种子健康度检查所用刺五加种子来源

编号	产地	编号	产地
6	黑龙江省铁力市兴隆村	65	黑龙江省七台河市勃利县红旗林场
9	黑龙江省海林市东方林场	66	黑龙江省佳木斯市市区药店
10	黑龙江省海林市石河林场	67	黑龙江省伊春市南岔区岩石森林经营所
11	黑龙江省海林市兴农林场	68	黑龙江省哈尔滨市三棵树药材市场
12	吉林省汪清县百草沟镇	69	黑龙江省佳木斯市桦南县曙光农场
13	吉林省延吉市依兰镇	a	黑龙江省林副特产研究所
14	吉林省龙井市太阳镇	b	黑龙江省铁力市朗乡镇英山林场
15	吉林省安图县亮兵镇	c	黑龙江省伊春市西林区新村
16	吉林省敦化市江源镇	d	黑龙江省牡丹江市林口县
17	吉林省靖宇县三道湖镇	e	黑龙江省牡丹江市铁岭镇
18	吉林省靖宇县花园口镇	f	黑龙江省铁力市朗乡镇英山
19	吉林省抚松县万良镇	g	黑龙江省伊春市带岭区
20	吉林省白山市江源县夹皮沟林场	A	黑龙江省铁力市
21	吉林省通化市通化县快大茂镇	B	黑龙江省伊春市翠峦区
61	黑龙江省铁力市朗乡镇南沟林场	C	黑龙江省林副特产研究所
62	黑龙江省伊春市带岭区东方红林场	D	黑龙江省伊春市南岔区
63	黑龙江省佳木斯市汤原县团结林场	E	黑龙江省牡丹江市铁岭镇
64	黑龙江省牡丹江市林口县青山经营所	F	黑龙江省伊春市翠峦区么河村
		G	黑龙江省伊春市南岔区

　　注：吉林省白山市江源县已撤销，现为江源区；黑龙江省伊春市南岔区已撤销，现为南岔县；黑龙江伊春市翠峦区已撤销，现为乌翠区。

（一）普通滤纸法

　　取50粒种子，用1%（w/w）有效氯的次氯酸钠溶液消毒10 min，滤去多余液体，然后将培养皿内的吸水纸用水湿润，每一个培养皿按一定规则排播25粒种子，得到2个重复，在22℃下黑暗培养7 d，体视检查霉菌感染种子粒数。结果（表3-4-11）：检测得到的种子健康度在74%～100%，适合于刺五加种子的健康度检查。

表3-4-11　普通滤纸法测定刺五加种子健康度结果

编号	重复一	重复二	带菌率/%	健康度/%
6	1	1	4	96
9	0	0	0	100
10	3	0	6	94

续表

编号	重复一	重复二	带菌率/%	健康度/%
11	0	1	2	98
12	2	2	8	92
13	0	1	2	98
14	1	2	6	94
15	1	2	6	94
16	3	5	8	92
17	2	4	12	88
18	2	2	8	92
19	2	0	4	96
20	0	3	6	94
21	6	0	12	88
61	2	0	4	96
62	1	0	2	98
63	0	2	4	96
64	0	0	0	100
65	3	0	6	94
66	2	0	4	96
67	2	3	10	90
68	0	0	0	100
69	4	9	26	74
a	2	1	6	94
b	4	1	10	90
c	3	2	10	90
d	1	0	2	98
e	0	4	8	92
f	2	2	8	92
g	3	1	8	92
A	0	3	6	94
B	2	1	6	94
C	2	1	6	94
D	3	2	10	90
E	1	2	6	94
F	1	2	6	94
G	2	1	6	94
空白组			0	100

（二）平皿培养法

1. 种子外部带菌检测

（1）直接琼脂培养基培养法：随机选取每一个批次刺五加种子各20粒，每个培养皿10粒种子。预处理：将裸种子分成2组。Ⅰ组：不经过消毒处理；Ⅱ组：用1%的次氯酸钠溶液消毒10 min，然后用重蒸馏水冲洗4遍。带菌率计算公式如下。

$$带菌率（\%）= 带菌种子总数/检测种子总数 \times 100\%$$

结果表明，刺五加外部带菌率为100%，且获得的菌类多样（图3-4-6、表3-4-12）。

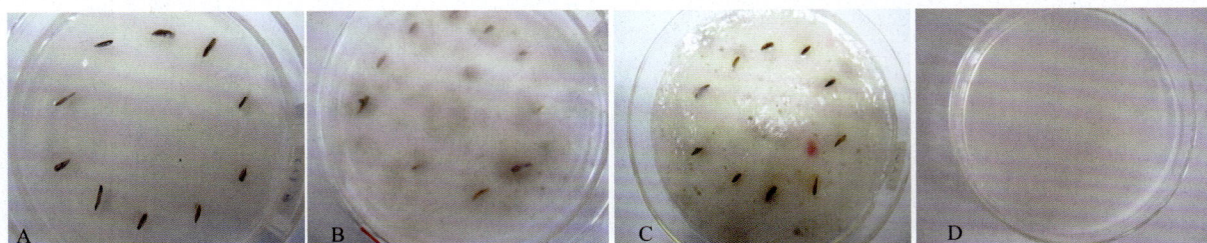

图3-4-6　消毒处理下刺五加种子外部染菌情况

A. 具浅棕色菌斑刺五加种子；B. 具青灰色菌斑和浅棕色菌斑刺五加种子；C. 具红色菌斑和青灰色菌斑刺五加种子；D. 空白对照

表3-4-12　直接琼脂培养基培养法检测刺五加种子外部染菌结果

编号	Ⅰ组菌斑颜色及直径	Ⅱ组菌斑颜色及直径	带菌率/%
6	青灰色菌斑0.1~0.7 cm，浅棕色菌斑0.6 cm	红色菌斑0.4 cm，青灰色菌斑0.1~1.9 cm	100
9	青灰色菌斑0.1~0.4 cm，红色菌斑0.2~0.3 cm	青灰色菌斑0.5~1.8 cm	100
10	棕色菌斑0.2 cm，青灰色菌斑0.1~0.4 cm	浅棕色菌斑0.1~0.7 cm	100
11	青灰色菌斑0.1~1.3 cm，浅棕色菌斑0.5 cm	青灰色菌斑0.1~0.7 cm，浅棕色菌斑0.3 cm	100
12	青灰色菌斑0.1~0.3 cm，红色菌斑0.3 cm，浅棕色菌斑0.5 cm	青灰色菌斑0.1~1.3 cm，红色菌斑1.0 cm，浅棕色菌斑1.0 cm	100
13	青灰色菌斑0.1~2.7 cm，红色菌斑0.3 cm，浅棕色菌斑0.5 cm	红色菌斑0.3 cm，青灰色菌斑0.1~1.3 cm	100
14	红色菌斑0.3~0.5 cm，灰色菌斑0.1~0.3 cm	红色菌斑0.7 cm，青灰色菌斑0.1~1.1 cm	100
15	青灰色菌斑0.1~0.6 cm，浅棕色菌斑0.2 cm	青灰色菌斑0.1~2.5 cm，浅棕色菌斑0.3 cm	100
16	青灰色菌斑0.2~0.5 cm，浅棕色菌斑0.2~0.3 cm	青灰色菌斑0.2~0.5 cm，浅棕色菌斑0.2~0.3 cm	100
17	青灰色菌斑0.1~1.8 cm，浅棕色菌斑0.2~0.3 cm，红色菌斑0.2~0.3 cm	青灰色菌斑0.2~0.8 cm，浅棕色菌斑0.2~0.3 cm	100
18	青灰色菌斑0.1~1.0 cm，浅棕色菌斑0.3 cm，红色菌斑0.3 cm	青灰色菌斑0.1~1.2 cm，红色菌斑0.4 cm	100

续表

编号	I 组菌斑颜色及直径	II 组菌斑颜色及直径	带菌率/%
19	青灰色菌斑 0.1~0.3 cm, 浅棕色菌斑 0.3~0.5 cm	青灰色菌斑 0.1~2.5 cm, 浅棕色菌斑 0.3 cm	100
20	青灰色菌斑 0.1~1.4 cm, 红色菌斑 0.2~0.3 cm	青灰色菌斑 0.1~0.7 cm	100
21	青灰色菌斑 0.2~0.6 cm, 红色菌斑 0.2~0.5 cm, 浅棕色菌斑 0.2~0.4 cm	青灰色菌斑 0.2~0.4 cm, 红色菌斑 0.2~0.3 cm, 浅棕色菌斑 0.2~0.3 cm	100
61	青灰色菌斑 0.4~0.9 cm	青灰色菌斑 1.3~3.5 cm	100
62	红色菌斑 0.3 cm, 浅棕色菌斑 0.3~0.5 cm, 青灰色菌斑 0.1~0.7 cm	红色菌斑 0.3 cm, 青灰色菌斑 0.1~1.7 cm	100
63	红色菌斑 0.3 cm, 青灰色菌斑 0.1~0.4 cm, 浅棕色菌斑 0.6~1.9 cm	红色菌斑 0.3~0.7 cm, 青灰色菌斑 0.1~0.5 cm, 浅棕色菌斑 0.9~2.3 cm	100
64	青灰色菌斑 0.1~1.3 cm, 红色菌斑 0.3~0.9 cm	青灰色菌斑 0.1~2.1 cm, 浅棕色菌斑 0.7 cm	100
65	青灰色菌斑 0.1~0.8 cm, 红色菌斑 0.2~0.5 cm, 浅棕色菌斑 0.2~0.3 cm	青灰色菌斑 0.1~0.5 cm, 浅棕色菌斑 0.3 cm, 红色菌斑 0.3 cm	100
66	青灰色菌斑 0.1~0.3 cm, 红色菌斑 0.2~0.3 cm	青灰色菌斑 0.1~0.3 cm, 红色菌斑 0.3 cm	100
67	青灰色菌斑 0.1~3.0 cm	红色菌斑 0.5~0.6 cm, 青灰色菌斑 0.1~2.5 cm	100
68	青灰色菌斑 0.1~1.0 cm, 红色菌斑 0.3 cm, 浅棕色菌斑 0.3~1.0 cm	青灰色菌斑 0.1~0.9 cm, 红色菌斑 0.2~0.3 cm, 浅棕色菌斑 0.2~0.3 cm	100
69	青灰色菌斑 0.1~3.6 cm	红色菌斑 0.3~0.7 cm, 青灰色菌斑 0.3~1.8 cm	100
a	红色菌斑 0.7~0.9 cm, 青灰色菌斑 0.3~1.7 cm	青灰色菌斑 0.5~2.0 cm	100
b	青灰色菌斑 0.5~1.8 cm, 红色菌斑 0.5 cm	青灰色菌斑 0.7~1.5 cm, 浅棕色菌斑 0.3~0.5 cm	100
c	浅棕色菌斑 0.5~1.0 cm	浅棕色菌斑 0.3~1.0 cm	100
d	青灰色菌斑 0.5~1.0 cm	青灰色菌斑 0.7~1.3 cm, 浅棕色菌斑 0.2~1.0 cm	100
e	青灰色菌斑 0.8~3.2 cm	青灰色菌斑 0.3~1.5 cm	100
f	青灰色菌斑 1.0 cm	青灰色菌斑 0.1~0.7 cm	100
g	青灰色菌斑 0.3~0.8 cm	青灰色菌斑 0.1~0.5 cm, 浅棕色菌斑 0.2~0.5 cm	100
A	青灰色菌斑 0.3~1.0 cm	青灰色菌斑 0.3~1.5 cm, 浅棕色菌斑 1.3 cm	100
B	红色菌斑 0.5~0.6 cm, 青灰色菌斑 0.1~1.7 cm	青灰色菌斑 0.7~2.1 cm	100
C	青灰色菌斑 0.7 cm, 浅棕色菌斑 1.2 cm	青灰色菌斑 0.1~1.5 cm, 浅棕色菌斑 0.3~1.2 cm	100
D	青灰色菌斑 0.1~0.5 cm, 浅棕色菌斑 0.3 cm	青灰色菌斑 0.1~1.7 cm, 红色菌斑 0.5 cm	100

续表

编号	Ⅰ组菌斑颜色及直径	Ⅱ组菌斑颜色及直径	带菌率/%
E	青灰色菌斑 0.3~0.8 cm	青灰色菌斑 0.3~0.6 cm	100
F	青灰色菌斑 0.1~1.7 cm，红色菌斑 0.8 cm	青灰色菌斑 0.5~1.3 cm，红色菌斑 1.0 cm	100
G	浅棕色菌斑 1.0 cm，青灰色菌斑 0.1~0.5 cm	青灰色菌斑 0.8~2 cm	100
空白组	—	—	0

（2）悬浮液培养法：随机选取 5 个批次刺五加种子各 20 粒，放入 100 ml 锥形瓶中，加入 40 ml 无菌水充分振荡，吸取悬浮液 1 ml，以 2 000 r/min 的转速离心 10 min，弃上清液，再加入 1 ml 无菌水充分振荡悬浮后，吸取 100 µl 加到琼脂固体培养基中，涂匀，相同操作条件下设无菌水空白对照。25 ℃、黑暗条件下培养 5 d 后观察记录。预处理：将裸种子分成 3 组。Ⅰ组：原液；Ⅱ组：稀释 10 倍的原液；Ⅲ组：稀释 100 倍的原液。结果见图 3-4-7、表 3-4-13。

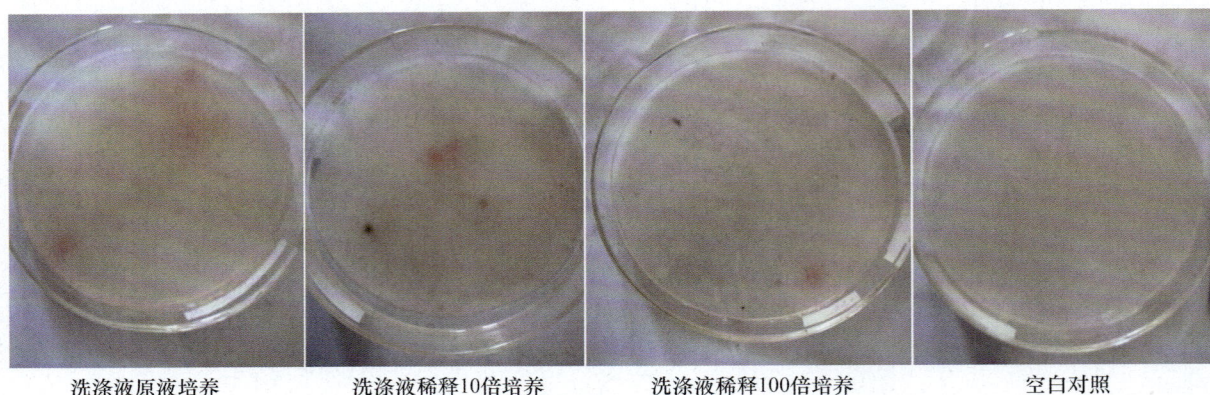

洗涤液原液培养　　洗涤液稀释10倍培养　　洗涤液稀释100倍培养　　空白对照

图3-4-7　非消毒处理下刺五加种子外部染菌情况

表3-4-13　悬浮液培养法检测刺五加种子外部染菌结果

编号	Ⅰ组菌斑颜色及直径	Ⅱ组菌斑颜色及直径	Ⅲ组菌斑颜色及直径	带菌率/%
14	红色菌斑 0.2~0.4 cm，灰色菌斑 0.2~0.4 cm	红色菌斑 0.3~0.5 cm，青灰色菌斑 0.1~0.2 cm	红色菌斑 0.3 cm，青灰色菌斑 0.1 cm	100
16	青灰色菌斑 0.2~2.4 cm，红色菌斑 0.2~0.3 cm	青灰色菌斑 0.1~0.2 cm，红色菌斑 0.3 cm	青灰色菌斑 0.1~0.7 cm，红色菌斑 0.3 cm	100
19	浅棕色菌斑 0.2 cm，青灰色菌斑 0.1~0.7 cm	浅棕色菌斑 0.3 cm，青灰色菌斑 0.1~0.3 cm	浅棕色菌斑 0.3~0.5 cm，青灰色菌斑 0.1~0.5 cm	100
65	红色菌斑 0.3 cm，浅棕色菌斑 0.3~0.5 cm，青灰色菌斑 0.1~0.9 cm	红色菌斑 0.2~0.3 cm，浅棕色菌斑 0.3~0.5 cm，青灰色菌斑 0.1~0.7 cm	红色菌斑 0.3 cm，浅棕色菌斑 0.2~0.3 cm，青灰色菌斑 0.2~1.7 cm	100
C	红色菌斑 0.3 cm，青灰色菌斑 0.1~0.3 cm	青灰色菌斑 0.1~0.3 cm，红色菌斑 0.1~0.3 cm	红色菌斑 0.3 cm，青灰色菌斑 0.1 cm	100
空白组	—	—	—	0

结果表明，种子外部带菌率为 100%，与种子消毒后直接琼脂培养基培养的结果相同。在稀释 100 倍后仍有菌落长出；不进行稀释则浓度过高，菌落多易连成片，不易计数，故选择稀释 100 倍作为本试验的最佳方法。

2. 种子内部带菌检测

分别将上述不同批次的刺五加种子去壳，在 1% 次氯酸钠溶液中浸泡 8 min，然后用无菌水冲洗 3 遍，均匀摆放在培养皿上，依据种子大小的差异每皿摆 10 粒左右。在 22 ℃ 恒温箱中黑暗培养 5 d。结果表明，带菌率为 100%，菌落类型多样（图 3-4-8、表 3-4-14）。

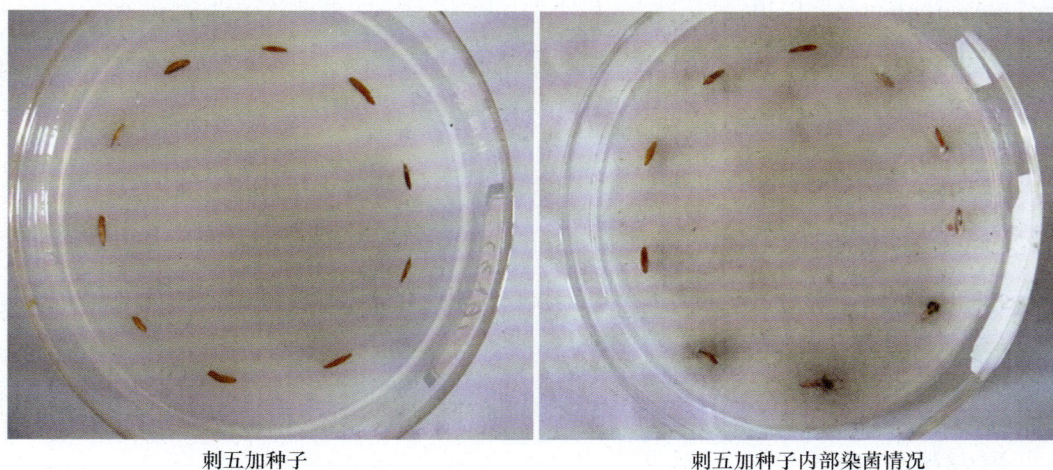

刺五加种子　　　　　　　　　　　　　刺五加种子内部染菌情况

图 3-4-8　刺五加种子内部染菌情况

表 3-4-14　刺五加种子内部带菌检测结果

编号	I 组菌斑颜色及直径	带菌率/%
10	红色菌斑 0.3 cm，青灰色菌斑 0.1~0.5 cm	100
14	青灰色菌斑 0.1~0.3 cm，红色菌斑 0.3~0.5 cm	100
16	青灰色菌斑 0.1~0.7 cm，红色菌斑 0.3 cm	100
19	浅棕色菌斑 0.3~0.5 cm，青灰色菌斑 0.1~0.5 cm	100
21	红色菌斑 0.2~0.3 cm，青灰色菌斑 0.1~0.5 cm，浅灰色菌斑 0.2 cm	100
67	红色菌斑 0.2~0.3 cm，青灰色菌斑 0.1~0.3 cm，浅灰色菌斑 0.2 cm	100
69	红色菌斑 0.3 cm，青灰色菌斑 0.1~0.7 cm	100
空白组	—	0

（本节内容由中国中医科学院中药研究所提供，编委：王冰、许亮、李晓琳，资料整理人员：张顺捷）

第五节 大 黄

大黄为蓼科植物掌叶大黄 *Rheum palmatum* L.、唐古特大黄 *Rheum tanguticum* Maxim. ex Balf. 或药用大黄 *Rheum officinale* Baill. 的干燥根和根茎。秋末茎叶枯萎或次春发芽前采挖，除去细根，刮去外皮，切瓣或段，绳穿成串干燥或直接干燥。有泻实热、破积滞、行瘀血作用。分布于陕西、湖北、四川和云南等省。

大黄种子很易发芽，即在 15～25℃温度都能迅速整齐发芽。生产上北方于 4 月中、下旬穴播，行株距（65～80）×（50～65）cm，每穴播种 5～10 粒，覆土约 1.5 cm 左右，每亩需种子 1.5～2 kg。在南方最好采用秋播，于 8 月中、下旬进行，如必须春播则越早越好，早春田间可以工作时即播种，播后 10～15 d 开始出苗。

一、 真实性检验

种子形态鉴定内容如下。

具体方法应符合 GB/T 3543.5—1995 的规定。随机从试验样品中数取 100 粒种子，4 次重复，每个重复不超过 100 粒。逐粒观察种子形态、大小、表面特征和种子颜色并记录。

大黄种子形态特征：大黄类植物的果实为瘦果，种子很小，极不容易与果皮分开。不同种大黄果实外观形态大体上一致，瘦果具 3 翅，长圆形，果实基部留存 3 裂花萼，果实内部仅含 1 粒种子，果皮较厚，带有长短不一的果脐，表面光滑无毛。但也存在一定差异，其中掌叶大黄翅与果脐呈灰褐色，种子部位黑色，翅呈皱缩状；唐古特大黄翅与果脐呈褐色，种子部位黑色，翅无皱缩；药用大黄全果呈褐色，翅呈皱缩状。大黄种子外部形态见图 3－5－1。

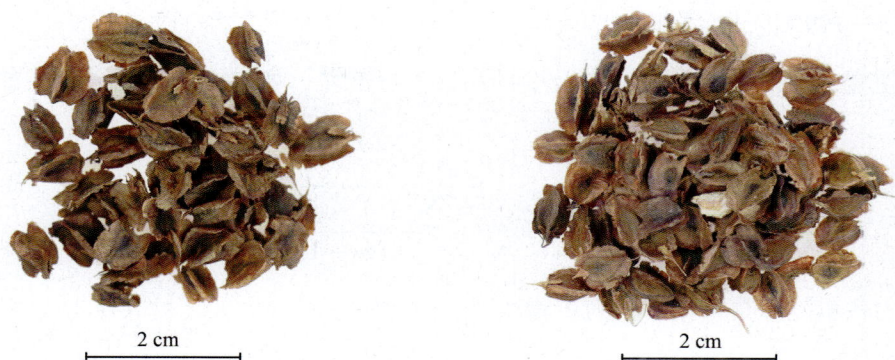

图3-5-1 大黄种子外部形态 （左：药用大黄；右：掌叶大黄）

二、含水量测定

使用高温烘干法进行含水量测定。首先将烘箱预热至140～145 ℃，打开箱门5～10 min后，烘箱温度须保持130～133 ℃，设1 h、2 h、3 h、4 h 4个时间处理，每处理4个重复，每重复25 g。将处理后的种子放入预先烘干并称过重的铝盒中一起称重，记录，放置在131 ℃烘箱内。到预定时间后，取出称重，分别计算种子水分百分率。经过试验数据（表3-5-1）分析可知，用高温烘干法，应使烘箱温度保持130～133 ℃，保持3 h。

表3-5-1 高温烘干法不同时间对不同产地掌叶大黄种子水分的影响

样品编号	水分/%			
	高温法 –1 h	高温法 –2 h	高温法 –3 h	高温法 –4 h
3	7.7	8.5	9.1	9.1
18	7.7	8.5	8.8	8.8
49	6.7	7.9	8.5	8.5

三、重量测定

本试验采用百粒法、五百粒法和千粒法测定掌叶大黄种子重量。取礼县、宕昌县、岷县三县产地的净种子样本。先将全部纯净种子用四分法分成4份，从每份中随机取总数的1/4，混合后，用万分之一电子天平称重。

（一）百粒法

用手或数种器从试验样品中随机数取8个重复，每个重复100粒，分别称重（g），小数位数与 GB/T 3543.3—1995 的规定相同。

计算 8 个重复的平均重量、标准差及变异系数，标准差、变异系数的计算公式如下。

$$标准差(S) = \sqrt{\frac{n(\sum X^2) - (\sum X)^2}{n(n-1)}}$$

式中，X 为各重复重量（g）；n 为重复次数。

$$变异系数 = \frac{S}{\overline{X}} \times 100$$

式中，S 为标准差；$\overline{X}$ 为 100 粒种子的平均重量（g）。

种子的变异系数不超过 4.0，则可计算测定的结果。如变异系数超过上述限度，则应再测定 8 个重复，并计算 16 个重复的标准差。凡与平均数之差超过 2 倍标准差的重复略去不计。则从 8 个或 8 个以上的每个重复 100 粒的平均重量（$\overline{X}$），再换算成 1 000 粒种子的平均重量（即 $10 \times \overline{X}$）。

（二）五百粒法

用手或数种器从试验样品中随机数取 4 个重复，每个重复 500 粒，分别称重（g），小数位数与 GB/T 3543.3—1995 的规定相同。2 份的差数与平均数之比不应超过 5%，若超过应再分析第 4 份重复，直至达到要求，取差距小的 2 份计算测定结果。再换算成 1 000 粒种子的平均重量（即 $2 \times \overline{X}$）。

（三）千粒法

用手或数粒仪从试验样品中随机数取 3 个重复，每个重复 1 000 粒，各重复称重（g），小数位数与 GB/T 3543.3—1995 的规定相同。2 份的差数与平均数之比不应超过 5%，若超过应再分析第 3 份重复，直至达到要求，取差距小的 2 份计算测定结果。

经过 F 检验，得 $F < F_{0.05} < F_{0.01}$，所以百粒重、五百粒重和千粒重 3 种重量测定方法之间无明显差异，用 3 种方法均可。目前国际上通用百粒法，而我国常用千粒法，因大黄主要是我国本土栽培，故规定用千粒法测定较为适宜。不同产地掌叶大黄种子的千粒重见表 3-5-2。

表 3-5-2　不同产地掌叶大黄种子的千粒重

样品	千粒重/g			平均数	标准差	变异系数
10	8.910	8.836	8.936	8.894	0.052	0.58
14	10.329	10.380	10.232	10.314	0.075	0.73
16	9.416	9.305	8.880	9.200	0.283	3.07

续表

样品	千粒重/g			平均数	标准差	变异系数
18	9.441	9.435	9.555	9.477	0.068	0.71
22	8.951	9.237	9.118	9.102	0.144	1.58
28	8.461	8.486	8.573	8.507	0.059	0.69
29	9.306	9.174	9.141	9.207	0.087	0.95
31	9.546	9.327	9.411	9.428	0.110	1.17
37	9.400	9.356	9.543	9.433	0.098	1.04
49	9.056	8.909	8.946	8.970	0.077	0.85

四、 发芽试验

本部分考察了不同的浸种时间、浸种温度、发芽温度、发芽初次和末次计数时间对掌叶大黄种子发芽率的影响。

（一）浸种时间的选择

试验用蒸馏水对同一批次大黄种子进行浸种，浸泡选择室温 20 ℃，浸泡时间选择 12 h、18 h、24 h、48 h 和 72 h 5 个处理，观察种子吸水情况和对种子膜损伤的影响。每个处理 50 粒种子，重复 4 次。

试验结果显示：浸种 48 h，大黄种子的发芽状况较好（图 3 − 5 − 2）。

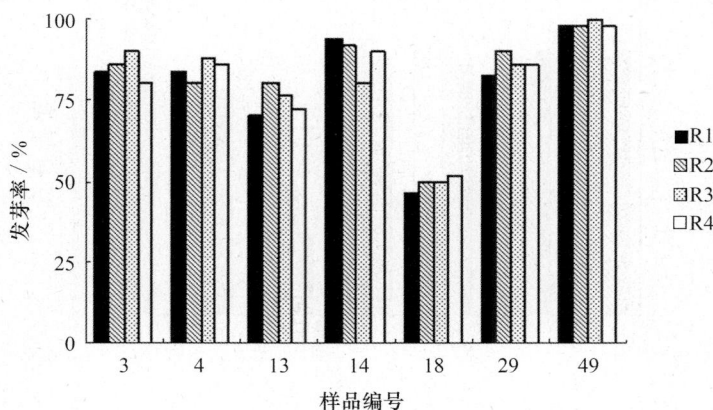

图 3−5−2 20 ℃条件下浸种 48 h 对不同产地大黄种子发芽率的影响

（二）浸种温度的选择

浸泡温度选择15 ℃、20 ℃、25 ℃、30 ℃、35 ℃ 5 个处理，浸种18 h，纸床（纸上）发芽。试验结果显示：在20 ℃条件下进行浸种，大黄种子的发芽效果较好（图3-5-3）。

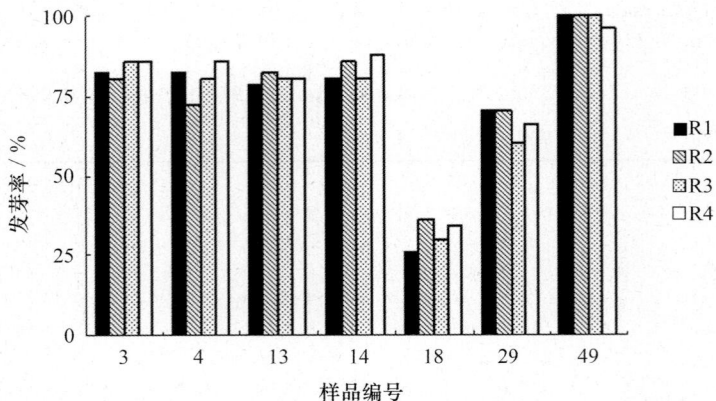

图3-5-3　浸种18 h 条件下20 ℃对不同产地大黄种子发芽率的影响

（三）发芽温度的选择

将经过净度分析的种子浸种吸胀后置纸上（TP）发芽床上，分别置于5 ℃、10 ℃、15 ℃、20 ℃、25 ℃、30 ℃、35 ℃ 7 种恒温条件下进行发芽试验。每个处理50 粒种子，重复4 次。试验结果显示：25 ℃左右为大黄种子较适宜的发芽温度（图3-5-4、图3-5-5）。

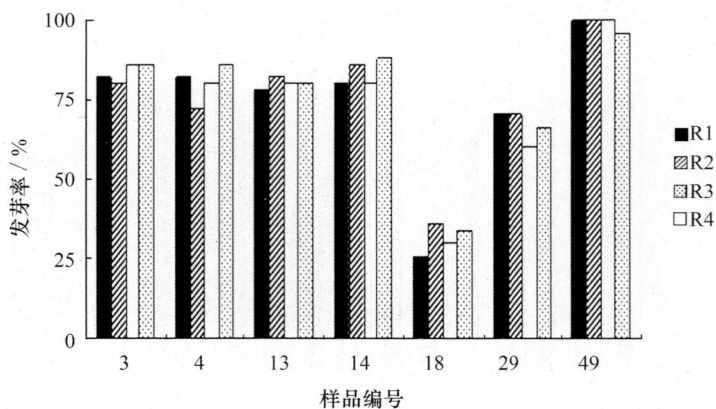

图3-5-4　发芽温度20 ℃对不同产地大黄种子发芽率的影响

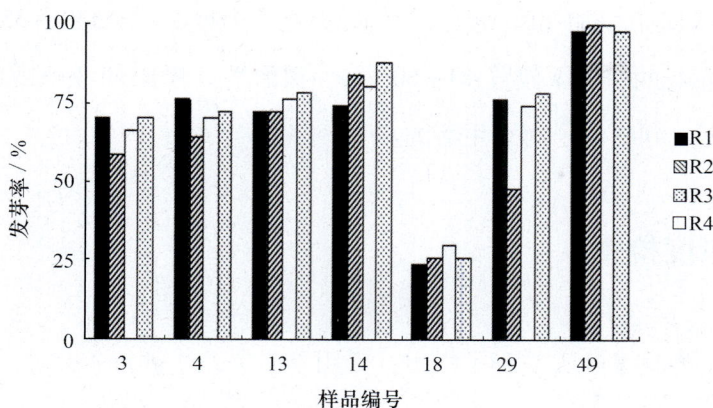

图3-5-5　发芽温度25℃对不同产地大黄种子发芽率的影响

（四）发芽初次和末次计数时间

将破皮处理后的种子用自来水浸泡18 h后，用自来水冲洗3~5次。将冲洗后的种子置于纸上发芽床的培养皿中，每皿50粒，4次重复，25℃培养箱中培养。每日观察并记录大黄种子发芽情况，保持培养皿温度，随时挑出霉烂种子。发芽计数时间的设定根据适宜发芽条件下的发芽表现，确定初次和末次计数时间。以达到50%发芽率的天数为初次计数时间，以发芽率达到最高，以后再无萌发种子出现时的天数为末次计数时间。通过试验数据，可得出以下结论：大黄种子的初次计数时间在第7 d，末次计数时间在第12 d（图3-5-6）。

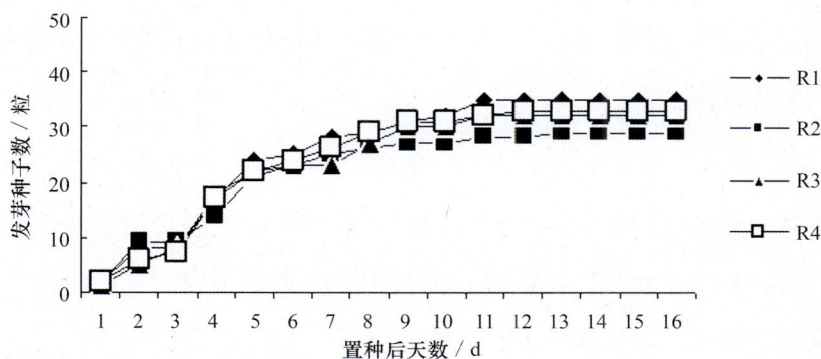

图3-5-6　大黄种子发芽初次和末次计数时间

五、生活力测定

采用TTC法对掌叶大黄种子生活力进行检验。将大黄种子用温水（30℃）浸泡2~6 h，使其充分吸胀。随机取种子2份，每份50粒，沿种胚中央准确切开，取已切开种子的一半备用。把切好的种子分别放在培养皿中，加 TTC 溶液，以浸没种子为度。放入 30 ~ 35 ℃ 的恒温箱中保温 30 min。也可在 20 ℃ 左右的室温下放置 40 ~ 60 min。保温后，倾出药液，用自来水冲洗 2 ~ 3 次，立即观察种胚着色情况，判断种子有无生活力。

六、 种子健康度检查

取礼县、宕昌县、岷县掌叶大黄种子样本，采用平皿培养法进行研究。

1. 种子外部带菌检测

从每份样本中随机选取 100 粒种子，放入经灭菌的 250 ml 锥形瓶中，加入 40 ml 无菌水充分振荡，吸取悬浮液 1 ml，以 2 000 r/min 的转速离心 10 min，倒上清液，再加入 1 ml 无菌水充分振荡悬浮后，制成孢子悬浮液。吸取 100 μl 加到直径为 9 cm 的 PDA 平板上涂匀，每个处理重复 4 次。相同操作条件下设无菌水空白对照。（20 ± 2）℃、黑暗条件下培养 5 d 后观察菌落生长情况，记录种子表面携带的真菌种类和分离频率。

2. 种子内部带菌检测

分别将不同批次大黄种子充分吸胀后，在 5% 次氯酸钠溶液中浸泡 8 min，然后用无菌水冲洗 3 遍，取 40 粒种子将其种壳和种仁分开，将种仁在 1% 次氯酸钠溶液中表面消毒 5 min，用无菌水冲洗 3 遍，分别将同一批次消毒后的整粒种子均匀摆放在直径为 9 cm 的 PDA 平板上，每培养皿摆放 10 粒，每个批次大黄种子重复 4 次。在 22 ℃ 恒温箱中 12 h 光照、黑暗交替下培养 5 d 后，记录种子携带的真菌种类和分离频率。

3. 菌的鉴定

将分离到的真菌分别进行纯化、镜检和转管保存后镜检。根据真菌培养性状和形态特征，参考有关工具书和资料将其鉴定到属。据研究，大黄主要分离到根腐病菌，粉红单端孢霉、立枯丝核菌、尖孢镰刀菌确定为大黄根腐病的主要致病菌。

（本节内容由中国中医科学院中药研究所提供，编委：陈垣、郭凤霞、蔺海明，资料整理人员：林榜成、韩旭、晋小军、郭晔红、邱黛玉、王龙强、柳福智）

第六节　当　归

当归为伞形科植物当归 *Angelica sinensis* (Oliv.) Diels 的干燥根。有补血、活血、调经、润燥、滑肠等作用。当归主产于甘肃岷县、宕昌县等地，此外，云南丽江、维西等地及四川、宁夏、陕西、湖北、贵州等省区也产。

当归种子容易萌发，在较低温度下发芽率高，但发芽较慢；在产区平均气温 12～14 ℃时，播种后 15～20 d 出苗，平均气温 20～24 ℃时，播种后 7～15 d 出苗。

一、真实性检验

种子形态鉴定内容如下。

《中华人民共和国药典》（2020 年版）记载的当归仅有 1 个种，即伞形科植物当归 *Angelica sinensis* (Oliv.) Diels，因此可从种子形态上与其他种植物相区别。根据种子的形态特征如大小、形态、颜色、光泽、表面构造等，必要时可借助放大镜等进行逐粒观察，并与标准种子样品或鉴定图片和有关资料进行对照。

当归种子形态特征：当归的果实为双悬果，宽卵圆形，扁，翅果状，长 4.5～6.5 mm，宽 4.0～5.2 mm，厚 1.1～1.5 mm，表面粉白色，平滑无毛；顶端有凸起的花柱基，基部心形。分果背面略隆起，具 5 明显隆起的肋线，中间的 3 条较低平，两侧的 2 条特宽大、呈翅状，腹面平常存 1 细线状悬具柄，与果实顶端相连。横切面上可见肋线间各具油管 1，腹面有油管 2。含种子 1，种子横切面长椭圆状肾形或椭圆形。胚乳含油分，胚细小，白色，埋生于种仁基部。当归种子外部形态见图 3－6－1。

图3-6-1　当归种子外部形态

二、 含水量测定

采用低恒温（103℃）整粒、粗磨烘干法和高恒温（133℃）整粒、粗磨烘干法4种方法对当归种子含水量进行测定研究。

（一）低恒温整粒烘干法

设置以下烘干时间：1~8 h，每1 h 1个处理，每个处理3个重复。3个重复的平均含水量为此处理的最终含水量。图3-6-2左图表明，在低恒温（103℃）整粒烘干法中，烘干时间在1~4 h，水分含量上升明显，而在4~7 h当归种子的含水量保持相对稳定，约为7.2%，到8 h时开始缓慢上升。可以看出当归种子在4 h时水分已经全部蒸发完毕，而8 h水分含量上升是因为当归种子内部挥发性物质逸散或一些物质发生氧化、分解造成损失。

（二）低恒温粗磨烘干法

设置3个烘干时间、2个粉碎程度，共6个处理，每个处理3个重复。3个重复的平均含水量为此处理的最终含水量。图3-6-2右图表明种子含水量在持续上升。与低恒温整粒烘干法相结合分析，该方法不适于当归种子含水量测定。

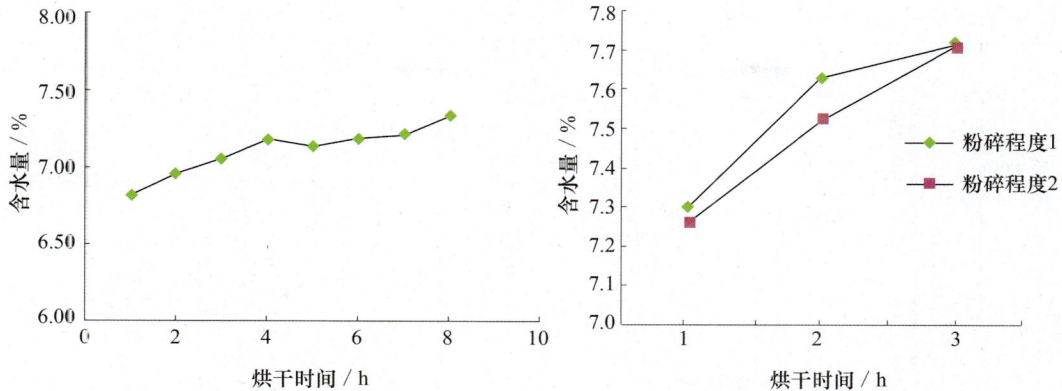

图3-6-2　当归种子低恒温（103℃）整粒（左）、粗磨（右）烘干法测定含水量

（三）高恒温整粒烘干法

设置以下烘干时间：0~80 min，每20 min 1个处理；60~240 min，每60 min 1个处理。每个处理3个重复。3个重复的平均含水量为此处理的最终含水量。试验结果表明，在高恒温（133℃）整粒烘干法中，种子含水量一直是呈上升趋势。通过与低恒温（103℃）整粒烘干法进行比较，分析认为在高恒温整粒烘干20 min以前当归种子的所有水分已经蒸发完毕，而出现图3-6-3左图结果主要是因为当归种子中挥发性物质在高温条件下缓慢挥发。如果在20 min以内设置烘干时间来确定当归种子的含水量，则会造成很大误差（因为烘干时间太短，与放入、取出烘盒时间相近，可行性不强）。

（四）高恒温粗磨烘干法

设置3个烘干时间、2个粉碎程度，共6个处理，每个处理3个重复。3个重复的平均含水量为此处理的最终含水量。由图3-6-3右图得知，种子含水量在持续上升，因此，该方法不适于当归种子含水量测定。

试验结果表明，当归种子采用低恒温（103℃）整粒烘干法，在烘干4~7 h时含水量在7.2%左右保持稳定。这表明此时当归种子中的水分已经全部蒸发完毕。而采用其他几种方法，含水量都处于上升趋势，无法判定烘干多长时间当归种子中的水分才能蒸发完毕。

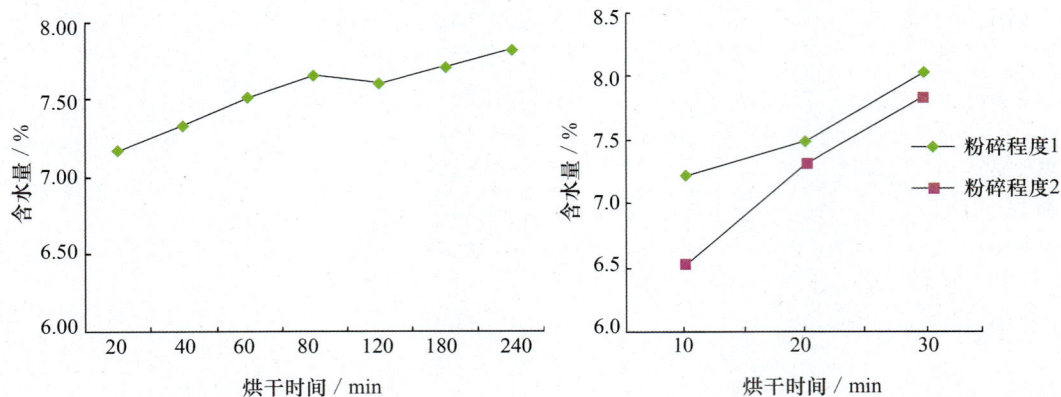

图 3-6-3　当归种子高恒温（133 ℃）整粒（左）、粗磨（右）烘干法测定含水量

三、 重量测定

采用百粒法、千粒法、全量法对试样种子进行测定，得出最适于当归种子重量测定的方法。

（一）百粒法

从净种子中随机数出 100 粒种子，8 个重复，分别称重（g），精确到 0.001 g。计算变异系数（变异系数＝标准差/100 粒种子的平均重量×100），如变异系数＜4.0，则取其平均值，得百粒重的平均重量，将该重量乘以 10 即为实测的千粒重。如此取 3 个小样。百粒法分析当归种子重量结果见表 3-6-1。

表3-6-1　百粒法分析当归种子重量结果

小样	重量/g								变异系数	百粒重/g
	重复1	重复2	重复3	重复4	重复5	重复6	重复7	重复8		
1	0.145	0.150	0.133	0.134	0.120	0.120	0.127	0.120	8.80	0.131
2	0.128	0.127	0.124	0.121	0.120	0.132	0.130	0.133	27.56	0.127
3	0.126	0.128	0.127	0.130	0.132	0.131	0.134	0.129	2.00	0.130

（二）千粒法

从净种子中随机数出 1 000 粒种子，3 个重复，分别称重（g），精确到 0.01 g。以重复间误差计，若误差＜5%，则取其平均值作为实测千粒重。如此取 3 个小样。千粒法分析当归种子重量结果见表 3-6-2。

表3-6-2　千粒法分析当归种子重量结果

小样	重量/g			误差/%	平均值/g
	重复1	重复2	重复3		
1	1.33	1.29	1.31	<5	1.31
2	1.30	1.28	1.34	<5	1.31
3	1.32	1.26	1.33	<5	1.30

（三）全量法

随机数粒，至少含2 500粒种子，3个重复，称重（精确到0.01 g）。按公式计算其重量，实测千粒重（g）=（净种子总重量/净种子总粒数）×1 000。结果见表3-6-3。

表3-6-3　全量法分析当归种子重量结果

小样	试样重/g	粒数/粒	实测千粒重/g	误差/%	平均值/g
1	5.55	4 208	1.32		
2	4.09	3 123	1.31	<5	1.32
3	3.77	2 813	1.34		

通过对当归混合样品进行重量测定，发现千粒法是当归种子重量测定的最佳方法。由于经净度分析后当归种子差别较大（部分种子的翅不完整），种子饱满有别，在数粒少的情况下会导致变异系数 >4.0（2个小样的变异系数 >4.0，只有1个小样的变异系数 <4.0），不易得出百粒重平均值，故百粒法应舍去。全量法与千粒法都符合要求（误差 <5%），但相比之下，全量法的最大误差为3%，而千粒法的最大误差为1%，再者全量法数粒太多，不易操作，故千粒法最符合要求。

四、发芽试验

本部分考察了不同的发芽床、发芽温度、发芽前处理、发芽光照和发芽计数时间对种子发芽率的影响。

（一）发芽床

在最适宜前处理和温度条件下对当归种子进行不同发芽床试验，根据结果从中确定最佳的发芽床。发芽床共设4种处理：纸上（TP）、褶纸间（PP）、砂上（TS）和砂中（S）4种发芽床黑暗下培养。试验中加水数次以保持湿润，每天记录种子发芽数。纸上是在培养皿中铺3层湿润的滤纸，然后置种；褶纸间是在培养皿中铺 3 层褶皱的湿润滤纸，将种子置两侧纸壁上；砂上是在培养皿中铺 5 mm 厚、粒径为 0.05 ~ 0.80 mm 的湿砂，然后置种；砂中是在发芽盒中铺 5 mm 厚、粒径为 0.05 ~ 0.80 mm 的湿砂，置种，再铺上一层湿润的细砂。

由图 3-6-4 可以看出，不同的发芽床对当归种子的发芽率有显著影响，发芽率以砂上 > 褶纸间 > 纸上 > 砂中。砂上比纸床保水好，比砂中通气好，所以砂上的发芽率极显著高于其他发芽床，高达 80.75%。纸上和褶纸间没有显著性差异，但以褶纸间较高，达 75.5%，其原因是褶纸间可以从一定程度上抑制霉菌扩散，保湿效果较好，利于种子萌发。砂中发芽率最低，仅为 36%，可能是因为当归种子萌发时，有氧呼吸特别旺盛，需要足够的氧气供给，一些酶的活动也需要氧气，砂中透气不良导致种胚氧气供应不足而降低发芽率。方差分析结果表明，砂上和纸上的发芽指数没有显著性差异，但发芽势和发芽指数的显著性趋势与发芽率基本一致，故最佳发芽床以砂上为宜。

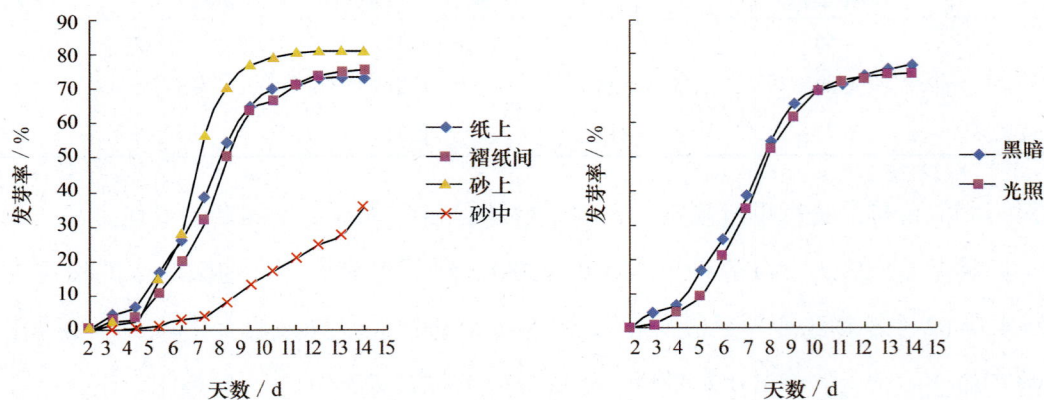

图 3-6-4　不同发芽床（左）、不同光照（右）对当归种子发芽率的影响

（二）发芽温度

设 15 ℃、20 ℃、25 ℃、30 ℃和 35 ℃恒温条件黑暗培养，用 3 层滤纸作发芽床。

由图 3-6-5 可知，高温 30 ℃和 35 ℃处理下发芽率显著低于其他处理，说明高温不适于当归种子的发芽，尤其是 35 ℃最为显著，发芽率为 0。在 15 ℃、20 ℃和 25 ℃ 3 个温度处理中，15 ℃和 20 ℃的发芽率显著高于 25 ℃，以 20 ℃的发芽率最高，达 70.75%，15 ℃的发芽率为 70%，其原因可能是低温可以在一定程度上抑制霉菌扩散，利于种子发芽。25 ℃与 20 ℃处理下发芽势显著高于其他处理，25 ℃最高，达 33.25%，说明温度太高或太低时，当归种子萌发的整齐度都较差，但 20 ℃和 15 ℃没有显著性差异。从发芽指数来看，当归种子在 20 ℃处理下最高，为 58.49，30 ℃和 35 ℃高温的发芽指数都很低。由此可知，在 20 ℃恒温条件下，当归种子的发芽率和发芽指数都是最高的，故当归种子的最适发芽温度为 20 ℃ 恒温。

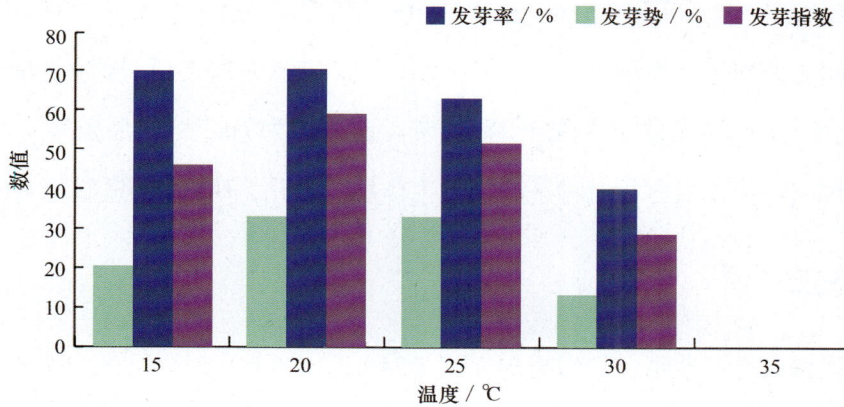

图 3-6-5　不同温度对当归种子发芽的影响

（三）发芽前处理

试验中发现，当归种子自身带菌量较多，易造成种子初生污染和次生污染，影响种子萌发。因此我们采用 2 种灭菌剂及不同的灭菌时间进行了抑菌试验。设 0.1% 氯化汞（$HgCl_2$）表面消毒 4 min、6 min 和 8 min，2% 次氯酸钠（NaClO）表面消毒 6 min、10 min 和 14 min 6 个处理，以自来水浸泡作对照，各处理用蒸馏水少量多次冲洗 4 ~ 5 次。消毒过程中轻摇数次，以便提高消毒效果。用 3 层滤纸作发芽床，每个处理 400 粒种子，4 次重复，pH6.5 ~ 7.5。结果见表 3-6-4。

表 3-6-4　不同前处理对当归种子发芽的影响

前处理	发芽势/%	发芽率/%	发芽指数
自来水浸泡 4 h（CK）	27.50bA	63.50bA	46.30bA
0.1% $HgCl_2$ 浸泡 4 min	9.00cB	40.00cB	19.54cB
0.1% $HgCl_2$ 浸泡 6 min	9.25cB	42.25cB	20.79cB
0.1% $HgCl_2$ 浸泡 8 min	4.50cB	28.75dC	12.42dB
2% NaClO 浸泡 6 min	34.75abA	77.00abA	55.08aA
2% NaClO 浸泡 10 min	35.50aA	80.00aA	55.95aA
2% NaClO 浸泡 14 min	37.75aA	76.25abA	55.26aA

注：各列数值后的小写、大写字母分别表示差异在 0.05、0.01 水平显著性。

由表 3-6-4 可以看出，2% NaClO 处理和对照的发芽率、发芽势和发芽指数均在 0.01 水平上显著高于 0.1% $HgCl_2$ 处理。因此，2% NaClO 适宜于当归种子前处理，其中浸泡 10 min 发芽率和发芽指数最高，是最佳的前处理方法。其原因是 NaClO 对当归种子的伤害小且可有效杀死或抑制种子本身携带的一些菌类，从而促进种子发芽。从 NaClO 浸泡不同时间的发芽情况来看，浸泡时间太短，杀菌不彻底，菌类会影响种子发芽；时间太长，NaClO 对种子本身也会有一定的杀伤作用。因此，NaClO 浸泡 6 min 和 14 min 发芽势和发芽率又有所降低。当归种子对 HgCl$_2$ 十分敏感，即使是短时间的处理也会对种子发芽产生抑制作用，随着时间的延长这种抑制作用更加明显，0.1% HgCl$_2$ 浸泡 8 min 时种子发芽率降至 28.75%。这是因为 Hg$^+$ 是重金属离子，具有很强的毒性，再加之当归种皮较薄，很容易对种子产生毒害作用。因此，HgCl$_2$ 不适宜于当归种子灭菌。

（四）发芽光照

在最佳前处理和温度条件下，设黑暗与光照（24 h，1000 lx）2 种处理，对当归种子进行发芽试验，用 3 层滤纸作发芽床，20 ℃置于光照培养箱恒温培养，黑暗处理以带盖的纸盒盛放培养皿，试验中保持滤纸湿润。

由图 3-6-4 可以看出，黑暗和光照条件的发芽率接近。方差分析结果表明，2 个处理间当归种子的发芽率、发芽势、发芽指数均不存在显著性差异，但黑暗条件下当归种子的发芽势、发芽率及发芽指数均高于光照培养，分别为 38.75%、76.5%、61.40。这说明当归种子萌发对光照不敏感，但以黑暗较适宜。

（五）发芽计数时间

根据适宜发芽条件下的发芽表现，确定初次计数和末次计数时间。以达到 50% 发芽率的天数为初次计数时间，以再无萌发种子出现时的天数为末次计数时间。

结果表明，当归种子在第 7 d 发芽率已超过 50%，发芽高峰出现，此时可作为初次计数时间；第 12 d 以后没有新发芽的种子出现，可作为末次计数时间。

（六）发芽指标统计

发芽开始后，每天记录萌发的正常幼苗数，直至无萌发种子出现为止，根据情况加水，保持湿润；最后统计不正常幼苗与新鲜未发芽种子及死种子，试验过程中出现的严重霉烂的种子随时拣出并加以记录。发芽以露白为标准。相关指标的计算公式如下。

$$发芽率（GR） = n/N \times 100\%$$

式中，n 为最终达到的正常发芽粒数；N 为供试种子数。

$$发芽势（GE） = n_7/N \times 100\%$$

式中，n_7 为种子发芽第 7 d 的正常发芽种子数；N 为供试种子数。

$$发芽指数（GI） = \sum Gt/Dt$$

式中，Gt 为相应各日的正常发芽数；Dt 为自置床之日算起的日数。

（七）幼苗鉴定标准

发芽开始后，注意观察种苗发育过程，每天记录 1 次萌发种子、正常幼苗数，将不正常种苗、死种子拣出并记录，直至无种子萌发为止。在萌发期间，根据当归种子萌发生长的实际情况制作幼苗鉴定图谱并制定相应的鉴定标准。

1. 幼苗发育规律

在光照条件下正常发芽的当归种子，置发芽床种子全部吸胀，首先胚根突破种皮（露白），然后下胚轴伸长，同时胚根进一步伸长，下胚轴长到 0.5~0.8 cm 时，子叶脱出种皮或部分脱出种皮，萌发过程基本完成，为子叶出土型种子。

2. 正常苗与不正常苗

根据对当归种子发芽和种苗发育的观察，在统计时期内只有 1 条主根发育，幼苗鉴定时只考虑初生根的发育状况，可以把它归入子叶出土的双子叶种子。在对种苗进行评价时，应该遵循该类种子的鉴定标准。

当归种子的正常幼苗分为 3 类，见图 3-6-6。

（1）完整正常幼苗：根发育良好，初生根长而细，子叶出土型发芽，同时具有伸长的上胚轴和下胚轴，子叶 2 片，在计数时为绿色，有的稍萎缩。

（2）带有轻微缺陷的正常幼苗：初生根局部损伤，或生长迟缓。下胚轴或上胚轴局部损伤，但不影响幼苗的发育。子叶局部损伤，但有一半面积以上功能正常。

（3）次生感染的正常幼苗：幼苗已发育，但严重腐烂，经观察不是由于种子本身感染引起的，而是由真菌或细菌侵害引起的，并能确定所有主要构造仍保留。

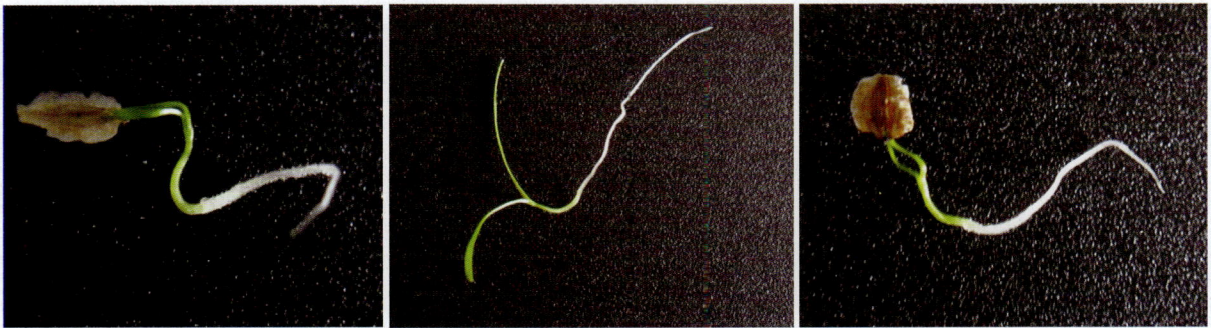

图3-6-6　当归种子的正常幼苗

当归种子的不正常幼苗见图 3-6-7，幼苗带有下列缺陷的一种或几种为不正常幼苗。

初生根：①粗短；②停滞；③缺失；④由初生感染引起的腐烂。

下胚轴：①由初生感染引起的腐烂；②坏死。

子叶：①畸形；②坏死；③变色；④由初生感染引起的腐烂。

图3-6-7　当归种子的不正常幼苗

五、　生活力测定

分别采用 TTC 法、红墨水法和靛蓝染色法对种子生活力进行检验。

（一）TTC 法

将已处理的种子放入 TTC 溶液中，在 30 ℃、35 ℃恒温条件下染色，TTC 溶液浓度设 0.1%、0.5%、1.0% 3 个水平，染色时间设 8 h、10 h、12 h、14 h、16 h 5 个水平。染色完毕后根据胚的着色程度和部位鉴定种子的生活力，计算有生活力种子的百分率。每个处理设 4 次重复，每次重复 100 粒种子，每个观察时间内随机抽取 30 粒种子，观察统计试验结果。有生活力种子的胚全部染色，胚局部染色和不染色的为无生活力的种子。尖端染色面积超过 1/3 的为有生活力种子，染色较浅的为无生活力种子。结果见表 3-6-5、图 3-6-8、图 3-6-9。

结果表明，35 ℃条件下，1.0% TTC 溶液染色 14 h 与种子发芽试验结果的差异最小，从染色效果、染色时间及环境污染的角度出发，当归种子的 TTC 染色选择 1% TTC 溶液 35 ℃染色 14 h 较为适宜。

表3-6-5　TTC染色结果

染色液浓度	染色结果	
	30 ℃	35 ℃
0.1%	染色较浅，着色不均匀，鉴定困难	染色较浅，着色不均匀，鉴定困难
0.5%	全染粒着色较好，但局部染色粒染色不够均匀，16 h染色结束时全染粒占33%，有生活力种子占60%	染色16 h的染色清晰、均匀，易于鉴定，试验结束时，全染粒占40%，有生活力种子占67%
1.0%	染色16 h的染色清晰、均匀，易于鉴定，试验结束时全染粒占37%，有生活力种子占63%	染色14 h的染色清晰、均匀，易于鉴定，试验结束时全染粒占43%，有生活力种子占73%

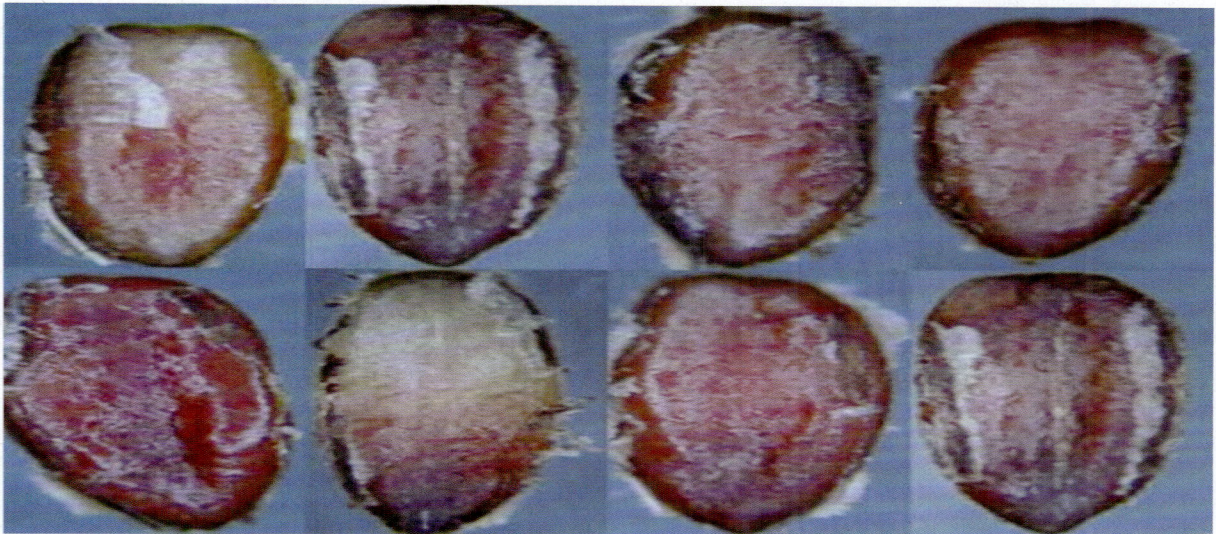

图3-6-8　TTC染色下有生活力的种子

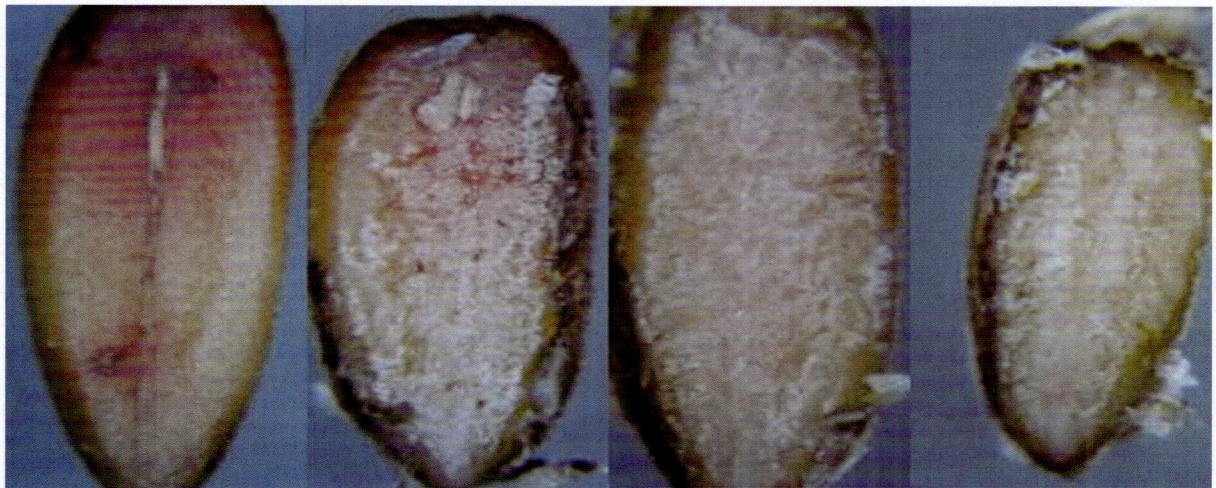

图3-6-9　TTC染色下无生活力的种子

（二）红墨水法

红墨水浓度设 2 个水平，在 30 ℃恒温条件下，染色时间设 20 min、30 min、40 min、50 min 4 个水平，每个处理设 4 次重复，每次重复 100 粒种子，染色完毕后，将种子用自来水冲洗 3 次，根据胚的着色程度和部位鉴定种子的生活力。

结果表明，在 60 倍浓度下极个别种子胚根尖部染浅色，难于鉴别；在 20 倍浓度下，种子外部染色，但是多数种子内部只有胚根处染成浅红色，鉴别困难。

（三）靛蓝染色法

靛蓝浓度设 0.1%、0.2% 2 个水平，在 30 ℃恒温条件下，染色时间设 1 h、2 h、3 h、4 h 4 个水平，每个处理设 4 次重复，每次重复 100 粒种子，染色完毕后，将种子用自来水冲洗 3 次，根据胚的着色程度和部位鉴定种子的生活力。

结果表明，在靛蓝浓度为 0.1% 时当归种子很少染色，与实际不符；在靛蓝浓度为 0.2% 时处理 4 h 所测的种子生活力最高，但是生活力最高仅为 50%。这个数据与发芽率差距较大，测定结果不准确，不宜作为最佳染色方法。

综上所述，当归种子生活力测定，以 TTC 法最好。选择 1% TTC 液于 35 ℃染色 14 h 较为适宜。

六、 种子健康度检查

取 2009 年分别采自甘肃、云南、湖北的当归种子，共 6 份样品进行平皿培养法培养检测。

1. 种子外部带菌检测

从每份样品中随机选取 200 粒种子，放入 250 ml 装有 150 ml 灭菌水的锥形瓶中充分振荡，以 2 000 r/min 的转速离心 10 min，弃上清液，合并沉淀。加入 10 ml 灭菌水充分振荡，吸取 1 ml 梯度稀释 100 倍后取 200 ul 至 9 cm 的 PDA 平板上，涂匀，每个处理 5 次重复。相同操作条件下设无菌水空白对照。25 ℃、黑暗条件下恒温培养，第 6 d 观察结果。计算孢子负荷量、分离频率，分析优势菌种类（表 3 - 6 - 6）。公式如下。

孢子负荷量（个孢子/粒）＝分离孢子总数/检测种子（鳞茎）总数

分离频率＝某一分离物的出现数/分离物出现总数

分离率＝带菌种子（鳞茎）总数/检测种子（鳞茎）总数

表3-6-6　当归种子表面带优势真菌及分离频率

编号	采集地	孢子负荷量（×10³ 个孢子/粒）	优势真菌种类的分离频率/%			
			青霉菌	交链孢霉	镰刀菌	粉红单端孢霉
1	湖北省农业科学院	1.60	18.75	3.13	18.75	6.25
2	云南省大理市鹤庆县	1.20	4.17	4.17	—	4.17
3	甘肃省漳县殪虎桥乡（现殪虎桥镇）	2.70	5.56	38.89	27.78	27.78
4	甘肃省宕昌县红河新村	1.05	23.81	9.52	66.67	—
5	甘肃省岷县禾驮乡（现禾驮镇）	4.45	—	6.74	47.19	34.83
5	甘肃省渭源县庄坪乡	1.06	—	73.10	26.90	

注：表中"—"表示未分离得到该种真菌。

2. 种子内部带菌检测

种仁带菌：从各个样品中随机取100粒种子，将种皮剥去，用0.1%升汞消毒1 min，用无菌水冲洗3~4次。用灭菌的镊子将种皮除去，随机选取种仁，置于PDA平板上，每皿20个种仁，重复5次，将培养皿置于25 ℃、黑暗条件下培养，第6 d观察菌落生长情况。计算分离频率和分离率，分析优势菌种类。种皮带菌同上。公式同上。结果见表3-6-7、表3-6-8。

表3-6-7　当归种子种皮带真菌及分离频率

编号	采集地	带菌种皮数	种皮带菌率/%	优势真菌种类的分离频率/%			
				青霉菌	交链孢霉	镰刀菌	粉红单端孢菌
1	湖北省农业科学院	123	100	6.61	72.73	—	14.88
2	云南省大理市鹤庆县	86	86	26.74	23.26	18.60	18.60
3	甘肃省漳县殪虎桥乡（现殪虎桥镇）	66	66	15.15	74.24	3.03	—
4	甘肃省宕昌县红河新村	45	45	51.11	48.89	—	—
5	甘肃省岷县禾驮乡（现禾驮镇）	108	100	11.11	64.81	11.11	12.96
5	甘肃省渭源县庄坪乡	82	82	—	92.00	—	—

注：表中"—"表示未分离得到该种真菌。

表3-6-8　当归种子种仁带真菌及分离频率

编号	采集地	带菌种仁数	种仁带菌率/%	优势真菌种类的分离频率/%			
				青霉菌	镰刀菌	交链孢菌	粉红单端孢菌
	湖北省农业科学院	103	100	10.06	11.73	49.72	21.23
2	云南省大理市鹤庆县	82	82	18.29	18.29	36.59	14.63
3	甘肃省漳县殪虎桥乡（现殪虎桥镇）	54	54	5.56	7.41	87.04	—

编号	采集地	带菌种仁数	种仁带菌率/%	优势真菌种类的分离频率/%			
				青霉菌	镰刀菌	交链孢菌	粉红单端孢菌
4	甘肃省宕昌县红河新村	78	78	28.21	21.79	28.21	21.79
5	甘肃省岷县禾驮乡（现禾驮镇）	56	56	9.85	12.12	46.21	31.82
6	甘肃省渭源县庄坪乡	82	82	16.70	—	83.30	—

注：表中"—"表示未分离得到该种真菌。

根据以上数据得出，平皿培养法可以全面、准确地鉴定出当归种子外部及内部带菌情况，适宜于当归种子的健康度检查。

（本节内容由中国中医科学院中药研究所提供，编委：杜弢、连中学、王惠珍，资料整理人员：王艳、陈红刚、朱田田）

第七节　党　参

党参为桔梗科植物党参 Codonopsis pilosula（Franch.）Nannf.、素花党参 Codonopsis pilosula Nannf. var. modesta（Nannf.）L. T. Shen 或川党参 Codonopsis tangshen Oliv. 的干燥根。有补脾胃、益气血、生津液、止口渴等作用。分布于黑龙江、吉林、辽宁、河北、河南、山西、陕西、青海等省。山西、河北、河南等地有栽培。

党参 C. pilosula（Franch.）Nannf. 种子容易萌发，种子萌发适温为 15～20 ℃。生产上北方春、夏、冬三季均可播种。春播常因干旱致出苗不齐，夏播、冬播出苗整齐。南方常春播，3 月下旬至 4 月上旬播种，条播或撒播均可。条播沟深约 1 cm，沟距育苗地 10 cm，直播地 20～25 cm，将种子拌和细沙播种。撒播可将种子直接播在畦面上，播后用扫帚在畦面上来回轻扫 2～3 次。条播或撒播后，均要覆盖 0.6～1 cm 厚的细灰土，拍平，轻轻压实，并铺覆稻草。种子播后 10～20 d 发芽，一般发芽率为 70%～80%，每亩播种量 0.5～1 kg。

一、真实性检验

种子形态鉴定内容如下。

根据种子的形态特征如大小、形状、颜色、光泽、表面构造等，可借助放大镜等进行逐粒观察，与标准种子样品或鉴定图片和有关资料进行对照。

党参种子形态特征：呈卵状椭圆形，表面棕褐色或浅褐色，具有光泽，圆钝，基部具一圆形凹窝状深褐色种脐；胚乳半透明，含油分，胚位于中央，为直型胚，呈勺形或松籽形，乳白色。随机从送验样品中数取 400 粒种子，鉴定时须设重复，每个重复不超过 100 粒种子。使用游标卡尺测量党参种子大小，种子的长度范围为 1.14～1.48 mm，宽度范围为 0.60～0.78 mm。千粒重为0.252～0.324 g。党参不同基原植物种子外部形态见图 3 - 7 - 1。

图3-7-1　党参不同基原植物种子外部形态

二、含水量测定

取 5 号（茶埠乡甫里村三社）和 6 号（文县中寨乡哈西沟村制种基地）样品，每个样品 2 次重复，每次重复约 5 g。采用低恒温（105 ℃）整粒、磨碎烘干法和高恒温（130 ℃）整粒、磨碎烘干法 4 种方法对党参种子含水量进行测定。根据烘后失去的重量计算种子水分百分率，按以下公式计算到小数点后一位。

$$种子水分（\%）= [（M2 - M3）/（M2 - M1）] \times 100\%$$

式中，M1 为样品盒和盖的重量（g）；M2 为样品盒和盖及样品的烘前重量（g）；M3 为样品盒和盖及样品的烘后重量（g）。

若一个样品的 2 次测定之间的差距不超过 0.2%，其结果可用 2 次测定值的算术平均数表示。否则，重做 2 次测定。

（一）低恒温整粒烘干法

该法必须在相对湿度 70% 以下的室内进行。取样时勿直接用手触摸种子，而应用勺或铲子。先将样品盒预先烘干、冷却、称重，并记下盒号，取试样 2 份，每份 4.5~5.0 g，每份做 2 个重复。将试样放入预先烘干和称重过的样品盒内，再称重（精确至 0.001 g）。使烘箱通电预热至 110~115 ℃，将样品摊平放入烘箱内的上层，迅速关闭烘箱门，使箱温在 5~10 min 内回至（103±2）℃时开始计算时间，用坩埚钳或戴上手套盖好盒盖（在箱内加盖），取出后放入干燥器内冷却至室温，称重。

表 3-7-1 说明 5 号种子（茶埠乡甫里村三社）含水量在 90 min 测定时达到稳定，测得数据为 6.8%，6 号种子（文县中寨乡哈西沟村制种基地）含水量数据在最长时间 300 min 测定时仍不稳定。

表 3-7-1　低恒温整粒烘干法测种子含水量

烘干时间 / min	种子含水量 / %	
	6 号样品	5 号样品
15	6.7	6.6
30	6.8	6.7
45	6.9	7.0
60	7.1	6.8
90	6.9	6.8
120	7.1	7.2
180	7.4	6.9
240	7.5	7.0
300	7.3	7.1

（二）高恒温整粒烘干法

其程序与低恒温整粒烘干法相同。首先将烘箱预热至 140~145 ℃，打开箱门 5~10 min 后，烘箱温度须保持 130~133 ℃。

表 3-7-2 说明种子含水量数据在 120 min 测定时已达到稳定，其中测得 6 号种子（文县中寨乡哈西沟村制种基地）含水量为 7.5%，5 号种子（茶埠乡甫里村三社）含水量为 7.4%。

表3-7-2　高恒温整粒烘干法测种子含水量

烘干时间/min	种子含水量/%	
	6号样品	5号样品
15	6.9	7.3
30	7.4	7.2
45	7.0	7.4
60	7.2	7.5
90	7.5	7.4
120	7.5	7.4
180	7.3	7.5
240	7.5	7.5

（三）低恒温磨碎烘干法

先将样品盒预先烘干、冷却、称重，并记下盒号，取试样2份，每份4.5~5.0 g，每份做2个重复。然后用小型粉碎机将种子粉碎2 min左右。将试样放入预先烘干和称重过的样品盒内，再称重（精确至0.001 g）。使烘箱通电预热至110~115 ℃，将样品摊平放入烘箱内的上层，迅速关闭炸箱门，使箱温在5~10 min内回至（103±2）℃时开始计算时间，用坩埚钳或戴上手套盖好盒盖（在箱内加盖），取出后放入干燥器内冷却至室温，称重。

表3-7-3说明，6号种子（文县中寨乡哈西沟村制种基地）含水量数据在240 min测定时达到稳定，测得数据为9.0%；5号种子（茶埠乡甫里村三社）含水量数据在360 min测定时达到稳定，测得数据为8.7%。

表3-7-3　低恒温磨碎烘干法测种子含水量

烘干时间/min	种子含水量/%	
	6号样品	5号样品
15	8.8	8.1
30	8.6	8.7
45	8.7	8.6
60	8.3	8.7
90	8.8	8.5
120	8.7	8.8
180	9.0	8.4
240	9.0	8.8
300	9.2	8.7
360	8.9	8.7

（四）高恒温磨碎烘干法

其程序与低恒温磨碎烘干法大致相同。表 3 - 7 - 4 说明，6 号种子（文县中寨乡哈西沟村制种基地）含水量数据在 120 min 测定时达到稳定，测得数据为 9.0%；5 号种子（茶埠乡甫里村三社）含水量数据在 240 min 测定时达到稳定，测得数据为 9.1%。

表 3-7-4　高恒温磨碎烘干法测种子含水量

烘干时间/min	种子含水量/%	
	6 号样品	5 号样品
15	8.7	8.9
30	9.1	8.8
45	8.7	9.0
60	9.1	8.8
90	9.0	8.4
120	9.0	8.7
180	8.9	9.1
240	9.4	9.1
300	9.6	9.2
360	9.5	9.1

采用低恒温整粒烘干法时，6 号种子（文县中寨乡哈西沟村制种基地）含水量数据在最长时间 300 min 测定时仍不稳定，不建议将其作为党参种子含水量测定方法。在其他 3 种方法中，高恒温整粒烘干法相比低恒温磨碎烘干法和高恒温磨碎烘干法，测得稳定含水量数据用时更短，且不需要经过磨碎处理。综上所述，对于种子含水量的测定适宜采用高恒温整粒烘干法。

三、重量测定

由于党参种子很小，因此主要考察了五百粒法、千粒法测定党参种子重量的结果。

（一）五百粒法

从试验样品中随机数取 4 个重复，每个重复数 500 粒。计算 4 个重复的平均重量、标准差及变异系数，标准差、变异系数的公式如下。

$$标准差(S) = \sqrt{\frac{n(\sum X^2) - (\sum X)^2}{n(n-1)}}$$

式中，X 为各重复重量（g）；n 为重复次数。

$$变异系数 = \frac{S}{\overline{X}} \times 100$$

式中，S 为标准差；$\overline{X}$ 为 100 粒种子的平均重量（g）。

种子的变异系数不超过 4.0，则可计算测定的结果。如变异系数超过上述限度，则应再测定 4 个重复，并计算 8 个重复的标准差。凡与平均数之差超过 2 倍标准差的重复略去不计。结果见表 3-7-5。

表 3-7-5　五百粒法测定党参种子重量

样本来源	种子重量/g				变异系数
	重复 1	重复 2	重复 3	重复 4	
27（平顺县东寺头乡焦底村）	0.151	0.145	0.143	0.155	3.7
42（岷县梅川镇他路村）	0.134	0.127	0.122	0.125	3.9

（二）千粒法

千粒法与五百粒法类似，只不过随机从样品中取 2 个重复，每个重复 1 000 粒，各重复称重（g），小数位数与 GB/T 3543.3—1995 的规定相同。结果见表 3-7-6。通过表 3-7-5、表 3-7-6 可知，千粒法的变异系数更小，故规定用千粒法测定较为适宜。

表 3-7-6　千粒法测定党参种子重量

样本来源	重复 1 种子重量/g	重复 2 种子重量/g	变异系数
27（平顺县东寺头乡焦底村）	0.322	0.331	1.84
42（岷县梅川镇他路村）	0.262	0.249	3.60

四、发芽试验

本试验采取纸床作为发芽床，将种子置于 2 层纸上，每个培养皿放入 100 粒，做 4 次重复。利用人工气候箱设 15 ℃、20 ℃、25 ℃、30 ℃ 4 个处理。设置光照度为 2 000 lx，并且白天 12 h，晚上 12 h。发芽标准：突破种皮的胚轴长度到达种子自身的长度为发芽。发芽开始后，每天记录萌发的正常幼苗粒数，直至无萌发种子出现为止，并根据情况加水，以保持湿润。在计数过程中，对发育良好的正常幼苗，应从发芽床中拣出；对可疑的不正常幼苗，通常保留到末次计数；对试验过程中出现的严重腐烂的种子，则随时拣出。种子发芽率以最终达到正常幼苗的百分率计。结果见表3-7-7~表3-7-10。

表3-7-7　15℃恒温培养下党参种子发芽结果

编号	产地	收集时间	试验时间	初次计数时间/d	末次计数时间/d	发芽率/%	发芽历期/d
27	陵川县锡崖沟村	2010年11月	2010年12月15日	3	11	17.00	9
32	陵川县崇文镇仕图苑社区	2010年11月	2010年12月15日	3	11	76.50	9
33	陵川县六泉乡黄松背村	2010年11月	2010年12月15日	4	11	88.00	8
34	岷县梅川镇红水村	2010年11月	2010年12月15日	4	11	5.50	8
36	岷县梅川镇底固村	2010年11月	2010年12月15日	3	11	82.00	9
38	岷县梅川镇梅川村	2010年11月	2010年12月15日	4	11	19.50	8
43	临洮县玉井镇陈家嘴村上街	2010年11月	2010年12月15日	4	11	38.50	8

表3-7-8　20℃恒温培养下党参种子发芽结果

编号	产地	收集时间	试验时间	初次计数时间/d	末次计数时间/d	发芽率/%	发芽历期/d
1	梅川镇山咀村二社	2009年12月	2010年11月20日	5	11	46.00	7
3	茶埠乡茶埠村一社	2009年12月	2010年11月20日	5	11	41.00	7
5	茶埠乡甫里村三社	2009年12月	2010年11月20日	5	11	20.50	7
7	禾驮镇石门村三社	2009年12月	2010年11月20日	5	11	33.75	7
9	梅川镇续店子村一社	2009年12月	2010年11月20日	5	11	45.75	7
10	梅川镇续江水村四社	2009年12月	2010年11月20日	5	11	39.00	7
11	茶埠乡沟门村四社	2009年12月	2010年11月20日	5	11	17.50	7
13	文县石鸡坝乡剑子坪村	2009年12月	2010年11月20日	5	11	67.50	7
15	禾驮乡禾驮村三社	2009年12月	2010年11月20日	5	11	16.50	7
17	禾驮乡立哈村一社	2009年12月	2010年11月20日	5	11	24.75	7
20	六泉乡下河村	2009年12月	2010年11月20日	5	11	53.50	7
24	陵川县六泉乡黄松背村	2009年12月	2010年11月20日	5	11	33.25	7
26	平顺县龙溪镇佛堂岭村	2010年11月	2010年12月23日	3	11	95.33	9
27	平顺县东寺头乡焦底村	2010年11月	2010年12月23日	3	11	96.00	9
30	陵川县古效乡锡崖沟村	2010年11月	2010年12月23日	3	11	93.00	9
32	陵川县崇文镇仕图苑社区	2010年11月	2010年12月23日	3	11	82.33	9
33	陵川县六泉乡黄松背村	2010年11月	2010年12月23日	4	11	83.33	8
34	岷县梅川镇红水村	2010年11月	2010年12月23日	5	11	17.00	7

续表

编号	产地	收集时间	试验时间	初次计数时间/d	末次计数时间/d	发芽率/%	发芽历期/d
36	岷县梅川镇底固村	2010 年 11 月	2010 年 12 月 23 日	3	11	97.33	9
38	岷县梅川镇梅川村	2010 年 11 月	2010 年 12 月 23 日	3	11	34.33	9
41	岷县梅川镇洼世村	2010 年 11 月	2010 年 12 月 23 日	6	11	17.33	6
43	临洮县玉井镇陈家嘴村上街	2010 年 11 月	2010 年 12 月 23 日	5	11	58.00	7
44	四川阿坝小金县	2010 年 11 月	2010 年 12 月 23 日	5	11	12.67	7

表3-7-9　25 ℃恒温培养下党参种子发芽结果

编号	产地	收集时间	试验时间	初次计数时间/d	末次计数时间/d	发芽率/%	发芽历期/d
1	梅川镇山咀村二社	2009 年 12 月	2010 年 9 月 4 日	5	11	31.00	7
1	梅川镇山咀村二社	2009 年 12 月	2010 年 1 月 20 日	3	11	74.93	9
3	茶埠乡茶埠村一社	2009 年 12 月	2010 年 9 月 4 日	5	11	27.25	7
3	茶埠乡茶埠村一社	2009 年 12 月	2010 年 1 月 20 日	3	11	62.30	9
5	茶埠乡甫里村三社	2009 年 12 月	2010 年 9 月 4 日	5	11	8.00	7
5	茶埠乡甫里村三社	2009 年 12 月	2010 年 1 月 20 日	3	11	91.63	9
7	禾驮乡石门村三社	2009 年 12 月	2010 年 9 月 4 日	5	11	22.00	7
7	禾驮乡石门村三社	2009 年 12 月	2010 年 1 月 20 日	3	11	80.07	9
9	梅川镇续店子村一社	2009 年 12 月	2010 年 9 月 4 日	5	11	30.75	7
9	梅川镇续店子村一社	2009 年 12 月	2010 年 1 月 20 日	3	11	77.43	9
10	梅川镇续江水村四社	2009 年 12 月	2010 年 9 月 4 日	5	11	37.75	7
10	梅川镇续江水村四社	2009 年 12 月	2010 年 1 月 20 日	3	11	70.57	9
11	茶埠乡沟门村四社	2009 年 12 月	2010 年 9 月 4 日	5	11	7.00	7
11	茶埠乡沟门村四社	2009 年 12 月	2010 年 1 月 20 日	3	11	92.20	9
13	文县石鸡坝乡剑子坪村	2009 年 12 月	2010 年 9 月 4 日	5	11	57.25	7
13	文县石鸡坝乡剑子坪村	2009 年 12 月	2010 年 1 月 20 日	3	11	81.80	9
15	禾驮镇禾驮村三社	2009 年 12 月	2010 年 9 月 4 日	5	11	10.25	7
15	禾驮镇禾驮村三社	2009 年 12 月	2010 年 1 月 20 日	3	11	92.63	9
17	禾驮镇立哈村一社	2009 年 12 月	2010 年 9 月 4 日	5	11	20.25	7
17	禾驮镇立哈村一社	2009 年 12 月	2010 年 1 月 20 日	3	11	86.50	9
20	六泉乡下河村	2009 年 12 月	2010 年 9 月 4 日	5	11	40.25	7
20	六泉乡下河村	2009 年 12 月	2010 年 1 月 20 日	3	11	88.27	9
24	陵川县六泉乡黄松背村	2009 年 12 月	2010 年 9 月 4 日	5	11	20.00	7
24	陵川县六泉乡黄松背村	2009 年 12 月	2010 年 1 月 20 日	3	11	75.37	9
26	平顺县龙溪镇佛堂岭村	2010 年 11 月	2010 年 12 月 23 日	3	11	79.00	9
27	平顺县东寺头乡焦底村	2010 年 11 月	2010 年 12 月 23 日	3	11	75.33	9
36	岷县梅川镇底固村	2010 年 11 月	2010 年 12 月 23 日	3	11	91.00	9

续表

编号	产地	收集时间	试验时间	初次计数 时间/d	末次计数 时间/d	发芽率 /%	发芽历期 /d
38	岷县梅川镇梅川村	2010 年 11 月	2010 年 12 月 23 日	4	11	37.00	8
41	岷县梅川镇洼世村	2010 年 11 月	2010 年 12 月 23 日	5	11	11.33	7
43	临洮县玉井镇陈家嘴村 上街	2010 年 11 月	2010 年 12 月 23 日	5	11	49.33	7
44	四川阿坝小金县	2010 年 11 月	2010 年 12 月 23 日	4	11	32.00	8

表 3-7-10　30 ℃恒温培养下党参种子发芽结果

编号	产地	收集时间	试验时间	初次计数 时间/d	末次计数 时间/d	发芽率 /%	发芽历期 /d
26	平顺县龙溪镇佛堂岭村	2010 年 11 月	2010 年 12 月 29 日	4	11	29.13	8
27	平顺县东寺头乡焦底村	2010 年 11 月	2010 年 12 月 29 日	4	11	25.00	8
30	陵川县古效乡锡崖沟村	2010 年 11 月	2010 年 12 月 29 日	5	11	31.00	7
32	陵川县崇文镇仕图苑社区	2010 年 11 月	2010 年 12 月 29 日	4	11	22.00	8
33	陵川县六泉乡黄松背村	2010 年 11 月	2010 年 12 月 29 日	4	11	5.33	8
34	岷县梅川镇红水村	2010 年 11 月	2010 年 12 月 29 日	4	11	2.00	8
36	岷县梅川镇底固村	2010 年 11 月	2010 年 12 月 29 日	4	11	28.00	8
38	岷县梅川镇梅川村	2010 年 11 月	2010 年 12 月 29 日	4	11	20.12	8
41	岷县梅川镇洼世村	2010 年 11 月	2010 年 12 月 29 日	4	11	3.00	8
43	临洮县玉井镇陈家嘴村 上街	2010 年 11 月	2010 年 12 月 29 日	4	11	25.00	8
44	四川阿坝小金县	2010 年 11 月	2010 年 12 月 29 日	4	11	20.13	8

就发芽率而言，在 15 ℃、20 ℃、25 ℃、30 ℃党参种子都可以发芽。但是总体来说，20 ℃时的发芽率高于其他温度，而且发芽早，发芽历期长。同种党参种子采收年限不同，其发芽率差别较大。就拿茶埠乡甫里村三社的党参种子来说，在 25 ℃下采收下来存放 1 个月后的发芽率高达 91.63%，存放 1 年后，发芽率仅为 8%。所以，贮藏年限是影响党参种子发芽率的重要因素之一。综合来看，检验过程中应采用 20 ℃。种子质量分级中的种子应选用当年采收下来的新种子。

五、 生活力测定

本部分主要考察了 TTC 法测定党参种子生活力的结果。前处理采用样品穿孔与不穿孔，TTC 浓度设 1% 和 0.5%，温度设 35 ℃ 和 40 ℃，测定上述因素对种子生活力测定的影响。

取 30 号（陵川县古效乡锡崖沟村）、34 号（岷县梅川镇红水村）2 个样品的净种子，每个样品每次试验做 3 个重复，每个重复 100 粒。每份种子在 30 ℃的恒温箱中浸泡 8 h。将 34 号种子穿孔和 30 号不穿孔以及 30 号种子穿孔和 34 号不穿孔，在 TTC 浓度为 1% 和 0.5% 的条件下，于 35 ℃的恒温箱中分别染色。8 h 后，观察其染色情况，观察时只需用镊子轻轻压一下种子胚就会挤出来。结果见表 3 - 7 - 11。将 30 号和 34 号种子穿孔后经浓度为 1% 的 TTC 染色，分别将其置于 35 ℃与 40 ℃的恒温箱中染色，每隔 1 h 观测其染色结果（表 3 - 7 - 12）。结合其染色情况和其采集当年的发芽率，现规定如下。

有生活力的包括以下情况：①全部为红色，胚顶端颜色偏深。②胚轴为淡红色，胚顶端为红色以及胚两端为红色，胚中间为淡红色。③整个胚为均一的红色。④染色浅（图 3 - 7 - 2A ~ 图 3 - 7 - 2D）。

无生活力的包括以下情况：①胚全部为白色。②只有胚顶端染色，胚轴无色（图 3 - 7 - 2E ~ 图 3 - 7 - 2F）。

表 3-7-11　党参种子生活力

试验样本	1% TTC 下的测定结果 /%	0.5% TTC 下的测定结果 /%
34 号穿孔	16.71	17.11
34 号不穿孔	5.01	3.12
30 号穿孔	95.12	85.00
30 号不穿孔	10.01	3.44

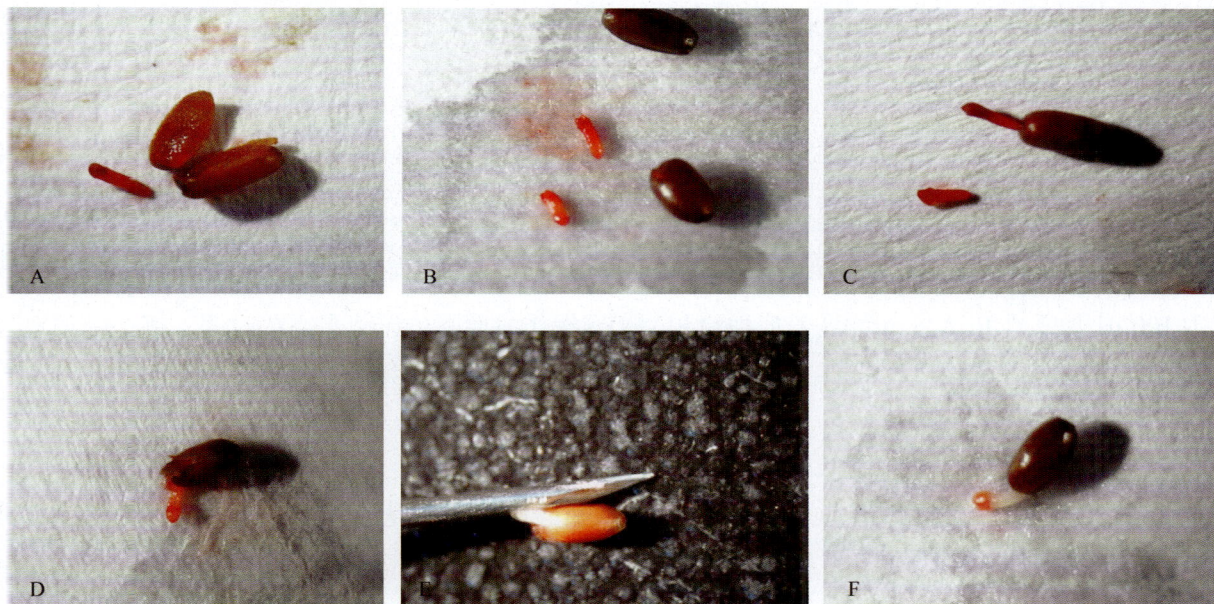

图 3-7-2　TTC 法测定党参种子生活力结果

通过表3-7-11可知，做生活力试验的党参种子穿孔后，更利于TTC液渗入，其测定结果也更接近于其发芽率。从染色情况得知，1%浓度下的种子染色颜色更深，而0.5%浓度下的种子染色颜色浅，不利于计算结果。通过上述分析，在生活力测定试验中应采取种子穿孔，且TTC浓度为1%的方法。

表3-7-12 党参种子TTC染色法测得生活力

试验样本	1 h后	2 h后	3 h后	4 h后
30号（35 ℃）	大部分染色很浅，难以判断	大部分染色很浅，难以判断	58%	95%
30号（40 ℃）	大部分染色很浅，难以判断	70%	94%	96%
34号（35 ℃）	0	染色浅	11%	17%
34号（40 ℃）	0	9%	17%	17%

通过表3-7-12并结合观察得知，在35 ℃下，在染色前3 h，虽有种子染色，但染色较浅，到第4 h染色才较深，利于观察，得出结果。而当种子在40 ℃下，在第3 h，其染色已经很深，利于得出生活力结果。所以，做生活力测定染色时应选择在40 ℃下染色3 h。

综上分析，所采取的生活力测定方法为种子穿孔处理，染色所需的TTC浓度为1%，染色温度为40 ℃，染色时间为3 h。

六、 种子健康度检查

通过PDA培养基法对种子进行内部、外部带菌检测。观察菌落生长情况，进行拍照并记录。

1. 种子外部带菌检测

从一份样品中随机选取200粒种子，放入50 ml锥形瓶中，加入20 ml无菌水充分振荡，吸取悬浮液1 ml以2 000 r/min的转速离心10 min，弃去上清液800 μl，再加入800 μl无菌水悬浮，制成孢子悬浮原液。吸取100 μl悬浮原液，加入900 μl无菌水，即得稀释10倍的孢子悬浮液。吸取其中100 μl加入具PDA平板的培养皿中涂匀，相同操作条件下设无菌水空白对照，每个处理重复4次。放入25 ℃恒温箱中，于黑暗条件下培养5 d后观察菌落生长情况。

2. 种子内部带菌检测

从一份样品中随机选取50粒种子，放入5%次氯酸钠溶液中浸泡3 min，然后用无菌水冲洗4遍。取40粒种子，将种子横切，每粒种子弃去一半保留另一半，分别将种子均匀摆放在PDA平板上，每培养皿摆放10粒，4个重复。在25 ℃恒温箱中，于黑暗条件下培养5 d后观察菌落生长情况。党参种子菌落形态见图3-7-3。

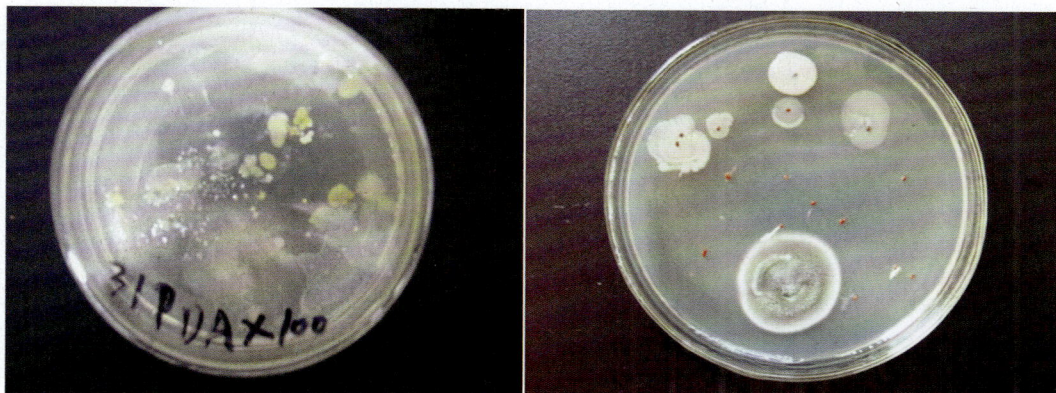

图3-7-3　党参种子菌落形态（左：外部带菌；右：内部带菌）

（本节内容由中国医学科学院药用植物研究所提供，编委：张丽萍、李先恩，资料整理人员：苏宁宁、孙鹏、王艳芳、毕红艳、赵国锋、王新文）

第八节　独　活

独活为伞形科植物重齿毛当归 *Angelica pubescens* Maxim. f. *biserrata* Shan et Yuan 的干燥根。味辛、苦，性微温，有祛风除湿、通痹止痛的功效，主治风湿痹痛、外感风寒兼湿证。主产自中国四川、湖北、陕西、浙江等地。

重齿毛当归主要为种子繁殖。耐寒、喜潮湿环境，适宜生长在海拔 1 200～2 000 m 的高寒山区，可选择处于半阴坡的土层深厚、土质疏松、富含腐殖质、排水良好的砂壤土或黑色发泡土。而土层浅、积水坡和黏性土壤均不宜种植。一般深翻 30 cm 以上，每亩施圈肥或土杂肥 3 000～4 000 kg 作基肥，肥料要捣细，撒匀，翻入土中，然后耙细整平，作成高畦，四周开好排水沟。

一、真实性检验

种子形态鉴定内容如下。

根据种子的形态特征如大小、形状、颜色、光泽、表面构造等进行逐粒观察，与标准种子样品或鉴定图片和有关资料进行对照。

重齿毛当归种子形态特征：果实为双悬果的分生果，在形态上为椭圆形或广卵圆形，一面平、一面凸，侧棱扩展成宽翅，翅宽约 1 mm；分生果长 7～8 mm，宽 4～5 mm；隆起面有明显 3 棱，每棱槽中有 1 油管。观察发现，种子成熟度不一致，瘪粒较多，由于独活种子为翅果，不易处理，杂质较多，净度为 70% 左右。分果的千粒质量为（4.38 ± 0.30）g，果皮与种子的质量比为 1∶3.97。解剖发现，独活种子胚较小，胚长约为种子长度的 1/10，

图 3-8-1　独活种子外部形态

为胚乳包围，呈 "Y" 字形，具胚根、下胚轴和子叶，形态完整。独活种子外部形态见图 3-8-1。

二、含水量测定

在含水量测定中，按规定程序把种子样品烘干，用所失去的重量占供检样品原始重量的百分率表示含水量。按 GB/T 3543.6—1995 执行。采用高恒温烘干法测定，方法与步骤具体如下。

打开恒温烘箱使之预热至 130 ℃。烘干干净铝盒，迅速称重，记录。迅速称量需检测的样品，每样品 3 个重复。称后置于已标记好的铝盒内，一并放入干燥器；烘箱达到规定温度时，把铝盖放在铝盒基部，打开烘箱，快速放入箱内上层。保证铝盒水平分布，迅速关闭烘箱门；待烘箱温度回升至 130 ℃时开始计时；1 h 后取出，迅速放入干燥器中冷却至室温，30～40 min 后称重。根据烘后失去的重量占供检样品原始重量的百分率计算种子水分百分率。结果见表 3-8-1。

表 3-8-1　独活种子水分测定结果

编号	含水量/%	编号	含水量/%	编号	含水量/%	编号	含水量/%
1	6.42	10	7.02	19	6.78	28	7.21
2	7.57	11	6.80	20	6.94	29	6.90
3	7.12	12	6.52	21	6.45	30	6.61
4	6.44	13	7.10	22	6.55	31	6.38
5	6.71	14	6.93	23	6.93	32	6.73
6	6.43	15	7.12	24	7.50	33	6.50
7	6.51	16	6.85	25	6.50	34	6.54
8	6.92	17	7.46	26	6.39		
9	6.73	18	6.62	27	6.78		

三、 重量测定

采用千粒法测定，用手或数粒仪从试验样品中随机数取 3 个重复，每个重复 1 000 粒，各重复称重（g），小数位数与 GB/T 3543.3—1995 的规定相同。2 份的差数与平均数之比不应超过 5%，若超过应再分析第 3 份重复，直至达到要求，取差距小的 2 份计算测定结果。结果见表 3-8-2。

表3-8-2　独活种子重量千粒法测定

编号	千粒重/g	编号	千粒重/g	编号	千粒重/g	编号	千粒重/g
1	5.147	10	3.534	19	5.316	28	3.023
2	3.430	11	3.394	20	4.117	29	3.473
3	3.537	12	3.690	21	3.358	30	3.117
4	3.477	13	3.442	22	3.935	31	2.200
5	2.950	14	3.254	23	3.869	32	4.257
6	3.200	15	3.314	24	4.143	33	3.820
7	3.923	16	3.272	25	2.221	34	2.077
8	3.073	17	3.755	26	3.373		
9	3.436	18	3.961	27	5.316		

四、 发芽试验

按 GB/T 3543.4—1995 执行。使用纸间（BP）发芽试验进行独活种子样品的发芽率测定。将样品种子浸泡于 1% 次氯酸钠溶液中消毒 15 min，以流水冲净，置于蒸馏水中吸胀 36 h。随机选取吸胀种子进行发芽试验。每份样品 2 个重复，1 个重复 100 粒种子。发芽温度为 25 ℃；12 h 光照，12 h 黑暗。每天记录发芽率，直至发芽率不再变化。结果见表 3-8-3。

表3-8-3　独活种子发芽率测定结果

编号	发芽率/%	编号	发芽率/%	编号	发芽率/%	编号	发芽率/%
1	51.5	10	56.5	19	54.0	28	78.0
2	60.5	11	57.0	20	51.0	29	50.0
3	67.0	12	57.5	21	79.0	30	70.0
4	64.5	13	54.0	22	85.0	31	78.0
5	68.0	14	54.0	23	52.0	32	82.0
6	71.5	15	55.0	24	70.0	33	68.0
7	68.0	16	52.5	25	60.0	34	74.0
8	66.0	17	70.0	26	72.0		
9	55.0	18	83.0	27	54.0		

五、 生活力测定

种子生活力是指种子发芽的潜在能力或种胚具有的生命力。随机选取在发芽率测定终止时未萌发的种子 100 粒，4 个重复，用刀片沿种子的中心线纵切为二，将其中的一半用 0.3% 的 TTC 溶液完全浸没染色，另一半在沸水中煮 5 min 以杀死种胚，再做同样的染色处理，作为对照观察。然后放在 30 ℃、黑暗条件下染色。每 1 h 取出计数 1 次，记录正常染色的种子数，直至恒定。结果见图 3-8-2。

未染色种子   正常染色种子   非正常染色种子

图 3-8-2   独活种子生活力测定结果

六、 种子健康度检查

检查种子是否携带病原菌（如真菌、细菌和病毒），以及有害动物（如线虫和昆虫）及其状况。使用 PDA 培养基进行培养检测。

（一） 种子外观检测

观察样品种子是否存在霉变、虫蛀的现象，检查样品中是否有虫卵或成虫。

（二） 种子带菌检测

（1） 种子不消毒、不去翅处理：随机选取样品种子 10 粒，4 个重复。将种子置于 PDA 培养基上，在 25 ℃ 条件下培养 5 d。对得到的菌落进行分离鉴定，并计数。从而计算种子外部带菌率。

（2） 种子 5 min 5% 次氯酸钠消毒加去翅处理：随机选取样品种子 10 粒，4 个重复。用 5% 的次氯酸钠溶液浸泡消毒 5 min，去除独活种子的果翅。将消毒处理后的种子置于 PDA 培养基上，在 25 ℃ 条件下培养 5 d。对得到的菌落进行分离鉴定，并计数。

（3）去翅种子 3 min 3%次氯酸钠处理（去翅之前采用 5 min 5%次氯酸钠处理）：将去掉果翅后的种子浸泡于 3%的次氯酸钠溶液中浸泡消毒 3 min，用清水洗净。将消毒处理后的种子置于 PDA 培养基上，在 25 ℃条件下培养 5 d。对得到的菌落进行分离鉴定，并计数。从而计算种子内部带菌率。

（三）纯化、鉴定

将观察到的真菌分别接到新的培养基上进行分离纯化，3~5 d 后取纯化菌丝进行鉴定。

PDA 培养基 25 ℃培养 5 d。结果表明（表 3-8-4、表 3-8-5、图 3-8-3），参试的独活种子均含病菌，容易携带青霉 *Penicillium* spp.、曲霉 *Aspergillus* spp.、镰刀菌 *Fusarium* spp.、链格孢菌 *Alternaria* spp. 等病原菌。不去翅种子带菌率为 100%，种子去翅后消毒能显著降低带菌率，且独活种子内、外部带菌量基本相当。种子健康度检查可分别采用 5%、3%次氯酸钠消毒处理进行外部检查和内部检查。

表 3-8-4　PDA 检测分离到的重要真菌类群的分离率

| | 带菌率/% | PDA 检测分离到的重要真菌类群的分离率/% | | | | | |
		青霉	曲霉	镰刀菌	链格孢菌	根霉	其他
A	100	—	—	—	—	—	—
B	100	60.0	40.0	60.0	70.0		40.0
C	15.0	—	60.0	70.0	70.0		

注："A"表示未消毒处理的种子，"B"表示用 5%次氯酸钠消毒处理的种子，"C"表示用 3%次氯酸钠消毒处理的去翅种子，"—"表示未检测到真菌或无法分离。

表 3-8-5　独活种子带菌率

	带菌率/%	镰刀菌/%	链格孢菌/%	青霉/%	曲霉/%	其他/%
种子外部	65.0	12.5	17.5	—	2.5	17.5
种子内部	50.0	5.0	12.5	2.5	—	15.0

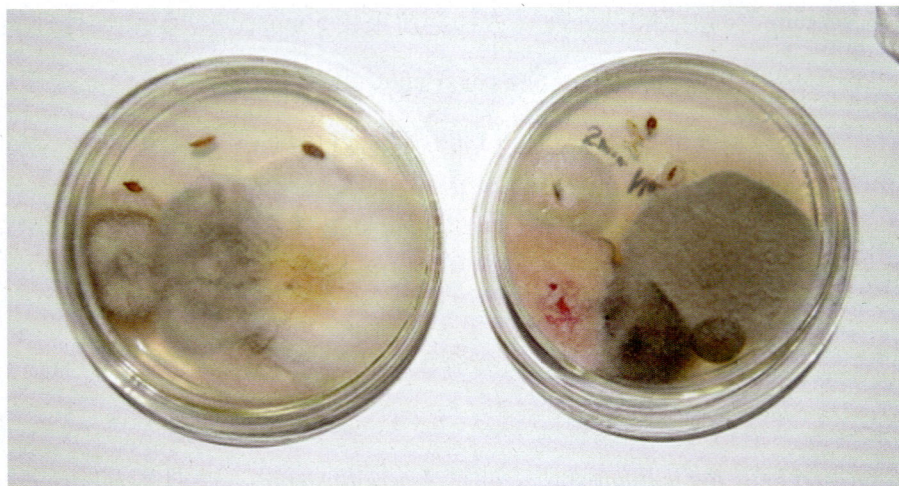

图 3-8-3　PDA 培养基上独活种子带菌情况

（本节内容由中国中药有限公司提供，编委：王继永）

第九节　瓜　蒌

瓜蒌为葫芦科植物栝楼 *Trichosanthes kirilowii* Maxim. 或双边栝楼 *Trichosanthes rosthornii* Harms 的干燥成熟果实。有润肺祛痰、滑肠散结作用。分布于江西、湖北、湖南、广东、广西、贵州、四川、云南等地。

栝楼 *T. kirilowii* Maxim. 生产上北方 4 月下旬、南方 2～3 月播种，播种前将种子用温水浸泡 1 d，用湿沙混匀，放 25～30 ℃温度下催芽，也可不催芽直接播种，点播，行株距 1.7～2 m，挖穴宽 50 cm，深约 30 cm，施足基肥，与土混匀，每穴播种 5～7 粒，覆土 3～6 cm，播后浇水并经常保持穴内湿润，15～20 d 出苗。

一、真实性检验

种子形态鉴定内容如下。

根据种子的形态特征如大小、形状、颜色、光泽、表面构造等，必要时可借助放大镜等进行逐粒观察，与标准种子样品或鉴定图片和有关资料进行对照。

栝楼种子形态特征：种子扁椭圆形，长 11.1~15.4 mm，宽 7.1~10.4 mm，厚 3.3~4.5 mm。表面暗棕色或棕灰色，种脐端稍窄、微凹，另一端钝圆，表面平滑，沿边缘有一圈棱线，两侧稍不对称，种脊生于较突出一侧。双边栝楼种子比栝楼种子大，沟纹明显而环边较宽，但不隆起。栝楼种子外部形态见图 3-9-1。

1 cm

图 3-9-1 栝楼种子外部形态

二、含水量测定

（一）低恒温烘干法

试验所用栝楼种子均为在栝楼主产区搜集的当年新种子。编号如下：山东蒙阴（LC、TX、CL）、费县（XZ）、沂水（DT）。先将样品盒预先烘干、冷却、称重，并记下盒号，取得试样 2 份（按 GB/T 3543.6—1995 上要求的磨碎细度进行磨碎），每份 4.5~5.0 g，将试样放入预先烘干和称重过的样品盒内，再称重（精确至 0.001 g）。使烘箱通电预热至 110~115 ℃，将样品摊平放入烘箱内的上层，样品盒距温度计的水银球约 2.5 cm，迅速关闭烘箱门，使箱温在 5~10 min 内回升至（103±2）℃时开始计算时间，烘 8 h，用坩埚钳或戴上手套盖好盒盖（在箱内加盖），取出后放入干燥器内冷却至室温，约 30 min 后称重。

（二）高恒温烘干法

首先将烘箱预热至 140~145 ℃，打开箱门 5~10 min 后，烘箱温度须保持 130~133 ℃，样品烘干时间为 1 h。

2 种水分测定方法对同一份样品的测定结果存在较大差异，高恒温烘干法测定值高于低恒温烘干法测定值（表 3 - 9 - 1）。高恒温烘干法在开始 30 min 内失水迅速，而后较慢。低恒温烘干法虽经过 8 h 烘干，但测得含水量仍然较低。因此采用高恒温烘干法较为适宜。

表 3 - 9 - 1　栝楼种子含水量测定

样品	低恒温烘干法		高恒温烘干法	
	含水量 / %	容差 / %	含水量 / %	容差 / %
LC	0.9	0.18	2.1	0.12
TX	1.5	0.13	2.8	0.13
CL	1.1	0.07	2.7	0.10
XZ	1.9	0.15	2.8	0.09
DT	1.1	0.05	2.4	0.05

三、　重量测定

在比较百粒法、五百粒法、千粒法的基础上，确定适宜的重量测定方法。

百粒法：选取 5 份栝楼净种子，数出 100 粒，8 次重复，称重；五百粒法：数出 500 粒，2 次重复，称重；千粒法：数出 1 000 粒，2 次重复，称重。结果见表 3 - 9 - 2 ~ 表 3 - 9 - 4。

在百粒法测定结果中，栝楼种子千粒重变化较大，DT 千粒重最大，为 245.9 g，LC 千粒重最小，为 185.0 g，百粒法中各样品测定值之间的变异系数均小于 4.0，结果有效。用五百粒法和千粒法测定的 5 份栝楼种子的千粒重结果表明，5 份种子 2 个重复之间的差数与平均数之比均小于 5%，表明测定结果有效。

3 种测定方法测定同一份栝楼种子样本千粒重的结果表明，三者之间没有显著性差异，但五百粒法测定栝楼种子的千粒重过程相对简单，所以栝楼种子重量的测定宜采用五百粒法。

表 3 - 9 - 2　百粒法测定栝楼种子千粒重

样品	千粒重 / g	标准差	变异系数
LC	185.0	0.216	1.166
DT	245.9	0.666	2.710
XZ	220.6	0.572	2.512
CL	241.6	0.869	3.598
TX	223.2	0.119	0.509

表3-9-3　五百粒法测定栝楼种子千粒重

样品	千粒重/g	两次重复差数	差数与平均数之比/%
LC	182.6	0.402	0.47
DT	245.0	5.000	4.08
XZ	218.8	2.864	2.62
CL	235.2	4.582	3.90
TX	221.8	0.586	0.53

表3-9-4　千粒法测定栝楼种子千粒重

样品	千粒重/g	两次重复差数	差数与平均数之比/%
LC	185.2	1.491	0.85
DT	237.5	5.000	2.11
XZ	216.4	6.567	3.08
CL	239.8	9.590	4.17
TX	225.9	1.944	0.86

四、发芽试验

发芽床采用滤纸床。采用40 ℃温水浸泡4~6 h，然后转入冷水浸泡24 h，25 ℃置床。初次计数天数为7 d，末次计数天数为14 d。其余部分按照GB/T 3543.4—1995执行。发芽之前的预处理采用不同水温或进行变温处理（表3-9-5），预处理之后分别以滤纸、沙床和壤土作发芽床，置于30 ℃光照培养箱，测定各处理种子发芽率，重复3次。

表3-9-5　不同发芽预处理条件

处理	预处理	发芽温度/℃
T1	开水浸泡2 min，转入冷水浸泡24 h	30
T2	40 ℃温水洗涤，冷水浸泡24 h	30
T3	40 ℃温水浸泡4 h，冷水浸泡24 h	30
T4	40 ℃温水浸泡6 h，冷水浸泡24 h	30
T5	40 ℃温水浸泡8 h，冷水浸泡24 h	30
CK	—	30

由发芽试验结果（表3-9-6）可知：在T1处理中，开水浸泡2 min，对种子损伤较大，能将种子完全杀死。壤土作发芽床，除T4外，在各处理中的发芽率均高于沙床和滤纸，沙床和滤纸床相比，互有高低，差异不显著。在T4处理中，滤纸床发芽率最高。滤纸作发芽床时，种子外表皮

易着生真菌，但对种子萌发无显著影响。而用滤纸作发芽床，操作更简便。从发芽势来看，温水浸泡的 2 个处理 T3、T4，发芽势明显高于其他处理，7 d 时发芽势已占发芽率的 80%~90%，说明发芽速度显著快于其他处理。通过比较各处理可知，温水浸泡 4~6 h，然后转入冷水浸泡 24 h 能显著提高发芽率 10%~30%。因此，采用 40 ℃温水浸泡 4~6 h，然后转入冷水浸泡 24 h，以土壤或滤纸作发芽床。

表3-9-6　不同发芽床对发芽势和发芽率的影响

处理	发芽指标	沙床	壤土	滤纸
T1	发芽势/%	0	0	0
	发芽率/%	0	0	0
T2	发芽势/%	21.1	35.6	34.4
	发芽率/%	45.6	67.8	52.2
T3	发芽势/%	60.0	80.0	65.6
	发芽率/%	70.0	86.7	67.8
T4	发芽势/%	66.7	62.2	83.3
	发芽率/%	77.8	71.1	87.8
T5	发芽势/%	1.1	5.6	3.3
	发芽率/%	1.1	7.8	3.3
CK	发芽势/%	16.7	40.0	38.9
	发芽率/%	33.3	66.7	61.1

五、生活力测定

选用栝楼种子"TX"，采用 BTB 法、红墨水法、TTC 法以及纸上荧光法分别测定栝楼种子的生活力，以探讨最佳方法。初步结果表明，BTB 法、纸上荧光法测定种子生活力不成功。红墨水法和 TTC 法可作为测定栝楼种子生活力的方法。基于此，本试验研究 TTC 法的预湿时间、染色时间和破除硬实方法对栝楼种子生活力测定的影响（表3-9-7、表3-9-8）。

表3-9-7　预湿时间和染色时间对栝楼种子生活力测定的影响

预湿时间/h	染色时间/h	生活力/%
0	1	21
	2	43
	3	84

续表

预湿时间 /h	染色时间 /h	生活力 /%
2	1	53
	2	69
	3	99
4	1	46
	2	67
	3	94
6	1	18
	2	44
	3	76
10	1	23
	2	42
	3	65

从表 3-9-7 可见，预湿时间和染色时间对生活力测定的影响较大，其中染色 3 h 可比染色 1 h 平均提高染色率 3 倍左右。室温下预湿 2 h 和 4 h，置于 1.0% TTC 溶液中，在 30 ℃恒温箱内染色速度最快，预湿时间过长反而不利于染色和生活力测定。从染色时间来看，染色 3 h 可使栝楼种子均匀着色。

表 3-9-8 破除硬实方法对栝楼种子生活力测定的影响

方法代号	方法描述	生活力 /%
T1	种子干剥：剥去外种皮，然后预湿 4 h。30 ℃染色 3 h	77
T2	种子湿剥：先将种子预湿 4 h，然后剥去外种皮。30 ℃染色 3 h	49
T3	种子纵切：先将种子预湿 4 h，然后沿纵向切开。30 ℃染色 3 h	94
T4	种子平切：先将种子预湿 4 h，然后沿种子扁平面切开。30 ℃染色 3 h	98
CK	种皮不作处理，预湿 4 h。30 ℃染色 3 h	0

从表 3-9-8 可见，破除硬实方法对栝楼种子生活力测定的影响如下：带种皮预湿后染色（CK），基本不能着色；剥去种皮预湿处理（T1）的染色效果要好于预湿后剥皮（T2）的染色效果，可能是前者预湿更充分的原因；预湿后纵切（T3）和平切（T4）染色效果相近，均好于其他处理。因此，应采用预湿后纵切或平切染色测定栝楼种子生活力。

六、 种子健康度检查

(一) 直接检查

随机取栝楼种子500粒，将样品放在白纸上，观察整齐度、色泽、虫叮、病斑等外观情况。试验所用栝楼种子均为本课题组成员在栝楼主产区搜集的当年新种子。编号如下：山东蒙阴（LC、TX、CL）、费县（XZ）、沂水（DT）。

结果表明（表3-9-9），所有产地种子都无虫叮现象，但山东蒙阴的栝楼种子病斑率、壳薄率较高；沂水产地的种子外观色泽均一率最高，病斑率、壳薄率最低，质量较好。

表3-9-9 栝楼种子直观法测定结果

编号	虫叮率/%	色泽均一率/%	病斑率/%	壳薄率/%
TX	0	95.8	4.4	2.4
LC	0	81.6	24.8	12.6
CL	0	95.2	5.2	2.8
DT	0	97.4	2.2	1.6
XZ	0	94.6	2.8	2.2

(二) 种子外部检查

（1）吸水纸法：在培养皿中放3层吸水纸，用无菌水湿润，沥去多余水分，把5粒种子播在纸上，盖好培养皿，重复10次，在20℃吸胀1 d后，在28℃培养箱培养，经过3~5 d时间培养后，检查种子外部是否存在病原菌。

（2）洗涤法：将100粒种子在无菌水中浸泡30 min，用力振荡，将洗涤液稀释100倍，分别在营养琼脂培养基和孟加拉红培养基（虎红培养基）涂皿，细菌和真菌分别在37℃、28℃培养箱培养，检测种子外表携带的细菌和真菌，并进一步鉴定特定菌。

结果表明（表3-9-10），参试的栝楼种子均含病菌，外部携带的细菌量远高于真菌，沂水产地的种子带细菌量最低，质量较好；山东蒙阴（LC、TX、CL）的栝楼种子带细菌量普遍较高。

表3-9-10　栝楼种子表面携带真菌

编号	种子外部带菌量/（个/粒）		种子内部带菌率/%	
	真菌	细菌	真菌	细菌
TX	3.8	125.7	53.5	42.8
LC	5.6	111.5	77.6	26.8
CL	3.2	137.6	35.5	44.6
DT	4.7	99.8	43.8	35.5
XZ	6.6	108.5	66.4	32.6

（三）种子内部检查

将100粒种子在1%次氯酸钠溶液中消毒30 min，在用无菌水洗涤3次后浸泡2 h，剖开后分别接种在营养琼脂培养基和孟加拉红培养基上，细菌和真菌分别在37 ℃、28 ℃培养箱培养，经过3~7 d时间培养后，检查种子内部是否存在病原菌，并进一步鉴定特定菌。

结合表3-9-10和表3-9-11数据可知，种子内部依然带菌，且真菌与细菌比例相当。果皮中真菌与细菌的带菌率最高，皆为100%；其次是种皮，平均真菌带菌率为38.0%，平均细菌带菌率为72.1%；子叶和胚芽的真菌与细菌的平均带菌率较低，不超过50%。

表3-9-11　种子内部不同部位带菌率

编号	果皮带菌率/%		种皮带菌率/%		子叶带菌率/%		胚芽带菌率/%	
	真菌	细菌	真菌	细菌	真菌	细菌	真菌	细菌
TX	100	100	32.0	78.1	28.9	41.6	37.3	55.4
LC	100	100	46.5	65.4	34.2	38.4	28.4	42.5
CL	100	100	52.4	55.8	18.8	53.2	31.4	36.8
DT	100	100	21.3	84.4	24.4	42.5	42.3	52.8
XZ	100	100	37.8	76.6	46.6	35.5	25.6	31.5
平均值	100	100	38.0	72.1	30.6	42.2	33.0	43.8

（四）纯化、鉴定

将观察到的真菌分别接到新的培养基上进行分离纯化，3~5 d后取纯化菌丝进行鉴定。

试验结果表明（表3-9-12），参试的5份种子不含致病菌，所携带一定量的真菌和细菌，如毛霉 *Mucor* spp.、曲霉 *Aspergillus* spp.、镰刀菌 *Fusarium* spp.、刺盘孢菌 *Colletotrichum* spp. 等，对种子发芽以及苗期生长基本无不良影响。综上所述，种子健康度检查可分别进行直接观察、内部检查和外部检查。

表3-9-12　种子携带真菌种类及所占比例

编号	毛霉属/%	曲霉属/%	刺盘孢属/%	镰刀菌属/%	其他/%
TX	79.5	14.5	0	0	6.0
LC	83.5	5.5	0	0	11.0
CL	55.5	23.5	0	0	21.0
DT	67.0	18.5	0	0	14.5
XZ	73.5	11.6	0	0	14.9

（本节内容由山东省农业科学院原子能农业应用研究所提供，编委：单成钢，资料整理人员：张教洪、王宪昌、马满驰、韩金龙、朱彦威）

第十节　何首乌

何首乌为蓼科植物何首乌 *Polygonum multiflorum* Thunb. 的干燥块根。以干燥块根入药，有解毒散结、润肠通便、补益精血的作用。分布于全国各地。

何首乌种子一般容易萌发，唯北方收获的种子发芽率很低，在恒温箱内发芽不如变温下好。生产上用无性繁殖，如需用种子繁殖，北方于4月上、中旬播种育苗，按10 cm行距开浅沟条播，将种子均匀撒入沟内，覆土2 cm，压紧，浇水，每亩播种量1.5～2 kg，播后约2个星期出苗。广东于2月下旬气温回升时播种，气温在20 ℃以上时10 d左右即可齐苗。

一、真实性检验

（一）种子形态鉴定

采用种子外观形态法，通过对种子形态、大小、颜色等表面特征的鉴定能够快速地检验种子的真实性。

何首乌种子形态特征：采集的种子为瘦果，倒卵状三棱形，表面黑褐色或者深黄色，全包于宿存、增大的翅状花被内，饱满，长1.6～3.0 mm，直径0.70～1.80 mm。

何首乌种子（即瘦果）形态见图3-10-1。

图 3-10-1　何首乌种子（即瘦果）形态

（二）种子大小比较

实验供试种子于2009年11月至2009年12月采自贵阳市、黔南布依族苗族自治州龙里县、黔南布依族苗族自治州惠水县、黔南布依族苗族自治州罗甸县、安顺市平坝县（现平坝区）、黔西南布依族苗族自治州兴义地区、毕节地区等野生生境，共22份。随机取22份样品中带花被的何首乌种子各0.5 g，每份各测量10枚种子的大小，取其平均值，得各地何首乌种子的大小。结果见表3-10-1。结果表明，各批次何首乌种子大小具一定差异。其中17号种子长度最小，为1.878 mm，最长为21号，长达2.931 mm，二者差异较为明显。9号宽度最小，为1.069 mm，12号最宽，为1.500 mm，二者相差较大。12号长宽比最小，为1.426，21号长宽比最大，为2.139。

表 3-10-1　何首乌种子平均长、宽及其比值

样本编号	种子		长/宽比值	样本编号	种子		长/宽比值
	长/mm	宽/mm			长/mm	宽/mm	
1	2.475	1.327	1.865	12	2.139	1.500	1.426
2	2.236	1.298	1.723	13	2.017	1.235	1.633
3	2.391	1.317	1.815	14	1.914	1.130	1.694
4	2.299	1.384	1.661	15	2.373	1.289	1.841
5	2.121	1.128	1.880	16	2.257	1.366	1.652
6	2.253	1.263	1.784	17	1.878	1.088	1.726
7	2.386	1.291	1.848	18	2.620	1.292	2.028
8	2.236	1.333	1.677	19	2.668	1.428	1.868
9	2.214	1.069	2.071	20	2.795	1.455	1.921
10	2.330	1.220	1.910	21	2.931	1.370	2.139
11	2.222	1.313	1.692	22	2.207	1.145	1.928

二、含水量测定

1996 年版《国际种子检验规程》中规定，种子水分测定方法有烘箱法，包括高恒温烘干法和低恒温烘干法。

（一）高恒温烘干法

取 5 号、6 号的净种子样本。具体方法如下：先称量瓶重量，于 105 ℃下烘干至恒重；再将样品放入预先恒重和称重过的量杯内，在 1/10 000 的天平上称取重量。然后打开瓶盖，一起放入预热至 145 ℃的烘箱内并关好箱门，保持温度（130 ± 2）℃。分别于 1 h、2 h、3 h、4 h 后取出，盖上盖子，置于干燥器内冷却后取出称重，进行含水量计算。

（二）低恒温烘干法

材料、仪器设备、方法步骤与高恒温烘干法基本一致，不同的是不设时间处理重复，将磨碎后的种子放在（103 ± 2）℃烘箱内烘（17 ± 1）h。采用 SPSS 软件对数据进行方差分析。

种子水分计算公式如下。

种子水分 =［（烘干前试样重 − 烘干后试样重）/烘干前试样重］× 100%

何首乌种子在磨碎后烘干 2 h 后测定的种子水分含量基本保持稳定。随着时间的增加，水分含量值不再有大的变化。4 h 内测得的 2 个不同种子样本的水分含量值在 $P < 0.05$ 时没有显著性差异，推荐高恒温烘干法烘干时间为 2 h。测定的具体结果如下：22 份何首乌种子样本的含水量集中在 11% ~ 13%，总的来看，种子含水量差异较小，最小含水量为 8.42%，种子来自贵州贵阳市孟关乡老榜河，最大含水量为 11.94%，种子来自云南昆明市龙泉山。结果见表 3 - 10 - 2。

表 3-10-2　不同产地何首乌种子的含水量

样本编号	含水量 /%	样本编号	含水量 /%
1	8.88	12	10.93
2	8.65	13	9.86
3	9.10	14	9.90
4	8.98	15	8.42
5	10.52	16	8.58
6	—	17	11.06
7	11.24	18	9.80
8	9.04	19	10.52
9	8.55	20	10.84
10	11.78	21	11.94
11	10.13	22	9.55

注："—"为样本不足，未测得。

三、 重量测定

随机抽取 5 个样地的种子，采取百粒法、五百粒法、千粒法来测定何首乌种子重量，每个样地重复 5 次。

（一）百粒法

取 1 号（贵州贵阳市花溪区黄泥哨村）、3 号（贵州黔南布依族苗族自治州龙里县湾寨乡）产地的净种子样本，混合均匀，从中随机取试样 3 个重复，每个重复 100 粒。将 3 个重复分别称重（g），结果精确到 0.000 1 g，计算 3 个重复的标准差、平均重量及变异系数。

（二）五百粒法

同百粒法操作。

（三）千粒法

将净种子混合均匀，从中随机取试样 3 个重复，每个重复 500 粒，分别称重（g），结果精确到 0.000 1 g，计算 3 个重复的标准差、平均重量及变异系数。

结果见表 3-10-3。百粒法和五百粒法测定何首乌种子重量的测得值在 $P < 0.05$ 时有显著性差异，变异系数较大，大于 0.2，而千粒重变异系数小于 0.2，差异比百粒重、五百粒重小。此外，考虑到何首乌种子很小，如百粒何首乌种子重量平均在 0.147 8 g，五百粒种子重量平均在 0.743 5 g，百粒重与五百粒重均小于 1.0 g，对于天平称量精度要求较高，而千粒重大于 1.0 g，为了方便基层的检验操作和减少误差，建议采用千粒法作为何首乌种子重量的测定方法。

表 3-10-3　不同方法下何首乌种子重量测定

样本编号	百粒重平均值/g	五百粒重平均值/g	千粒重平均值/g
1	0.108 8	0.522 8	1.258 1
2	0.119 5	0.600 2	1.415 2
14	0.195 3	0.993 0	1.502 4
15	0.147 8	0.757 6	1.265 2
20	0.167 7	0.844 0	1.694 1
平均值	0.147 8	0.743 5	1.426 8
标准差	0.031 5	0.168 4	0.181 6
变异系数	0.213 3	0.226 5	0.127 2

四、 发芽试验

何首乌种子预实验结果表明，其在常温下保持湿度即可发芽，故可以不经过打破休眠处理。本试验考察了不同的发芽温度、发芽天数、对去果皮和未去果皮的筛选、采集时间对种子发芽率的影响。

（一） 发芽温度

用同一批 9 号种子（黔南布依族苗族自治州龙里县谷脚镇）进行发芽最适温度筛选，步骤如下：①从经过净度处理的何首乌种子中采用四分法取 100 粒种子，浸泡 12 ~ 24 h 后，冲洗，将冲洗后的种子置于铺垫纱布的培养皿发芽床上，每盘 20 粒，1 次重复，分别置于 10 ℃、15 ℃、20 ℃、25 ℃、30 ℃ 条件下，无光照下培养；②每日查看并记录何首乌发芽情况，保持培养皿内水分充足，随时挑去腐烂种子；③从培养开始的第 4 d 至第 14 d 记录何首乌种子发芽数，并计算发芽率和发芽指数。发芽率与发芽指数，公式如下。

$$发芽率（GR） = 已发芽种子数/试验粒数 \times 100\%$$

$$发芽指数（GI） = \sum （G_t/D_t）$$

式中，D_t 为发芽日数，G_t 为与 D_t 相对应的每天发芽种子数。

由表 3 - 10 - 4 可知，何首乌种子在 10 ℃ 时发芽率极低，活性受到抑制。在 20 ℃、25 ℃ 时发芽率没有显著性差别，均可达到 80%。而在 30 ℃ 时，何首乌种子发芽率则降低为 70%，且种子霉变数增加。本实验取 20 ~ 25 ℃ 中间值，采用 22 ℃ 作为何首乌种子发芽最适温度。

表 3-10-4　不同温度下何首乌种子始发芽所用天数、 发芽率、 发芽指数

温度 / ℃	始发芽所用天数 / d	发芽率 / %	发芽指数
10	6	9.50	1.28
15	6	56.00	12.12
20	4	80.00	22.25
25	4	80.00	19.78
30	4	70.00	19.40

（二） 发芽天数

从经过净度处理的何首乌种子中采用四分法取 100 粒种子，在室温下用自来水浸泡 12 ~ 24 h

后，种子基本吸胀，放于 22 ℃ 恒温培养，并每日喷洒清水保湿。每日观察并统计何首乌发芽情况，统计 15 d。每批重复 1 次。

由图 3-10-2 和图 3-10-3 可知，何首乌种子约 4 d 后开始有胚根露出种皮，在水分充足的情况下，胚根长势加快，8～12 d 后子叶突破种皮展开，萌发过程基本完成。统计所有批次何首乌种子发芽率与发芽天数的关系，可以看出何首乌种子主要集中在第 5 d 到第 12 d 发芽，14 d 后发芽趋于平缓。因此，可以从培养开始的第 5 d 至第 14 d 记录何首乌种子发芽数，并计算发芽率。

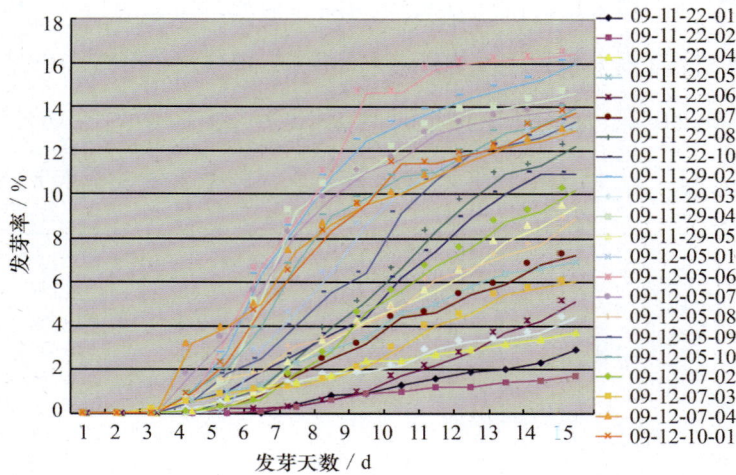

图 3-10-2　何首乌种子发芽率与发芽天数的关系（22 ℃）

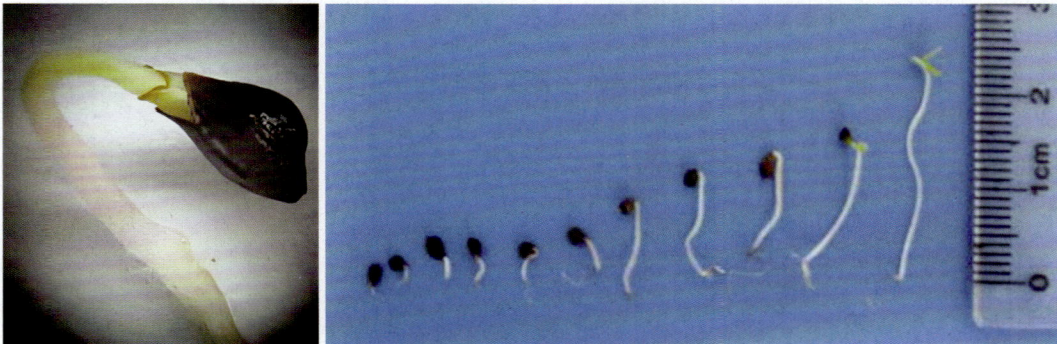

图 3-10-3　何首乌种子的萌芽长势

（三）对去果皮和未去果皮的筛选

用 3 号（贵州黔南布依族苗族自治州龙里县湾寨乡）与 12 号［贵州安顺市平坝县（现平坝区）谭家庄］的样品做去果皮和保留果皮对何首乌发芽率的影响实验。结果显示（表 3-10-5），3 号样品去果皮的种子比未去果皮的发芽率低，而 12 号样品则相反。2 批种子在本实验中出现一定程度的波动，规律性不强。因此可考虑去果皮与未去果皮对发芽率影响不是很大。这可以在生产上大大降低工作量，直接把包裹种子的何首乌果实用于发芽即可。

表 3-10-5　去果皮和未去果皮发芽比较

样本编号	未去果皮发芽率 / %	去果皮发芽率 / %
3	54.4	18.5
12	10.5	47.0

（四）种子采集时间

本实验考查了何首乌不同采集时间所获种子的发芽情况，结果见图 3-10-4。结果显示，种子发芽率与种子采集时间有较大相关性。在所有样品中以 12 月 10 日在毕节地区采集的 19 号种子样品发芽率最高，为 68.50%，而该样品采集时间为 12 月中旬，故何首乌种子以 12 月上旬至 12 月中旬为最佳采收期。11 月下旬采集的种子发芽率不高，有可能是种子未成熟的缘故。

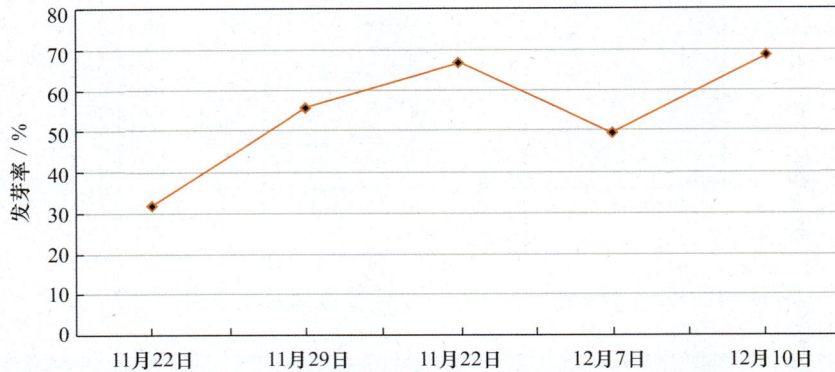

图 3-10-4　何首乌种子发芽率与种子采集时间的关系

（五）幼苗鉴定标准

正常幼苗：幼苗具有 2 片完整黄绿色子叶、乳白色圆整胚轴和淡黄色胚根，无腐烂和干枯现象（图 3-10-5）。

图 3-10-5　何首乌正常幼苗

不正常幼苗：①带有轻微缺陷的幼苗，幼苗叶有部分枯死或者泛黄，有少许斑点或者胚轴上有划痕，根断裂；②畸形幼苗，幼苗较细小，胚轴不圆整或者开裂，子叶缺失等；③腐烂幼苗，种子带有某些霉菌，可引起幼苗腐烂，甚至不能正常生长（图3-10-6）。

图3-10-6 何首乌不正常幼苗

五、 生活力测定

由于何首乌种子小而具有坚硬的种皮，在自然情况下，难于透水透气，人为也较难破碎种皮，若采用机械破皮，则缺失表皮面积大小不一致，使得细胞内营养物质非正常泄漏不一样以致试验结果不可靠，所以 BTB 法、红墨水法、TTC 法和纸上荧光法都不适合何首乌种子的生活力测定。本试验尝试用电导率测定何首乌种子的生活力。

取不同地区的何首乌种子 0.5 g，用蒸馏水和重蒸馏水各冲洗 2 遍，放入 100 ml 的三角瓶中，加入 50 ml 蒸馏水，用电导仪测定初始电导值 a_1。将种子浸泡 12～24 h，测定浸泡液电导值 a_2。将浸泡液连同种子在沸水中煮 30 min，冷却至室温，测定其电导值 a_3。相对电导值的计算公式如下。

$$相对电导率 = （a_2 - a_1）/（a_3 - a_1）\times 100\%$$

22 份何首乌种子材料的相对电导率在 17.41%～41.22%。其中，贵阳市高坡乡何首乌种子的相对电导率最高，为 41.22%（表 3-10-6）。数据表明，电导率法可以对不同生活力的种子进行较好的区分。且整体相对电导率偏低，也证明比方法对种子无较大破坏性，适合测定何首乌种子生活力。

表3-10-6　不同产地何首乌种子的相对电导率

样本编号	相对电导率/%	样本编号	相对电导率/%
1	18.26	12	19.74
2	41.22	13	30.31
3	25.47	14	25.76
4	22.35	15	21.08
5	18.60	16	33.15
6	29.43	17	40.30
7	17.41	18	18.52
8	16.07	19	33.28
9	33.15	20	17.66
10	26.40	21	25.40
11	41.18	22	17.79

六、 种子健康度检查

(一) 培养基选择

取10个样地的净种子样本，编号为1~10号。从每份样本中随机选取5粒种子，加到PDA平板或沙氏培养基上，涂匀，每个处理2次重复。相同操作条件下设无菌水空白对照。23 ℃、黑暗条件下培养5~7 d后观察菌落形态和颜色，结果见表3-10-7、表3-10-8、图3-10-7、图3-10-8。分离频率和带菌率的计算公式如下。

分离频率（%）=（某一分离物出现数/分离物出现总数）×100%

带菌率（%）=（带菌种子总数/检测种子总数）×100%

表3-10-7　沙氏培养基检测何首乌种子染菌情况

样本编号	检测种子总数/粒	带菌种子总数/粒	带菌率/%	平均带菌率/%
1	10	2	20	
2	10	0	0	
3	10	0	0	
4	10	0	0	
5	10	3	30	15
6	10	4	40	
7	10	1	10	
8	10	2	20	
9	10	3	30	
10	10	0	0	

表3-10-8　PDA培养基检测何首乌种子染菌情况

样本编号	检测种子总数/粒	带菌种子总数/粒			平均带菌数	平均带菌率/%
		第1次	重复1次	重复2次		
1	10	2	3	1	2.0	
2	10	2	1	2	1.7	
3	10	3	4	2	3.0	
4	10	3	2	3	2.7	
5	10	2	1	2	1.7	
6	10	1	3	2	2.0	22.0
7	10	2	2	4	2.7	
8	10	1	1	2	1.3	
9	10	3	2	3	2.7	
10	10	3	1	3	2.3	
平均值	10				2.2	

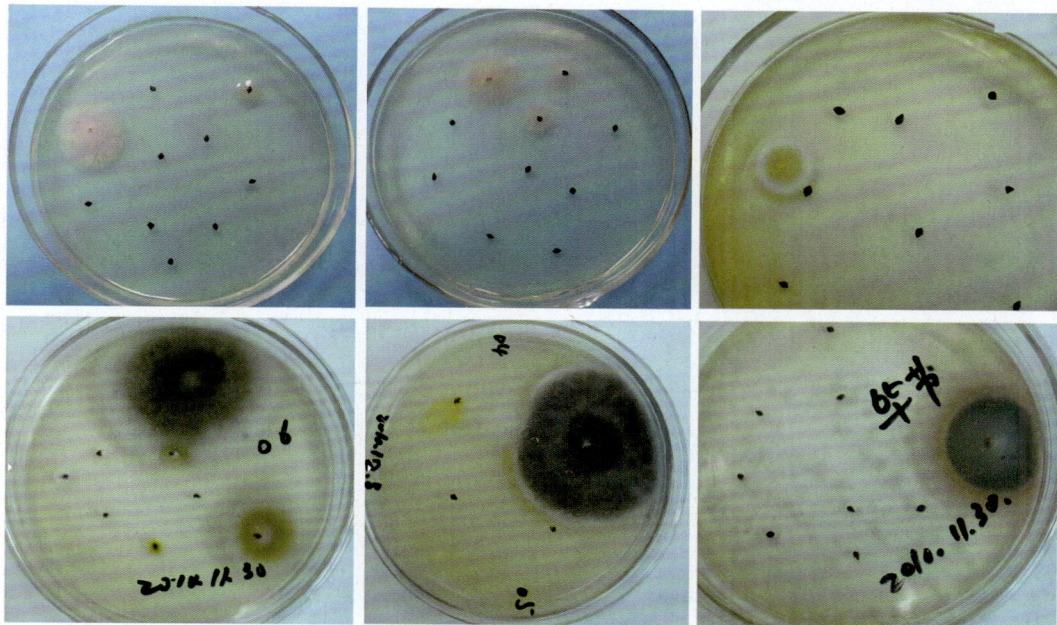

图3-10-7　何首乌种子在培养基上的菌落形态

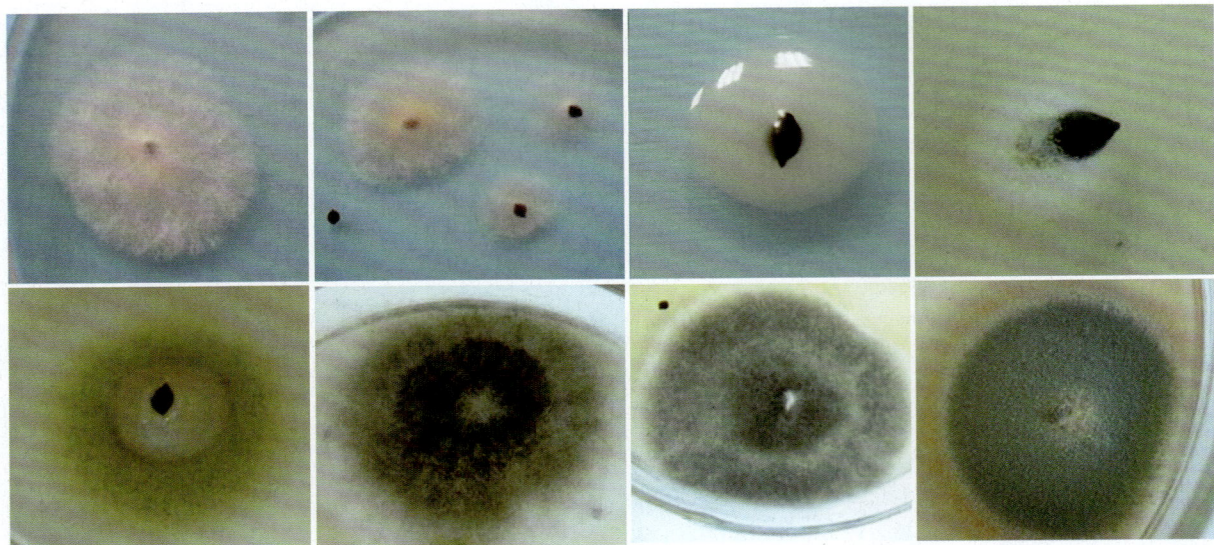

图 3-10-8　何首乌种子携带的菌落种类

通过不同的培养基培养发现，在 PDA 培养基上何首乌种子的带菌情况较好（表 3-10-8），其菌落形态容易分辨，故本实验采用 PDA 培养基培养。

（二）菌的鉴定

将分离到的真菌分别进行纯化、镜检和转管保存。从孢子、菌隔形态鉴定种类。对 10 批何首乌种子样品进行微生物检验试验，结果：样品染菌比例为 10%~60%，10 批种子中平均带菌率为 24.6%。从不同产地的种子样品来看，何首乌种子外部携带的优势真菌群是曲霉属 *Aspergillus* spp.、青霉属 *Penicillium* spp.、链格孢属 *Alternaria* spp.、疫霉属 *Phytophthora* spp.、犁头霉属 *Absidia* spp. 真菌，这 5 个属的真菌分离频率较高。真菌的分离纯化培养及显微鉴定见图 3-10-9。

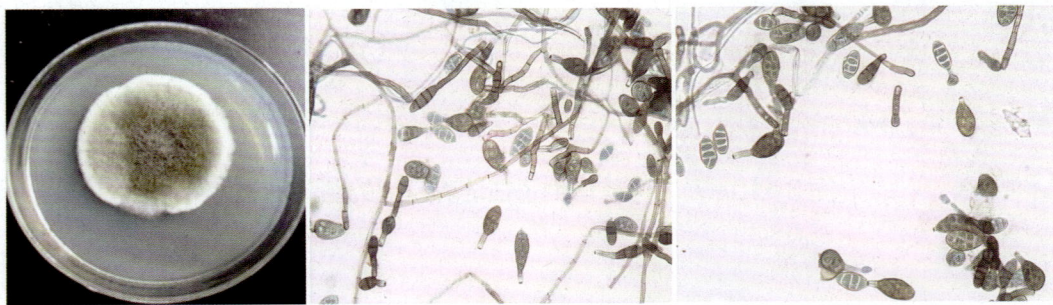

链格孢 *Alternaria* spp.

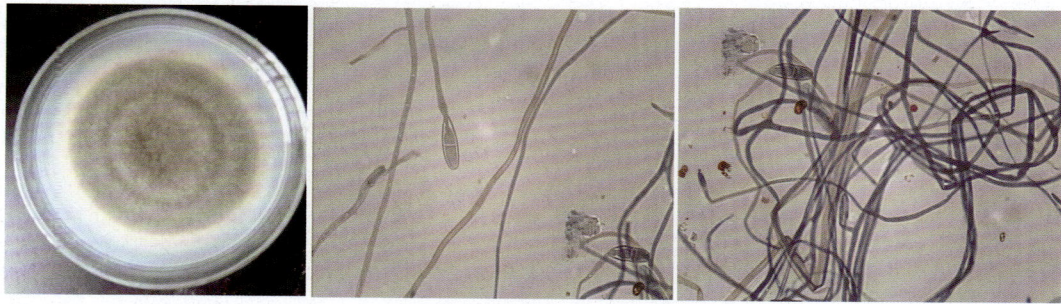

疫霉 *Phytophthora* spp.

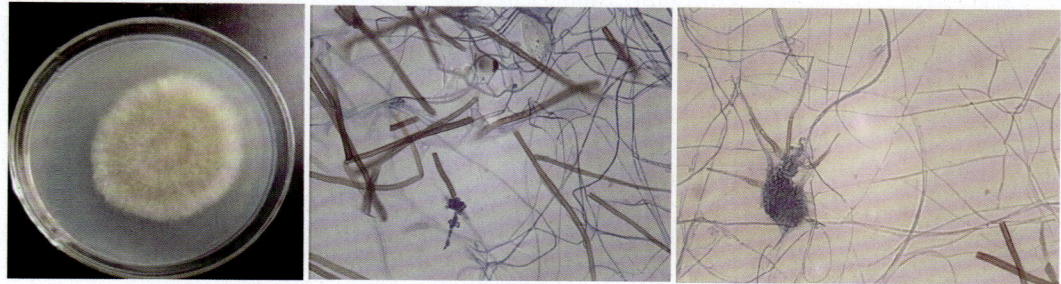

犁头霉 *Absidia* spp.

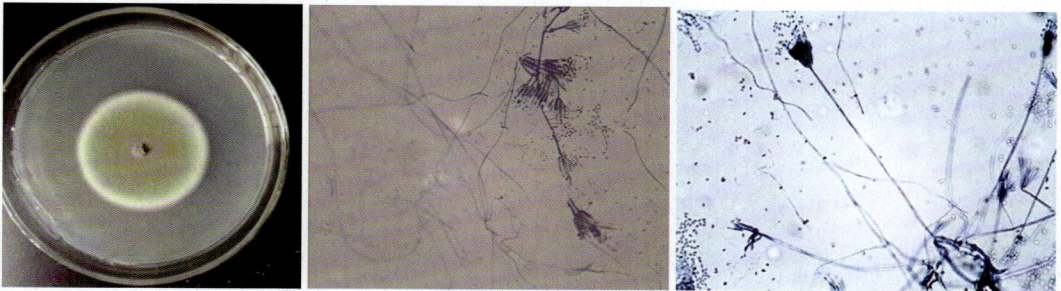

青霉 *Penicillium* spp.

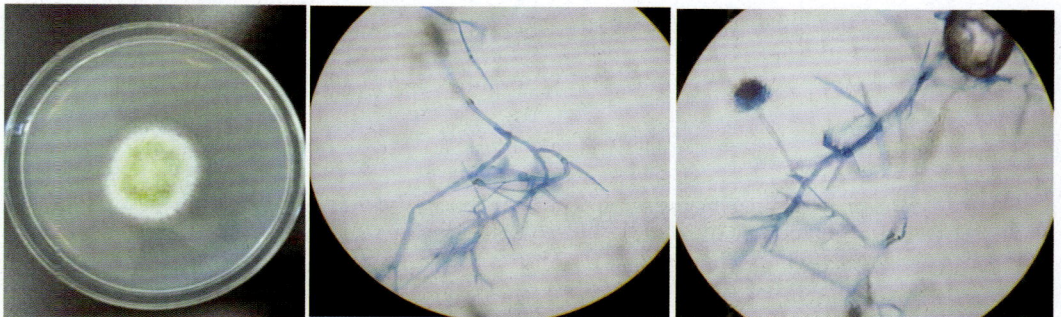

曲霉 *Aspergillus* spp.

图3-10-9　何首乌种子的染菌种类鉴定

（本节内容由中国中医科学院中药研究所提供，编委：周涛、江维克）

第十一节　沙苑子

　　沙苑子为豆科植物扁茎黄芪 *Astragalus complanatus* R. Br. 的干燥成熟种子。有益肾固精、补肝明目作用。分布于吉林、辽宁、河北、山西、内蒙古、陕西、甘肃、宁夏等省区。

　　沙苑子种子容易萌发，在 15～30 ℃温度范围内均发芽良好，生产上可秋播或春播，秋播 8 月，春播 4～5 月，条播，按行距 30 cm 开 2 cm 深浅沟，将种子匀撒沟内，覆土 0.5～1 cm，每亩播种量 1～1.5 kg，四川按行窝距各约 25 cm 点播，种子先用温水浸泡 1 d，播时先施人畜粪水，每窝播种 10 粒左右，盖火灰至不见种子为止。

一、真实性检验

　　种子形态鉴定内容如下。

　　根据种子的形态特征如大小、形状、颜色、光泽、表面构造等，必要时可借助放大镜等进行逐粒观察，与标准种子样品或鉴定图片和有关资料进行对照。

　　沙苑子种子形态特征：略呈圆肾形而稍扁，长 2.0～2.5 mm，宽 1.5～2.0 mm，厚约 1.0 mm，表面光滑，绿褐色，久贮呈黑褐色，色暗、无光泽，边缘一侧凹入处具明显的种脐，质坚硬。味淡，嚼之有豆腥味。沙苑子种子外部形态见图 3-11-1。

图 3-11-1　沙苑子种子外部形态

二、含水量测定

按 GB／T 3543. 6—1995 中恒温烘干法程序操作，因沙苑子种子中含有脂肪油，不能磨成细粉，故磨成粗粉，在相对湿度70%以下的室内进行。首先将样品铝盒预先烘干（130 ℃，1 h），并放入干燥器中冷却2 h 以上，称重。称取每批次沙苑子种子3 组，每组2 份，每份5 g 左右，放入已经烘干至恒重的称量瓶内，在电子天平上称重（精确至0. 001 g），使恒温烘箱通电预热至110～115 ℃，将铝盒放入烘箱内的上层，打开盒盖，迅速关闭烘箱门，使箱温在5～10 min 内回升至（103 ±2）℃时开始计算时间，烘8 h，到时间后戴上手套在箱内加盖，盖好盒盖，取出后放入干燥器内冷却至室温，约30 min 后精密称定，计算（103 ±2）℃加热8 h 种子水分百分率，同法分别采用（150 ±2）℃加热1 h、（130 ±2）℃加热3 h 计算种子水分百分率，结果见表3 – 11 – 1。

结果表明，（103 ±2）℃加热8 h 与（150 ±2）℃加热1 h、（130 ±2）℃加热3 h 在0. 05 水平上有显著性差异，而（150 ±2）℃加热1 h 与（130 ±2）℃加热3 h 之间没有显著性差异。（103 ±2）℃加热8 h 为测定沙苑子种子水分方法。

表3-11-1　不同方法下沙苑子种子水分测定

样品号	产地	不同测定温度及时间的测定结果／%		
		（150 ±2）℃加热1 h	（130 ±2）℃加热3 h	（103 ±2）℃加热8 h
1	陕西大荔	9. 861	9. 867	10. 495
2	陕西大荔	10. 046	10. 044	10. 747
3	陕西大荔	10. 619	10. 615	11. 294
4	陕西大荔	9. 622	9. 625	10. 114
5	陕西大荔	9. 692	9. 695	10. 352
6	陕西大荔	10. 534	10. 530	11. 098
7	陕西大荔	10. 542	10. 544	11. 124
8	陕西大荔	9. 732	9. 729	10. 347
9	陕西大荔	10. 441	10. 439	11. 039
10	陕西大荔	9. 704	9. 716	10. 257
11	陕西大荔	10. 486	10. 488	11. 044
12	陕西大荔	10. 434	10. 428	11. 086
13	陕西大荔	10. 452	10. 456	11. 015
14	陕西大荔	9. 754	9. 762	10. 337
15	陕西大荔	10. 353	10. 347	11. 005
16	陕西大荔	10. 429	10. 433	11. 102

样品号	产地	不同测定温度及时间的测定结果 / %		
		（150±2）℃加热1 h	（130±2）℃加热3 h	（103±2）℃加热8 h
17	陕西大荔	10.383	10.379	11.120
18	陕西临潼	9.610	9.616	10.169
19	陕西临潼	10.272	10.265	10.933
20	陕西临潼	10.401	10.397	11.061
21	陕西蒲城	9.252	9.254	9.958
22	陕西蒲城	9.617	9.607	10.235
23	陕西蒲城	10.136	10.137	10.898
24	陕西蒲城	9.678	9.684	10.308
25	陕西蒲城	9.692	9.695	10.265
26	陕西潼关	9.614	9.610	10.138
27	陕西潼关	9.518	9.515	10.145
28	陕西潼关	9.677	9.683	10.255
29	陕西潼关	10.322	10.320	11.102
30	陕西潼关	9.699	9.695	10.344
31	河北张家口	9.548	9.537	10.169
32	河北张家口	9.319	9.307	9.973
33	河北张家口	9.550	9.543	10.154
34	河北张家口	9.063	9.057	9.585
35	河北张家口	9.433	9.427	10.045
36	陕西渭南	9.769	9.775	10.359
37	陕西渭南	9.640	9.642	10.256
38	陕西渭南	9.586	9.585	10.162
39	陕西渭南	10.435	10.432	11.062
40	陕西渭南	10.383	10.379	11.024

三、重量测定

参照农作物种子检测规程中列入的百粒法（国际通用方法）。

（一）百粒法

用手或数种器从试验样品中随机数取 8 个重复，每个重复 100 粒，分别称重（g），小数位数与 GB/T 3543.3—1995 的规定相同。

计算 8 个重复的平均重量、标准差及变异系数，标准差、变异系数的计算公式如下。

$$标准差(S) = \sqrt{\frac{n(\sum X^2) - (\sum X)^2}{n(n-1)}}$$

式中，X 为各重复重量（g）；n 为重复次数。

$$变异系数 = \frac{S}{\overline{X}} \times 100$$

式中，S 为标准差；$\overline{X}$ 为 100 粒种子的平均重量（g）。

种子的变异系数不超过 4.0，则可计算测定的结果。如变异系数超过上述限度，则应再测定 8 个重复，并计算 16 个重复的标准差。凡与平均数之差超过 2 倍标准差的重复略去不计。则从 8 个或 8 个以上的每个重复 100 粒的平均重量（$\overline{X}$），再换算成 1 000 粒种子的平均重量（即 $10 \times \overline{X}$）。

（二）五百粒法

用手或数种器从试验样品中随机数取 3 个重复，每个重复 500 粒，分别称重（g），小数位数与 GB/T 3543.3—1995 的规定相同。2 份的差数与平均数之比不应超过 5%，若超过应再分析第 4 份重复，直至达到要求，取差距小的 2 份计算测定结果。再换算成 1 000 粒种子的平均重量（即 $2 \times \overline{X}$）。

（三）千粒法

用手或数粒仪从试验样品中随机数取 2 个重复，大粒种子数 500 粒，中小粒种子数 1 000 粒，各重复称重（g），小数位数与 GB/T 3543.3—1995 的规定相同。2 份的差数与平均数之比不应超过 5%，若超过应再分析第 3 份重复，直至达到要求，取差距小的 2 份计算测定结果。

表 3-11-2 数据显示，3 种方法间没有差异，用 3 种方法均可。目前国际上通用百粒法，而我国常用千粒法，因沙苑子主要是我国本土栽培，故规定用千粒法测定较为适宜。

表3-11-2　不同方法下沙苑子种子重量测定

批号	产地	方法	平均值	标准差	变异系数	含水量/%	千粒重/g
1	陕西大荔	百粒法	0.239	0.001	0.471	10.425	2.379
		五百粒法	1.198	0.005	0.420		2.662
		千粒法	2.518	0.013	0.501		2.797
2	陕西大荔	百粒法	0.205	0.005	2.469	10.365	2.044
		五百粒法	0.992	0.006	0.645		2.204
		千粒法	1.878	0.010	0.524		2.087

续表

批号	产地	方法	平均值	标准差	变异系数	含水量/%	千粒重/g
3	陕西大荔	百粒法	0.228	0.001	0.417	10.445	2.273
		五百粒法	1.120	0.005	0.486		2.488
		千粒法	2.183	0.013	0.595		2.426
4	陕西大荔	百粒法	0.237	0.003	1.171	10.301	2.357
		五百粒法	1.118	0.013	1.169		2.483
		千粒法	2.229	0.014	0.624		2.477
5	陕西大荔	百粒法	0.240	0.001	0.221	10.415	2.387
		五百粒法	1.161	0.001	0.123		2.579
		千粒法	2.298	0.004	0.151		2.554
6	陕西大荔	百粒法	0.238	0.003	1.449	10.322	2.369
		五百粒法	1.133	0.018	1.588		2.518
		千粒法	2.365	0.038	1.613		2.627
7	陕西大荔	百粒法	0.224	0.000	0.188	10.517	2.228
		五百粒法	1.142	0.002	0.162		2.537
		千粒法	2.397	0.005	0.197		2.663
8	陕西临潼	百粒法	0.224	0.000	0.194	10.467	2.230
		五百粒法	1.116	0.001	0.059		2.480
		千粒法	2.210	0.001	0.036		2.456
9	陕西临潼	百粒法	0.237	0.001	0.460	10.523	2.360
		五百粒法	1.211	0.007	0.551		2.691
		千粒法	2.546	0.016	0.639		2.829
10	陕西临潼	百粒法	0.222	0.039	17.415	10.333	2.213
		五百粒法	1.338	0.005	0.363		2.974
		千粒法	2.634	0.011	0.427		2.927
11	陕西蒲城	百粒法	0.232	0.040	17.192	10.240	2.310
		五百粒法	1.329	0.003	0.195		2.953
		千粒法	2.634	0.004	0.147		2.927
12	陕西蒲城	百粒法	0.203	0.001	0.356	10.251	2.022
		五百粒法	1.034	0.004	0.423		2.298
		千粒法	2.032	0.004	0.198		2.258

四、 发芽试验

本试验考察了不同的发芽床、发芽温度和发芽光照对种子发芽率的影响。试验前将沙苑子种子用 0.3% 双氧水消毒后以水冲洗，再用 30 ℃温水浸泡 18 h。浸泡后，用 30 ℃温水冲洗，再晾干表面水分，以备置种。发芽开始后，每天详细观察并记录正常种子的发芽情况，将不正常种苗、死种子拣出并记录。试验如果发现有霉烂种子，需及时剔除，以防止其感染其他种子，直至无萌发种子出现为止。种子发芽率以最终发育成为正常幼苗的百分数计。相关统计指标的公式如下。

$$发芽率（GR）=（n/N）\times 100\%$$

式中，n 为最终达到的正常发芽粒数；N 为供试种子数。

$$发芽势（GE）=（n_4/N）\times 100\%$$

式中，n_4 为种子发芽第 4 d 的正常发芽种子数；N 为供试种子数。

相关数据采用 SPSS13 进行统计分析。

（一）发芽床

设定发芽床的温度为 20 ℃，于光照条件下在纸上（TP）、纸间（BP）、砂上（TS）及砂间（BS）4 个发芽床上进行发芽试验，每个处理 400 粒种子，设 4 次重复，试验中保持发芽床湿润。纸上（TP）：在发芽盒中铺 3 层湿润的滤纸，手工配合数种板置种；纸间（BP）：在发芽盒中铺 3 层湿润的滤纸，置种后，在种子上面再铺一层湿润滤纸；砂上（TS）：在发芽盒中铺 20 mm 厚、粒径为 0.05~0.8 mm 的湿砂（砂水比为 4∶1），然后置种；砂间（BS）：在发芽盒中铺 20 mm 厚、粒径为 0.05~0.8 mm 的湿砂（砂水比为 4∶1），置种后，再均匀铺上约 3 mm 细砂。

表 3-11-3 表明，在 20 ℃条件下进行不同发芽床试验，TP、BS、TS 各发芽床间的发芽率无显著差异，均高于 BP 组。考虑到沙苑子种子较小，BS 存在不便观察、覆盖沙苑子种子使之不易展开而影响幼苗鉴定的弊端。故认为 TP 为沙苑子种子发芽试验的最适发芽床。

表 3-11-3　发芽床对沙苑子种子发芽的影响

发芽床	第 1 次计数时间/d	末次计数时间/d	发芽率/%	$P_{0.05}$
TP	4	7	92	a
BP	4	7	88	ab
TS	4	7	91	a
BS	4	7	92	a

注：不同字母在同一列中标记的数据表示在 $P<0.05$ 水平上存在显著性差异。相同字母表示差异不显著。

（二）发芽温度

试验设定 10 ℃、15 ℃、20 ℃、25 ℃、30 ℃ 5 个温度处理。每个处理 100 粒种子，重复 4 次。处理时以 12 cm×12 cm 发芽盒为容器，TP 培养，除温度外其余条件相同情况下做发芽试验。试验中保持发芽床湿润。

表 3-11-4 表明，沙苑子种子在 15~30 ℃条件下发芽率均很高，方差分析结果表明，沙苑子种子在 15~30 ℃条件下培养的发芽率无显著差别，且其幼苗均发育良好、整齐。故认为沙苑子种子的最适发芽温度为 15~30 ℃。

表 3-11-4　温度对沙苑子种子发芽的影响

温度/℃	发芽势/%	$P_{0.05}$	发芽率/%	$P_{0.05}$
10	19	de	87	c
15	27	b	91	ab
20	31	a	93	a
25	24	c	93	a
30	21	d	92	a

注：不同字母在同一列中标记的数据表示在 $P < 0.05$ 水平上存在显著性差异。相同字母表示差异不显著。

（三）发芽光照

选择 20 ℃、纸上（TP），以光照（2 000 lx）、黑暗、自然光 3 种条件进行处理，每个处理 100 粒种子，重复 4 次。试验中保持发芽床湿润，每 2 d 记录 1 次种子发芽数。

由表 3-11-5 可知，光照与否，沙苑子种子均能有效发芽，且发芽率较高，各组在统计学上无显著差异。考虑到全光照条件下的幼苗较为矮小，而黑暗条件下的幼苗不便于鉴别其白化苗及黄化畸形苗。故认为在自然光条件下发芽最为适宜（注：本试验季节为夏季）。

表 3-11-5　光照对沙苑子种子发芽的影响

光照条件	末次计数时间/d	发芽率/%	$P_{0.05}$
光照	7	91	a
黑暗	7	89	ab
自然光	7	90	a

注：不同字母在同一列中标记的数据表示在 $P < 0.05$ 水平上存在显著性差异。相同字母表示差异不显著。

综上所述，为使沙苑子种子在最短时间内表现出最大的发芽潜力，达到整齐、迅速而完全地发芽，应在 15~30 ℃的条件下给予部分光照，在 TP 上培育。

（四）幼苗鉴定标准

在种子萌发期间，注意观察种苗发育过程，参照 1996 年版《国际种子检验规程》，对沙苑子幼苗进行评价归类。

1. 沙苑子种子发育规律描述

适宜条件下（TP、20℃、自然光）正常发芽的沙苑子种子，首先为胚根突破种皮（露白），然后下胚轴伸长，同时胚根进一步伸长，并长出白色茸状根毛。下胚轴长到约 1 cm 时子叶脱出或部分脱出种皮，下胚轴及子叶渐转为绿色。下胚轴继续伸长，子叶张开，顶端有顶芽。胚根也进一步伸长，长出白色茸毛，极个别幼苗长有次生根。子叶脱出种皮后，胚根发育不停滞的幼苗通常均能发育成正常幼苗。

2. 正常苗与不正常苗

参考《农作物种子检验规程》（GB/T 3543.1—1995 ~ GB/T 3543.7—1995）实施指南，根据沙苑子幼苗根系、茎轴、子叶等构造是否有缺陷，对其幼苗进行鉴定。

沙苑子种子的正常幼苗分为 3 类（图 3 - 11 - 2）。

（1）完整正常幼苗：具有发育良好的根系，其初生根细长，长满白色根毛，在规定试验时期为产生或不产生次生根；子叶出土型发芽，具有发育良好的茎轴，其下胚轴直立、细长并有伸长能力。子叶 2 片，绿色；初生叶 2 片，绿色，两面密生柔毛；具 1 个完整顶芽。

（2）带有轻微缺陷的正常幼苗：初生根局部损伤或生长迟缓、停滞，但有足够发育的次生根；子叶损伤（采用 50% 规则）；初生叶局部损伤（采用 50% 规则）；顶芽没有明显的损伤或腐烂。

（3）次生感染的正常幼苗：由真菌或细菌感染引起，幼苗主要构造发病和腐烂，但有证据表明病原部来自种子本身。

沙苑子种子的不正常幼苗分为 3 类（图 3 - 11 - 2）。

（1）受损伤的幼苗：初生根、胚轴、胚芽、胚芽鞘、子叶、初生叶等主要构造出现破损。

（2）畸形或不匀称的幼苗：初生根、胚轴、胚芽、胚芽鞘、子叶、初生叶等主要构造出现卷曲、短粗、水肿、白化等畸形或不匀称现象。

（3）腐烂幼苗：初生感染引起幼苗主要构造发病和腐烂，幼苗不能正常生长。

完整正常幼苗　　　　　　　　　　　　　带有轻微缺陷的正常幼苗

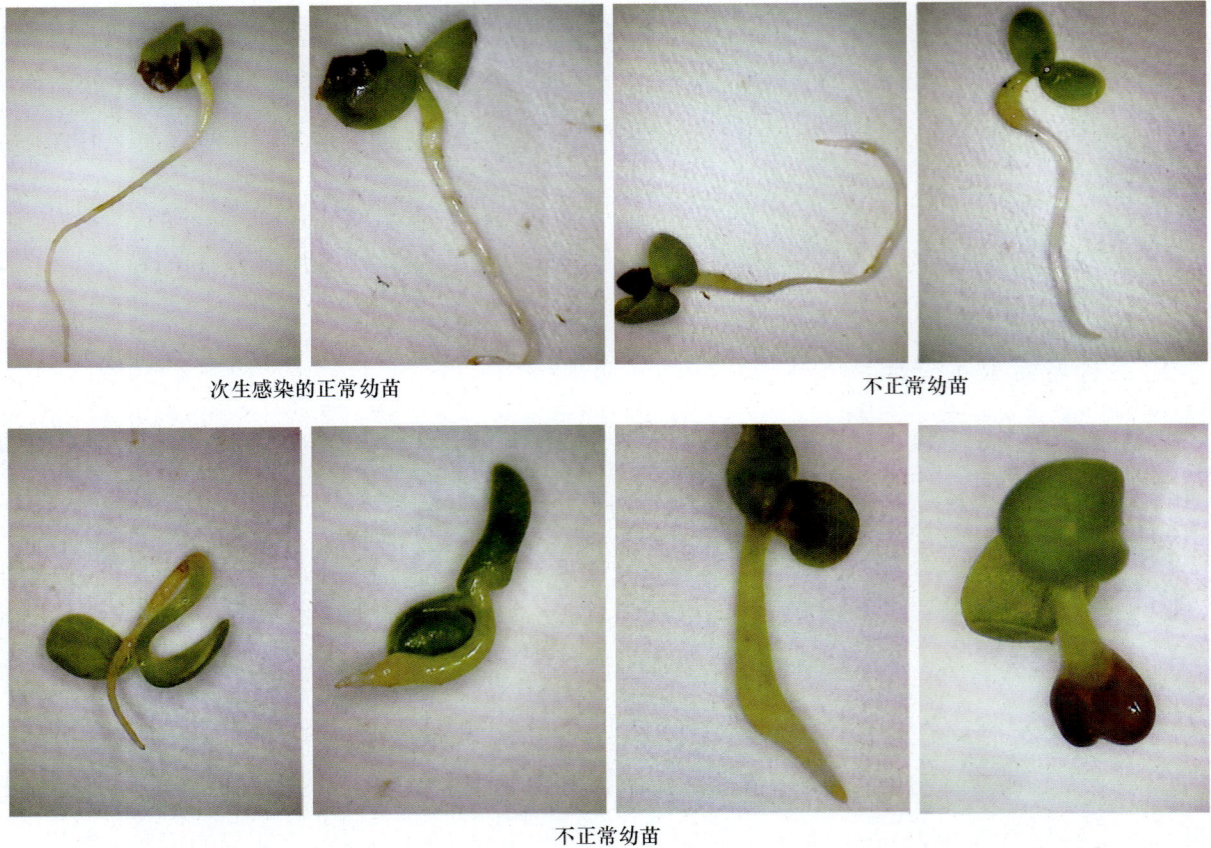

图 3-11-2 沙苑子种子的正常幼苗与不正常幼苗

五、 生活力测定

于陕西大荔、临潼、蒲城、潼关、渭南，河北张家口，内蒙古等地收集沙苑子种子 41 份。分别采用红墨水法、BTB 法和 TTC 法对种子生活力进行检验。

（一）红墨水法

取沙苑子种子 50 粒，2 次重复。将沙苑子种子置于湿润滤纸上缓慢浸润 12 h，然后将种子摊放于滤纸上干燥 12 h，轻轻剥除种皮，沿其子叶的中心线纵切，将子叶分为两半，使胚和子叶的构造完全露出。红墨水溶液浓度设 5.0%、7.5%、10.0% 此 3 个水平，种子预处理方法同 TTC 法。染色时间设为 20 min、30 min、40 min、50 min 4 个水平，红墨水以液面覆盖种子为度。将培养皿放置在恒温箱内，30 ℃、36 ℃、40 ℃恒温条件下染色。种子染色完毕后，用清水洗去浮色，根据种子着色程度及着色部位鉴定种子生活力。

（二）BTB 法

BTB 琼脂的制作：称取 0.1 g BTB 溶解于 100 ml 弱碱性水中，此时溶液应呈淡蓝色或者蓝色。如果溶液显黄色，则可以加少量稀氨水调节 pH 值。取上述溶液 100 ml 置于烧杯中，加入 3.0 g 琼脂粉末加热并不断搅拌。待琼脂溶解，溶液成均一液体后趁热倒在数个干净的培养皿中，形成一层均匀薄层，此时应盖好，防止空气中的二氧化碳引起不稳定。操作方法同红墨水法，取吸胀的种子 200 粒，均匀地埋好。种子平放以尽量接触琼脂。置于 35 ℃下培养 2~4 h，在蓝色背景下观察，种子胚附近呈现较黄色晕圈的是活种子，否则是死种子。

（三）TTC 法

取吸胀的沙苑子种子 50 粒，2 次重复。取经过处理的种子放入培养皿，加入浓度为 0.1%、0.3%、0.6% 3 个水平的 TTC 溶液，以液面覆盖种子为度，或者用纱布覆盖。将培养皿放置在恒温箱内，30 ℃、36 ℃、40 ℃恒温条件下染色。结果见表 3-11-6。

沙苑子种子生活力测定染色结果见图 3-11-3。

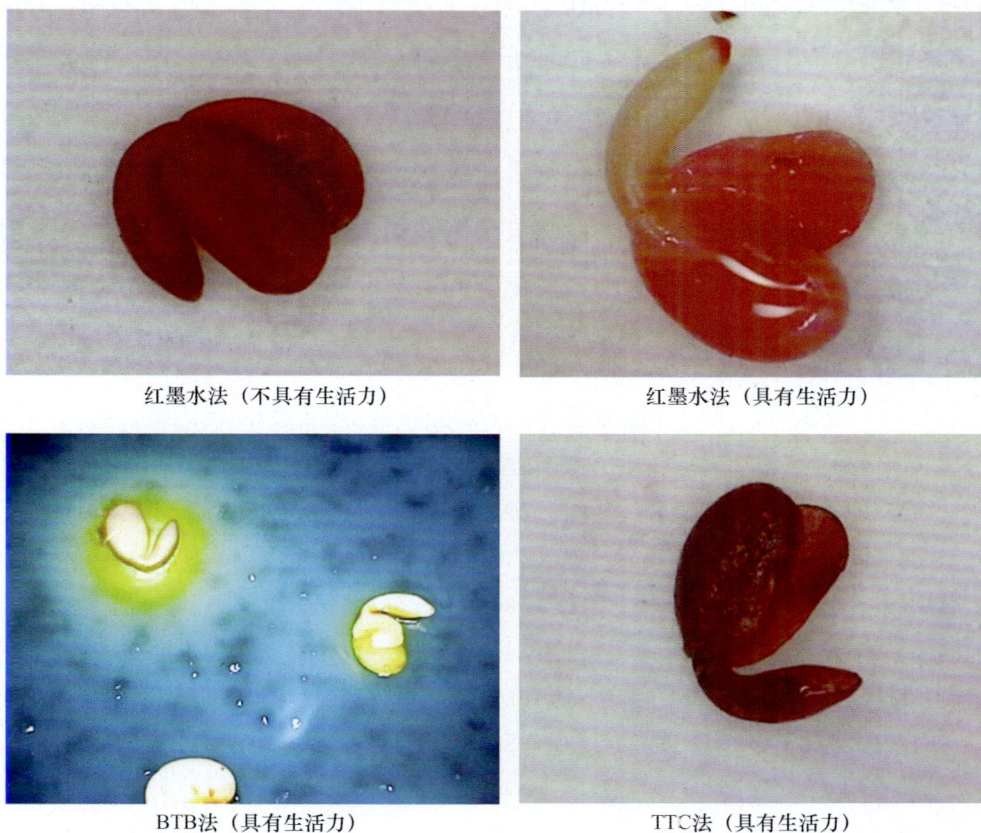

| 红墨水法（不具有生活力） | 红墨水法（具有生活力） |
| BTB 法（具有生活力） | TTC 法（具有生活力） |

图 3-11-3　沙苑子种子生活力测定染色结果

表3-11-6结果表明，在30℃时，染色时间不够，延长时间可以获得较好的观察结果。在36℃时，在0.3%四唑溶液的条件下观察就可以获得较理想的观察结果。所以TTC法测定沙苑子种子生活力，最佳条件可确定为36℃，0.3%四唑溶液，4~5h观察。

表3-11-6　不同浓度TTC下沙苑子种子生活力测定结果

染色温度/℃	TTC浓度/%	不同染色时间的测定结果/%				
		1 h	2 h	3 h	4 h	5 h
30	0.1	15	32	60	81	86
	0.3	17	65	81	86	87
	0.6	30	86	88	89	90
36	0.1	16	31	64	80	88
	0.3	25	69	83	91	93
	0.6	36	85	88	90	91
40	0.1	22	33	65	80	88
	0.3	24	66	81	89	93
	0.6	32	88	89	90	92

表3-11-7结果表明，红墨水法和BTB法测得的沙苑子种子生活力总体偏低，TTC法测得生活力数据较高，且只有TTC染色测定沙苑子种子生活力方法最为真实，与真实种子发芽率有极大的相关性。分析认为，红墨水染色法简便廉价，但检测误差较大，种子中大多有死亡细胞，即使活种子也有可能染色，区分度不高，测得的生活力数据也偏低，在实际检测过程中受检测人员主观能动性的影响较大。BTB法难于掌握，琼脂块制作过程烦琐，不适于常规检测，且检验稳定性不高，极易受到空气或是种子表面水分中二氧化碳的影响而使结果错误。综上所述，TTC法为最合适方法。

表3-11-7　不同处理方法下沙苑子种子生活力测定结果

种子样品		不同发芽方法的测定结果/%		不同染色方法的测定结果/%		
样品号	产地	纸上	砂上	红墨水法	TTC法	BTB法
1	陕西大荔	79	79	63	82	54
2	陕西大荔	82	80	66	84	56
3	陕西大荔	80	80	64	84	54
4	陕西大荔	78	89	62	93	53
5	陕西大荔	64	80	51	84	44
6	陕西大荔	74	78	59	81	50
7	陕西大荔	79	82	63	86	54
8	陕西大荔	80	80	64	84	54

续表

种子样品		不同发芽方法的测定结果 /%		不同染色方法的测定结果 /%		
样品号	产地	纸上	砂上	红墨水法	TTC 法	BTB 法
9	陕西大荔	80	79	64	82	54
10	陕西大荔	89	88	71	92	61
11	陕西大荔	80	83	64	87	54
12	陕西大荔	78	80	62	84	53
13	陕西大荔	82	78	66	81	56
14	陕西大荔	70	64	56	67	48
15	陕西大荔	67	74	54	77	46
16	陕西大荔	75	83	60	87	51
17	陕西大荔	84	80	67	84	57
18	陕西临潼	80	79	64	82	54
19	陕西临潼	76	88	61	92	52
20	陕西临潼	84	72	67	75	57
21	陕西蒲城	80	77	64	80	54
22	陕西蒲城	76	77	61	80	52
23	陕西蒲城	70	74	56	77	48
24	陕西蒲城	63	76	50	79	43
25	陕西蒲城	82	73	66	76	56
26	陕西潼关	68	83	54	87	46
27	陕西潼关	83	80	66	84	56
28	陕西潼关	70	79	56	82	48
29	陕西潼关	63	88	50	92	43
30	陕西潼关	90	72	72	75	61
31	河北张家口	83	78	66	81	56
32	河北张家口	77	73	62	76	52
33	河北张家口	77	66	62	69	52
34	河北张家口	74	64	59	67	50
35	河北张家口	76	67	61	70	52
36	陕西渭南	73	77	58	80	50
37	陕西渭南	83	77	66	80	56
38	陕西渭南	77	74	62	77	52
39	陕西渭南	77	76	62	79	52
40	陕西渭南	88	73	70	76	60

六、 种子健康度检查

采用平皿培养法，取 2~3 个产地的净种子样本进行牛肉膏培养基及 PDA 培养基的培养检测，每个处理 2 次重复；观察菌落生长情况，进行拍照并计算带菌率；将分离到的真菌分别进行纯化；应用 DNA 提取、测序、比对方法进行鉴定。

1. 种子外部带菌检测

从每份样本中随机选取 100 粒种子，放入经灭菌的培养皿中，用 75% 乙醇表面润洗一遍，倒去乙醇，用无菌水充分洗 2 次，将种子接种到牛肉膏培养基及 PDA 培养基上，每个平皿放 8 粒左右，在（25±2）℃、黑暗条件下培养，2 d 后观察菌落生长情况，进行拍照并计算带菌率，公式如下。结果见表 3-11-8、表 3-11-9 及图 3-11-4。

带菌率（%）＝带菌种子总数/检测种子总数×100%

表 3-11-8　牛肉膏培养基检测沙苑子种子外部染菌情况

样品编号	检测种子总数/粒	带菌种子总数/粒	带菌率/%
06	10	10	100
06	10	10	100
26	10	10	100
26	10	10	100

表 3-11-9　PDA 培养基检测沙苑子种子外部染菌情况

样品编号	检测种子总数/粒	带菌种子总数/粒	带菌率/%
06	9	9	100
06	9	9	100
26	9	9	100
26	9	9	100

平皿培养法可以有效检测到不同真菌类群（图 3-11-4）。无论是在牛肉膏培养基还是 PDA 培养基上，种子外部带菌率均为 100%，说明两种培养基对结果没有影响，故根据实际情况，选择更方便、易得的一种培养基即可。

2. 种子内部带菌检测

从每份样本中随机选取 100 粒种子，放入经灭菌的培养皿中，用 75% 乙醇表面消毒 5 min，倒

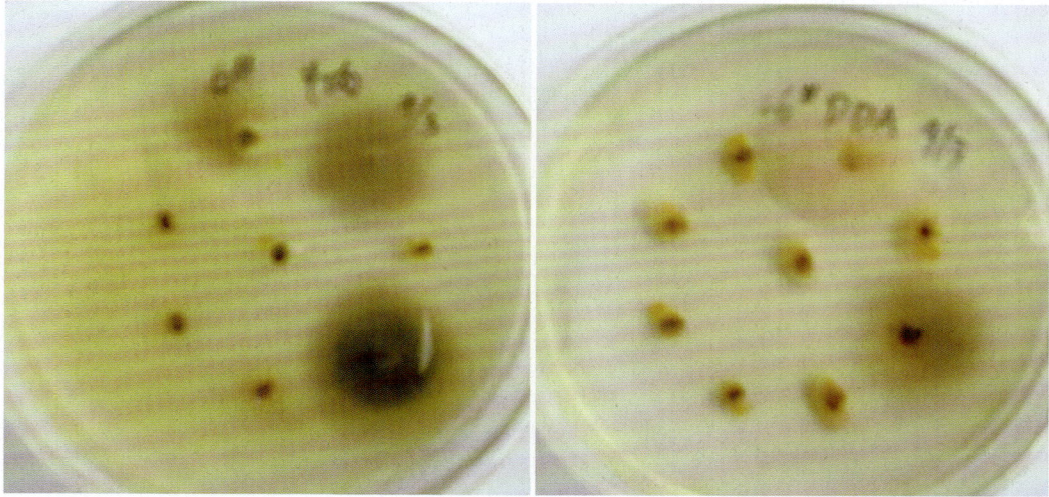

图3-11-4　沙苑子种子外部染菌情况（左：牛肉膏培养基；右：PDA培养基）

去乙醇，用0.1%升汞消毒3 min，用无菌水充分洗3次，将种子切开或剥皮，接种到牛肉膏培养基及PDA培养基上，每个平皿放8粒左右，在（25±2）℃、黑暗条件下培养，2 d后观察菌落生长情况，进行拍照并计算带菌率。结果见表3-11-10、表3-11-11及图3-11-5。

　　种子内部带菌率要低于外部带菌率。在牛肉膏培养基和PDA培养基上的沙苑子种子染菌比例都在25.0%~37.5%，但使用牛肉膏培养基的沙苑子种子平均染菌比例要稍高于PDA培养基。建议优先选择PDA培养基。

表3-11-10　牛肉膏培养基检测沙苑子种子内部染菌情况

样品编号	检测种子总数/粒	带菌种子总数/粒	带菌率/%	平均带菌率/%
06	8	3	37.5	
06	8	2	25.0	
06	9	3	33.3	33.3
26	8	3	37.5	

表3-11-11　PDA培养基检测沙苑子种子内部染菌情况

样品编号	检测种子总数/粒	带菌种子总数/粒	带菌率/%	平均带菌率/%
26	8	3	37.5	
26	9	3	33.3	
06	9	3	33.3	32.3
06	8	2	25.0	

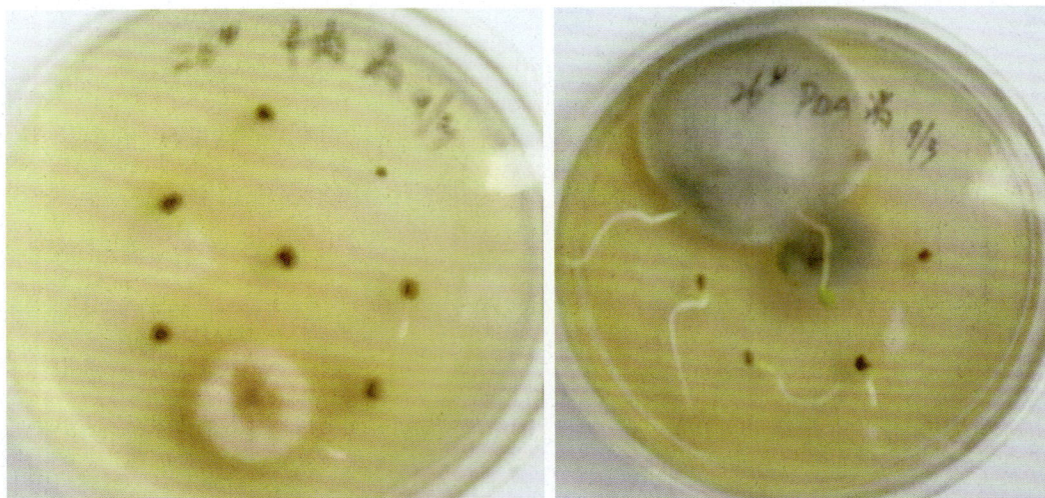

图3-11-5 沙苑子种子内部染菌情况（左：牛肉膏培养基；右：PDA培养基）

3. 纯化、鉴定

将观察到的真菌分别接到新的培养基上进行分离纯化，3~5 d后取纯化菌丝进行鉴定。沙苑子种子携带真菌形态见图3-11-6。

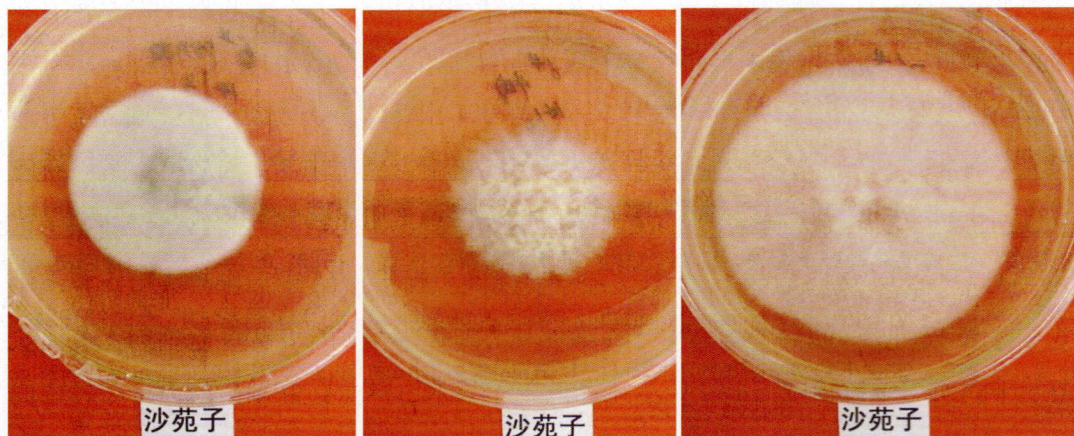

图3-11-6 沙苑子种子携带真菌形态

（本节内容由中国中医科学院中药研究所提供，编委：郑玉光、杨光、陈敏，资料整理人员：由会玲、吴中秋、邓国兴、李国川、侯方洁、宋军娜）

第十二节　川　芎

　　川芎为伞形科植物川芎 *Ligusticum chuanxiong* Hort. 的干燥根茎。以根茎入药，有活血行气、祛风止痛的功效。主产于四川、浙江，此外大部分省区都有分布。

　　冬至至立春前，从坝区采挖的未成熟川芎根茎，称为抚芎。将选出的生长健壮的抚芎装入编织袋或麻袋中，置阴凉通风处晾 5~6 d 后，运往山上苓种繁育地栽种。选择地势较为平坦、土层深厚、富含有机质、排水良好的熟地作为苓种繁育地。海拔较高的山区宜选向阳处，海拔较低的山区宜选半阴半阳处。1 月上、中旬，按大、中、小抚芎不同栽种规格打窝，分片栽种，每窝栽种 1 个抚芎；或统一按行株距 30 cm×27 cm 规格打窝，每窝栽种大个抚芎 1 个，中、小个抚芎 1~2 个。芽眼朝上。栽种前窝底施适量草木灰，栽种后覆盖薄土，并浇少量腐熟清粪水。

一、真实性检验

　　采用植物分类学及生药外观鉴定的方法，对苓种进行了真实性鉴定研究。

　　苓种是海拔 900~1 500 m 的山上培育的川芎茎秆，剪成中部带节盘的小段，用于坝区大田栽培的繁殖材料。近年来，随着川芎价格上涨，各地栽种川芎对苓种的需求量增大，出现了坝区繁育苓种（坝苓子），由于使用该苓种对川芎的生长发育、抗性及药材量均有影响，故在生产、经营和使用中应注意鉴别。坝苓子苓秆的长度、苓节数与山区繁育的苓种有明显的区别，故在进行真实性鉴定时须进行完整苓秆长度、苓节数的测定，以及苓种形状、大小、颜色、表面特征、纵剖面、气味等的观察。对不同产地、不同海拔高度、不同集市上收集的 32 批苓种进行观察、鉴定，结果表明，其观察项的选择合理，方法可行，可操作性强。

　　川芎苓种形态特征：苓秆长 50~140 cm，苓节数为 7~15 个。紧接根茎处，有深褐色的第 1~2 个茎节，表面带少量泥土；中部的 5~8 个茎节较粗大，节间较细；上部有 1~2 个较细小的茎节。节盘棕褐色。每一节盘上部的茎表面带紫红色，下部为绿色或绿色带紫红色条纹。苓种为长 3~4 cm、中部带有膨大节盘的短节，纵剖面节处黄白色，实心，可见波状环纹，有黄棕色小点；节间中空，有白色膜质。有特殊香气，味辛，稍有麻舌感。

二、 芽体数指标测定

川芎苓种质量的好坏，芽体是关键，如芽体的有无、芽体数、芽体形状、饱满度、芽体是否残缺等。我们采用肉眼观察法，对各地收集的 32 批川芎苓种进行了仔细观察，结果表明，不同质量的苓种的上述特征有明显差异，根据结果规定芽体要求如下：苓种节盘上有 1~3 个芽体，芽体扁圆锥形，先端平展，基部宽大。

三、 重量测定

在种子种苗质量检验中，重量测定是评价其质量的重要指标之一，我们参照相关药材种苗百粒重测定法，进行了川芎苓种百粒重的测定，结果见表 3 - 12 - 1。其最低为 88.7 g，最高为 248.2 g，差异悬殊，且重量的差异并不能直接反映苓种质量的优劣，有待进一步考察，故重量测定不收入川芎苓种质量检测方法。

表 3-12-1　32 批川芎苓种百粒重测定结果

样品编号	百粒重 / g	样品编号	百粒重 / g
1	248.2	17	88.7
2	202.4	18	108.3
3	191.8	19	119.0
4	191.0	20	128.4
5	204.7	21	122.6
6	170.4	22	152.2
7	184.7	23	181.4
8	117.7	24	127.0
9	220.1	25	132.6
10	114.9	26	218.2
11	226.7	27	219.0
12	127.4	28	149.3
13	116.1	29	140.7
14	149.0	30	204.9
15	134.9	31	154.3
16	153.4	32	155.9

四、苓子系数

苓种质量关系到川芎的出苗、长势、产量和质量。主产区芎农主要是以苓节的部位评价其质量，如正山系、细山系、土苓子、扦子等，但实际上对这些苓种术语（即部位名称）的理解都存在一定的出入或偏差。成都中医药大学在前期川芎 GAP 研究中首创了苓子系数的概念，并以此作为控制苓种质量的依据之一，对传统分等的川芎苓种进行了测定，并按公式计算苓子系数：苓子系数 = 节盘直径/节盘下 5 mm 处茎秆直径。结果见表 3 - 12 - 2。

表 3-12-2　川芎苓种传统分等苓子系数测定结果

项目	正山系（优质苓种）	细山系（可作苓种）	土苓子（可作苓种）	扦子（不能作苓种）	茴香秆（不能作苓种）
节盘直径/mm	12 ~ 19	8 ~ 12	13 ~ 15	7 ~ 9	15 ~ 19
茎秆直径/mm	4 ~ 9	5 ~ 6	2.5 ~ 6	3 ~ 5	7 ~ 12
苓子系数	2.0 ~ 3.0	1.6 ~ 2.2	2.8 ~ 4.2	1.5 ~ 2.6	1.4 ~ 1.9

结果表明，苓种苓子系数一般为 1.4 ~ 4.2，苓子系数越大，表示苓种的节盘越突出。栽种时尽可能选用优质正山系一级苓种，即节盘直径 14 ~ 19 mm、茎秆直径 5 ~ 9 mm、苓子系数 2.3 以上的优质正山系苓种。土苓子虽然苓子系数高，但节盘直径和茎秆直径都普遍小于优质正山系，而且发芽力较弱。节盘直径 8 mm、茎秆直径 4 mm 以下的扦子，苓子系数 1.5 以下的"茴香秆"和基部土苓子原则上不得使用。

五、混杂率

川芎苓种中常混入其他植物、石块等，或"玉咀""通秆""茴香秆""海棠苓"等失去使用价值的川芎苓节、过长的川芎茎秆、残留的川芎叶及"老头子"（根茎）等。采用肉眼观察、拣选、称重的方法，对收集的 32 批样品进行混杂率测定，并按以下公式计算混杂率，结果见表 3 - 12 - 3。

混杂率（%）=（废苓种 + 夹杂物）/（纯净苓种 + 废苓种 + 夹杂物）×100%

表3-12-3　32批川芎苓种混杂率测定结果

样品编号	混杂率/%	样品编号	混杂率/%
1	17.9	17	7.3
2	7.7	18	27.0
3	9.4	19	18.1
4	10.2	20	23.8
5	11.0	21	7.6
6	3.8	22	7.9
7	5.8	23	15.8
8	9.9	24	5.3
9	9.5	25	14.7
10	12.7	26	3.6
11	14.0	27	18.7
12	7.3	28	17.7
13	11.6	29	19.5
14	13.0	30	14.3
15	9.3	31	10.6
16	6.2	32	6.3

　　测定结果表明，混杂率最低为3.6%，最高为27.0%，平均为11.54%。根据测定结果，结合生产实际，要求非本品物质及失去使用价值的本品物质的混杂率不得高于12.0%。

六、病虫害检查

　　前期研究对川芎苓种地的病虫害进行了全程系统调查，并进行了病虫害的鉴定，发现主要病害是根腐病、白粉病，主要虫害是茎节蛾（钻心虫）、蛞蝓、土蚕等，如果防治不及时，遭受危害，其苓种质量将受到影响。

　　采用肉眼观察法，对收集的32批样品进行了表面、切断面、纵剖面的观察，发现有的苓种感染白粉病、有的苓种被钻心虫及蛞蝓危害，这些苓种均不能作繁殖材料使用，故在检验时应注意鉴别。

　　根据观察结果，结合相关文献及传统经验进行病虫危害苓种的特征描述：被蛞蝓咬食的苓种节盘上芽体残缺或无芽体；被钻心虫危害的苓种节部中心黄色或黑色，有的呈空洞状；有的苓种表面有白粉状物，系感染了白粉病。以上均不能再作苓种使用。

（本节内容由成都中医药大学提供，编委：蒋桂华）

第十三节　茯　苓

茯苓为非褶菌目 Aphyllophorales 多孔菌科 Polyporaceae 真菌茯苓 *Poria cocos*（Schw.）Wolf 的干燥菌核。能利水渗湿、健脾宁心。

多于 7~9 月采挖，挖出后除去泥沙，堆置"发汗"后，摊开晾至表面干燥，再"发汗"，反复数次至现皱纹、内部水分大部散失后，阴干，称为"茯苓个"；或将鲜茯苓按不同部位切制，阴干，分别称为"茯苓块"和"茯苓片"。

一、真实性检验

（一）菌丝形态鉴定

观察菌丝体颜色、菌丝浓密程度、分泌物、气味等特征，是否与茯苓菌丝体特征吻合。

茯苓菌核形态特征：呈类球形、椭球形或不规则团块状，大小不一，体重，质坚实。外皮薄而粗糙，棕褐色至黑褐色，有明显的皱缩纹理。内部白色，少数淡红（棕）色，粉粒状，有的中间包有松根。无臭，味淡，嚼之粘牙。子实体无柄，呈蜂窝状，厚 3~10 mm，幼时白色，成熟后变为浅褐色；孔管内壁着生棍棒状担子。

（二）结实性试验

将菌丝体接种至试管斜面或平板中，（24±1）℃培养，30 d 左右后菌丝体表面陆续可见子实体原基分化，并逐渐转变为淡黄色至深褐色的幼小蜂窝状子实体（图 3-13-1）。

（三）酯酶同工酶电泳

采用聚丙烯酰胺垂直板凝胶电泳。取菌龄为 15~20 d 的试管母种，刮取菌丝，加入 0.1 mol/L 磷酸缓冲液和石英砂，研磨成匀浆，用台式离心机 10 000 r/min 离心 5 min，取上清液，加入 40% 蔗糖和 0.01% 溴酚蓝溶液，作为电泳样品，4 ℃下冷藏备用。用 pH 8.9 三羟甲基氨基甲烷盐酸盐（Tris-HCl）缓冲液配制 12% 分离胶，用 pH 8.3 Tris-甘氨酸作电极缓冲液。点样 75 μl。3 ℃下

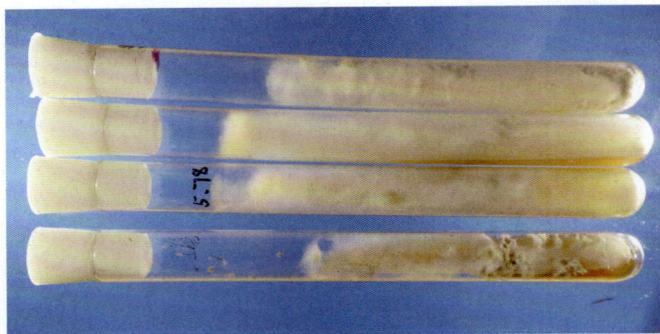

图 3-13-1　茯苓幼小蜂窝状子实体

120 V 电泳 20 min 后稳压 200 V，4 h。用固蓝 RR 盐 60 mg、0.1 mol/L 磷酸缓冲液（pH 6.0）80 ml、
α-萘乙酯 38 mg 和 β-萘乙酯 38 mg 溶于 3 ml 丙酮配制的染色液染色，显现酶谱。具体方法参见 NY/
T 1097—2006《食用菌菌种真实性鉴定 酯酶同工酶电泳法》。

　　酯酶同工酶电泳法结果见图 3-13-2，44 个茯苓菌株参试，酶谱特征显示，不同茯苓菌株排
除疑似后有 2~5 条酶带不等，其中有 2 条酶带为 44 个菌株共有，以酯酶区带向正极泳动距离与溴
酚蓝指示剂向正极泳动距离的比值作为电泳相对迁移率（R_f），2 条谱带的 R_f 分别为 0.128 和
0.341，并且参试菌株涵盖全国大部分产区的茯苓用种，这 2 条谱带可以作为茯苓菌种真实性鉴定
的依据。

　　综上所述，需对母种进行酯酶同工酶电泳鉴定，茯苓菌种共有带的迁移率 R_f 为 0.128 和
0.341，确定其与对照相同后，再经结实性试验进一步确定其真实性。

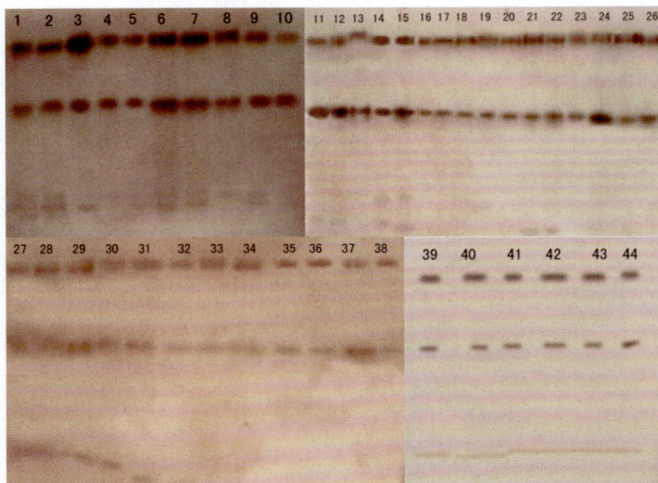

图 3-13-2　不同茯苓菌株的酯酶同工酶电泳

二、感官检验

母种（s.ock culture）指经各种方法选育得到的具有结实性的菌丝体纯培养物及其继代培养物，以玻璃试管为培养容器和使用单位，也称一级种、试管种（图 3 - 13 - 3、图 3 - 13 - 4）。原种（pre-culture spawn）是由母种移植、扩大培养而成的菌丝体纯培养物，常以玻璃菌种瓶、塑料菌种瓶或 15 cm×28 cm 聚丙烯塑料袋为容器，也称二级种（图 3 - 13 - 5）。栽培种（spawn）是由原种移植、扩大培养而成的菌丝体纯培养物，常以玻璃瓶、塑料瓶或塑料袋为容器，也称三级种（图 3 - 13 - 5）。栽培种只能用于栽培，不可再次扩大繁殖菌种。感官检验项目包括容器、棉塞（无棉塑料盖）、斜面长度、菌丝生长量、斜面背面外观、菌丝体特征、培养基上表面距离瓶口距离、菌丝分泌物、杂菌菌落、子实体原基、角变等。

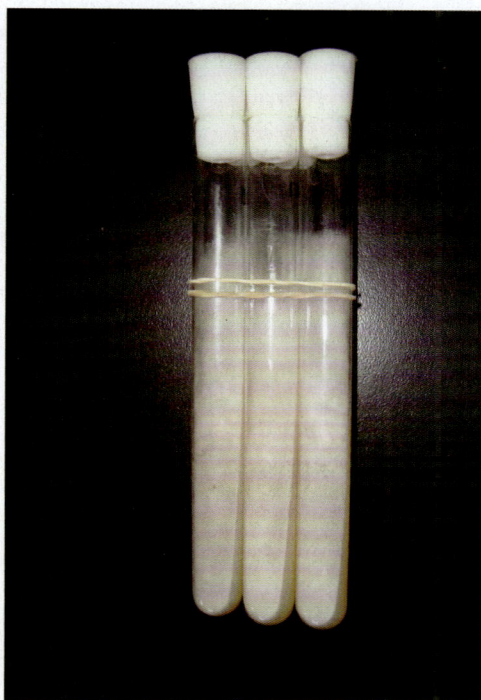

图 3-13-3　母种 （正面观）

母种的感官检验具体操作如下。

（1）容器：用游标卡尺测量试管外径和管底至管口的长度，肉眼观察试管有无破损。

（2）棉塞（无棉塑料盖）：手触是否干燥；肉眼观察是否为梳棉制作，是否洁净，对着光源看是否有粉尘霉菌；松紧度以手提起棉塞脱落与否判断；透气性和滤菌性以塞入水管长度达到 1.5 cm、试管外露长度达到 1 cm 为合格。无棉塑料盖只检验洁净度。

（3）斜面长度：用游标卡尺测量斜面顶端到试管口的距离。

（4）斜面背面外观：肉眼观察培养基边缘是否与试管壁分离。

（5）菌种外观其他各项：肉眼观察。

（6）气味：在无菌条件下拔出棉塞，将试管置于距鼻 5～10 cm 处，屏住呼吸，用清洁干净酒精擦拭消毒过的手在试管上方轻轻扇动，顺风鼻嗅。

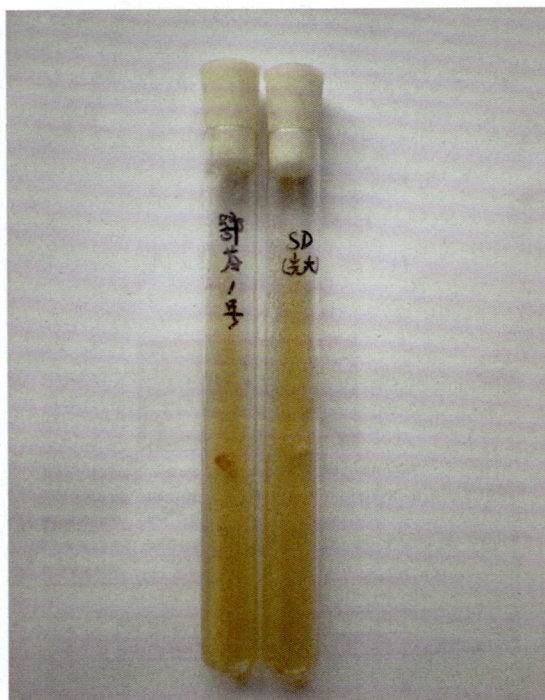

图 3-13-4　母种（背面观）

图 3-13-5　原种与栽培种

经试验，茯苓母种感官要求应符合表3-13-1规定。

表3-13-1　茯苓母种感官要求

项目		要求
容器		完整无损
硅胶塞或棉塞		干燥、洁净、松紧适度，能满足透气和滤菌要求
培养基灌入量		为试管总体积的1/5~1/4
培养基斜面长度		顶端距塞子40~50 mm
斜面接种块大小		（3~5）mm×（3~5）mm
菌种正面外观	菌丝生长量	长满斜面
	菌丝体特征	菌丝色白、均匀、粗壮，气生菌丝旺盛
	菌丝体表面	均匀、平整、无角变
	杂菌菌落	无
	菌丝分泌物	菌丝体尖端可见晶莹的露滴状分泌物
培养基斜面背面外观		培养基不干缩，颜色均匀、无晕斑、无色素
气味		有茯苓菌丝特有的气味，无酸、臭、霉等异味

原种和栽培种的感官检验操作与母种类似。感官要求应符合表3-13-2和表3-13-3的规定。

表3-13-2　茯苓原种感官要求

项目		要求
容器		完整无损
硅胶塞或无棉塑料盖		干燥、洁净、松紧适度，能满足透气和滤菌要求
培养基上表面距袋口的距离		（50±5）mm
接种量		每支母种试管接原种数量4~5袋（瓶），接种物≥12 mm×15 mm
菌种外观	菌丝生长量	长满容器
	菌丝体特征	洁白浓密、生长健旺均匀，布满菌袋
	培养基及菌丝体	紧贴袋壁，无干缩
	菌丝分泌物	菌丝体尖端可见乳白色露滴状分泌物
	颉颃作用	无
	杂菌菌落	无
气味		特异香气浓郁，无酸、臭、霉等异味

表 3-13-3　茯苓栽培种感官要求

项目		要求
容器		完整无损
硅胶塞或无棉塑料盖		干燥、洁净、松紧适度,能满足透气和滤菌要求
培养基上表面距袋口的距离		(50±5) mm
接种量		每支原种接栽培种数量30~50袋
菌种外观	菌丝生长量	长满容器
	菌丝体特征	洁白浓密、生长健旺均匀,布满菌袋
	培养基及菌丝体	紧贴袋壁,无干缩
	菌丝分泌物	菌丝体尖端可见乳白色露滴状分泌物
	颉颃作用	无
	杂菌菌落	无
气味		特异香气浓郁,无酸、臭、霉等异味

三、 微生物学检验

菌丝生长状态:不同种的菌类或其不同品种,具有不同菌丝形态特征,有的菌丝粗细不均匀,有的均匀一致,且一般异宗结合菌类单核菌丝不能出菇,且没有锁状联合,而异核菌丝具锁状联合。目前对于茯苓的遗传类型尚不明确,有研究倾向于同宗结合。将试验材料接种于 PDA 平板上,25 ℃培养 3 d,在菌落边缘处插入无菌盖玻片,继续培养 2~3 d 后,取出盖玻片,制水浸片,在不低于 10×40 的光学显微镜下观察,需要测量菌丝粗细的可在目镜内装测微尺进行测量。同时观察是否有锁状联合及其形态特征(图 3-13-6)。每一检样应观察不少于 50 个视野。

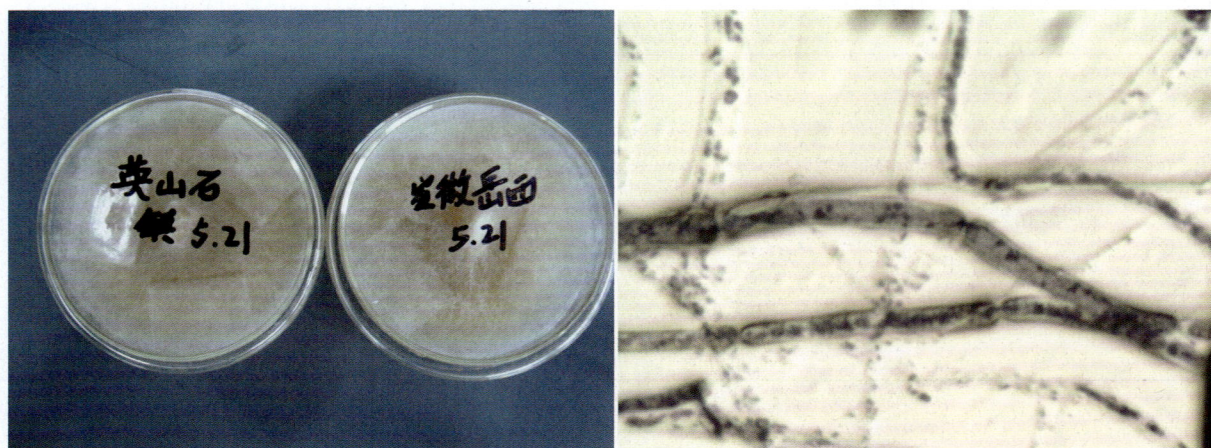

图 3-13-6　菌丝生长状态观察

结果表明，茯苓菌丝体管状、具有明显隔膜、分枝较多，无明显锁状联合，每个细胞含有多数细胞核，粗壮菌丝直径为 $2.5 \sim 10\ \mu m$。

（一）细菌检验

危害食药用菌的细菌在其生长条件下可以很好地生长。因此采用食药用菌通用的 PDA 培养基或细菌肉汤培养基均可，在 $25 \sim 28\ ℃$ 条件下培养。

方法一：取少量疑有细菌污染的培养物，按无菌操作接种于 GB/T 4789.28 中 4.8 规定的营养肉汤培养液中，$25 \sim 28\ ℃$ 振荡培养 $1 \sim 2\ d$，观察培养液是否混浊。培养液混浊，为有细菌污染；培养液澄清，为无细菌污染。

方法二：从菌种中挑出 $3 \sim 5\ mm$ 见方的菌种块，接种于 PDA 斜面上，置于 $25 \sim 28\ ℃$ 下培养，$1 \sim 2\ d$ 后取出，对比观察（图 3 - 13 - 7）。在 PDA 培养基上，糊状的细菌菌落可以很明显地区别于来；在液体培养基中，若有细菌污染，则培养产生的大量细菌会使培养基由半透明变为混浊。

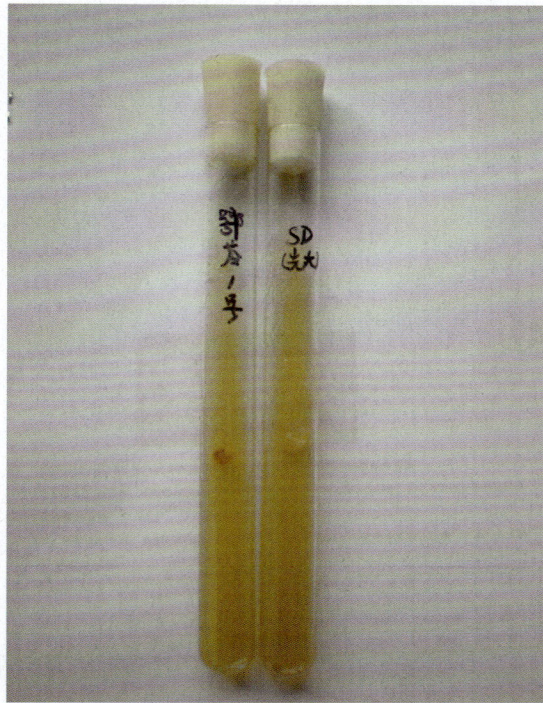

图 3-13-7　细菌检验无污染状态

（二）霉菌检验

危害食药用菌类菌种的霉菌生长条件多与其相似，所以采用食药用菌通用的 PDA 培养基即可，无须使用霉菌专用培养基。并且霉菌的菌丝和菌落外观与食药用菌明显不同，可以培养后肉眼鉴别。取少量疑有霉菌污染的 3~5 mm 见方的菌种块，按无菌操作接种于 PDA 培养基中，25~28℃培养 3~4 d，出现白色以外色泽的菌落或非平菇菌丝形态菌落的，或有异味者为霉菌污染物，必要时按照菌丝生长状态检验方法制作水浸片，显微观察（图 3-13-8）。

结果表明：无污染的茯苓菌种外观洁白，气生菌丝发达，生长旺盛；污染过木霉的培养物外管明显不同，表面灰绿色，有粉状绿色分生孢子。

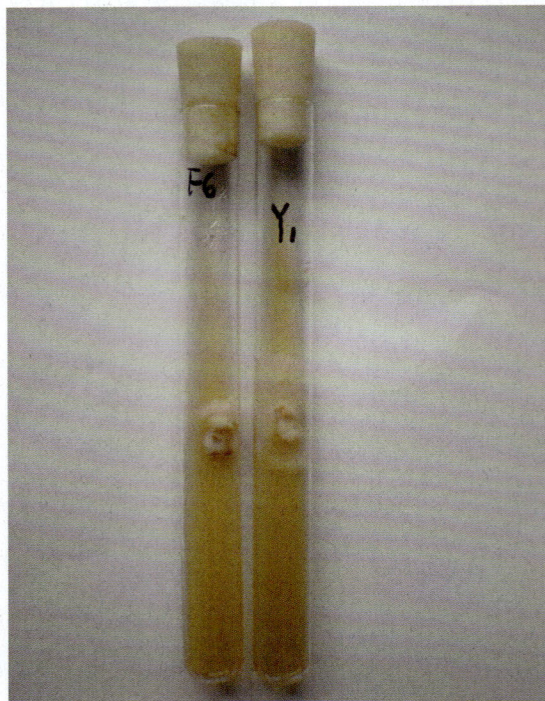

图 3-13-8 霉菌检验无污染状态

四、 菌丝生长速度

对于食药用真菌菌丝的生长，一般温度过高，菌丝生长速度固然加快，但往往易造成菌丝体徒长，易衰老，菌丝活力和抗性不强，在适宜温度稍低的环境下，菌丝生长速度虽有所下降，但菌种健壮，活力和抗性均较强，作为接种物使用时萌发快，长势好。并且一般菌种的质量不完全取决于菌丝生长速度的快慢，其最终产量和菌丝生长速度间也没有明显的相关性。且多数食药用真菌在通用 PDA 固体培养基，以及（24±1）℃温度条件下均能较好地生长，在生产上也多采用该条件。所以本试验中未用菌丝生长速度作为筛选培养基类型和温度等条件的指标，而是按照常规条件对不同菌株的生长速度进行了测量。

(一) 母种

使用菌龄 10 d 的茯苓母种，按要求准备 PDA 试管斜面，取斜面试管上位一半处菌种 3 ~ 5 mm 见方，菌丝朝上接种于试管中，接种试管 5 个，置于 (24 ± 1) ℃下培养。48 h 后观察是否有污染，如无污染，4 d 后再观察，如尚未长满，以后每日观察，直至第 8 d。记录长满试管的天数 (表 3 - 13 - 4)。

结果表明，在 PDA 培养基上，在适温 [(24 ± 1) ℃] 时，母种萌发定植时间为 1 ~ 2 d，长满试管斜面的时间为 5 ~ 8 d。

表 3-13-4　不同菌株母种菌丝生长速度、定植时间

菌株	定植时间/h	长满时间/d	菌株	定植时间/h	长满时间/d
Y1 (宝山)	22	6	麻城	24	7
YN	21	5.5	鄂苓 1 号	26	7
A9	24	6	华中茯苓	24	6.5
A10	24	7	茯苓 28 号	24	7.5
L	36	7.5	茯苓 5 号	24	7
P0	30	7	ACCC50478	24	7
AH	22	6	ACCC50864	38	6
T1 (同仁堂 1 号)	24	6	5.78	36	7
Z (z)	24	6.5	S1 (神苓 1 号)	36	8
W	24	6	靖州 28 号	40	7
Z (1)	24	7	SD (光大)	24	6
Ts	24	7	SD (金乡)	24	6
茯苓 3 号	23	7.5	华农	24	7
GZ	24	7	12	26	5.5
GD	24	7.5	10	26	6
福建 006	35	7	9	36	6
901	24	6.5	14	24	7
ZJ	36	8	16	21	5.5
DB	36	7	13	26	7
F6	24	6.5	大别山	24	6.5
7 号	24	7.5	武汉同仁堂	36	5.5
86	24	7	J518	21	5.5
野生王	24	7	5 杨	26	7
野生刘	36	8	ACCC50876	24	7.5

（二）原种

按表 3-13-5 中规定的配方任选其一，按要求以母种制备原种，然后接种，每支母种试管接原种数量 4~5 袋，接种物≥12 mm×15 mm，置于 25~30 ℃下培养 3~5 d 后进行首次观察，目的在于排除污染，以后每 5~7 d 观察 1 次，2 个星期后开始每日观察，记录长满日期（表 3-13-6）。

结果表明，在松木屑 77%、麦麸或米糠 20%、糖 2%、石膏 1% 组成的培养基上，25~30 ℃温度下，菌丝长满菌袋一般需 15~28 d。

表 3-13-5　原种常用培养基及其配方

类别	培养基配方
1	小麦粒 90%，松木屑 10%，营养液（1% 蔗糖、0.4% 硝酸铵或硫酸铵），含水量 65%~70%（小麦粒需置 40 ℃左右温度的营养液中浸泡 10 h 后用于培养基配制）
2	松木屑 77%，麦麸或米糠 20%，糖 2%，石膏 1%，含水量 65%~70%
3	松木屑 60%，玉米粉 30%，麦麸 10%，含水量 65%~70%

表 3-13-6　不同菌株原种菌丝生长速度

菌株	长满时间/d	菌株	长满时间/d	菌株	长满时间/d	菌株	长满时间/d
Y1（宝山）	17	华中茯苓	21	GD	22	野生王	20
YN	15	茯苓 28 号	26	福建 006	20	12	18
L	25	ACCC50478	21	901	18	16	18
P0	21	ACCC50864	23	ZJ	25	J518	17
AH	17	靖州 28 号	28	DB	20	ACCC50876	22
W	20	SD（金乡）	21	F6	19		
Ts	22	茯苓 3 号	22	7 号	22		

（三）栽培种

按表 3-13-7 中规定的配方任选其一，按要求以原种制备栽培种，然后接种，每支原种接栽培种数量 30~50 袋，置于 25~30 ℃下培养 3~5 d 后进行首次观察，目的在于排除污染，以后每 5~7 d 观察 1 次，2 个星期后开始每日观察，记录长满日期（表 3-13-8）。

结果表明，在松木屑 77%、麦麸或米糠 20%、糖 2%、石膏 1% 组成的培养基上，25~30 ℃温度下，菌丝长满菌袋一般需 15~30 d。

表3-13-7　栽培种常用培养基及其配方

类别	培养基配方
1	松木屑77%，麦麸或米糠20%，糖2%，石膏1%，含水量65%～70%
2	松木屑60%，玉米粉30%，麦麸10%，含水量65%～70%
3	松木块（边材）65%，松木屑11%，麦麸或米糠22%，糖1%，石膏1%，含水量65%～70%
4	松木块（1 cm×1 cm×0.5 cm）30%，松木屑50%，米糠17%，糖2%，石膏1%，含水量65%～70%
5	松木条（1 cm×2 cm×0.5 cm）66%，松木屑10%，麦麸或米糠21%，糖2%，石膏1%，含水量65%～70%

表3-13-8　不同菌株栽培种菌丝生长速度

菌株	长满时间/d	菌株	长满时间/d	菌株	长满时间/d	菌株	长满时间/d
Y1（宝山）	18	16	18	GD	22	野生王	23
F6	20	茯苓28号	26	7号	21	W	20
L	28	华中茯苓	21	901	18	茯苓3号	22
P0	20	ACCC50864	25	ZJ	23	SD（金乡）	23
ACCC50478	22	J518	22	YN	15	ACCC50876	22
12	18	靖州28号	30	AH	17		
Ts	23	DB	21	福建006	20		

（本节内容由湖北中医药大学提供，编委：陈科力、徐雷）

第十四节　麦　冬

麦冬为百合科植物麦冬 *Ophiopogon japonicus* (L. f) Ker-Gawl. 的干燥块根。有滋阴、生津、润肺止咳、清心除烦作用。主产于四川、浙江，此外大部分省区都有分布。

麦冬种子需要一定时期低温湿润条件打破休眠，1月及3月在荫棚及树荫播种，至6月中旬出苗，出苗时旬平均土温为18.9～19.8℃，生产上采用无性繁殖，如需用种苗繁殖，应采后即播，或沙藏阴凉处，至来年早春播种。

一、 真实性检验

种苗形态鉴定内容如下。

采用植物分类学及生药外观鉴定的方法，对麦冬品种进行了真实性鉴定研究。对不同产地收集的 38 批麦冬进行观察、鉴定，包括叶色、叶宽、叶倾斜度、叶长、分蘖数、块根数、须根数等。结果表明：麦冬种苗具 1~2 个分蘖，叶色深绿，叶片宽而短，种苗基部茎基一般长 3~6 mm，基部切面平整，呈"菊花心"状，叶片紧凑而不散开。

二、 单蘖重与单蘖叶片数

在种子种苗质量检验中，重量测定是评价其质量的重要指标之一，成都中医药大学参照相关药材种子百粒重测定法，进行了麦冬种苗单蘖重与单蘖叶片数的测定，结果见表 3-14-1。

表 3-14-1　38 批麦冬种苗单蘖重、单蘖叶片数的测定结果 （n=3）

样品编号	单蘖重/g	单蘖叶片数	样品编号	单蘖重/g	单蘖叶片数
1	11.07	12.67	20	4.73	12.50
2	7.20	18.00	21	4.65	17.75
3	6.63	18.75	22	7.67	17.33
4	6.03	17.50	23	2.34	9.60
5	5.43	15.25	24	6.70	13.25
6	6.18	17.50	25	8.40	15.75
7	5.62	14.20	26	7.30	19.33
8	13.95	19.50	27	11.60	13.50
9	7.36	15.80	28	5.18	16.75
10	8.42	16.00	29	4.44	18.40
11	30.30	27.00	30	9.75	18.00
12	5.84	9.80	31	5.80	14.67
13	13.40	25.00	32	8.30	15.33
14	24.70	26.00	33	5.45	15.00
15	14.30	20.50	34	5.05	16.25
16	5.85	21.75	35	7.77	15.67
17	29.40	27.00	36	8.40	11.67
18	13.33	15.33	37	6.30	18.25
19	4.20	14.67	38	7.77	13.00

根据相关研究，麦冬种苗单蘖重和单蘖叶片数与药材产量、质量呈显著正相关（表 3 - 14 - 2），由表 3 - 14 - 2 可知，麦冬种苗的茎基长、单蘖重和单蘖叶片数均对麦冬植株成熟后产量有显著性影响，而茎基长影响较单蘖重、单蘖叶片数小；同时，考虑实际生产中检测、检验的需要，以及测定中茎基长指标测定主观性强，不易控制，故种苗质量主要以单蘖重、单蘖叶片数为其质量控制指标，茎基长及其形态特征作为综合控制指标。一般单蘖重与单蘖叶片数越大越好，生产中可参照种子百粒重的研究方法，采用百蘖重与百蘖叶片数进行测定。

表 3-14-2　麦冬种苗生物学性状与药材产量相关性研究

种苗类别	测定指标	相关系数 r	显著性 P
分株繁殖苗	茎基长	0.473*	<0.05
	单蘖重	0.746**	<0.01
	单蘖叶片数	0.739**	<0.01

注：*$P<0.05$，表示在 $a=0.05$ 的显著性水平下具有统计学意义。**$P<0.01$，表示在 $\alpha=0.01$ 的显著性水平下具有统计学意义 。

三、混杂率

麦冬种苗中的杂质系指混入的其他植物、石块；茎基过短，影响麦冬种苗存活率的不合格种苗；茎基过长，影响麦冬产量、质量的种苗等。采用肉眼观察、拣选、称重的方法，进行混杂率测定的研究，对收集的 38 批样品进行测定，按以下公式计算混杂率。生产中麦冬品种（直立型与匍匐型）混杂十分普遍，因直立型麦冬产量、质量略差于匍匐型麦冬，且在实际生产中栽培面积广、技术成熟度较高等，故混杂率测定中纯净种苗以直立型麦冬与匍匐型麦冬之和计。

测定结果表明，混杂率最低为 3.57%，最高为 20.55%，平均为 9.89%。根据测定结果，结合生产实际，以及麦冬不同品种间产量、质量的细微差异，暂定非本品物质及失去使用价值的本品物质的混杂率不得高于 11%。

混杂率（%）＝（废种苗＋夹杂物）／（纯净种苗＋废种苗＋夹杂物）×100%

四、病虫害

对麦冬的病虫害进行了全程系统调查研究，其主要病害是黑斑病与根结线虫病，虫害是非洲蝼蛄与蛴螬等，其他虫害如地老虎、金针虫等少有发生；如果防治不及时，令麦冬遭受危害，会使生产受到影响。

采用肉眼观察法，对收集的 38 批样品进行了表面、切断面等观察，发现有的麦冬种苗受到黑斑病及根结线虫病的危害，这些麦冬种苗均不能作繁殖材料使用，故在检验时应注意鉴别。

根据观察结果，结合相关文献及传统经验进行病虫危害麦冬种苗的特征描述。被黑斑病危害的麦冬植株叶片发黄，并呈现青色、白黄色等不同颜色的水渍状斑点，严重者叶片全部发黄枯死；被根结线虫病危害的麦冬植株根部产生瘿瘤，使其须根缩短，根表面变得粗糙、开裂、呈红褐色，瘿瘤内有大量乳白色发亮球状物，即为雌成虫。以上植株均不能作为种苗植株。

（本节内容由成都中医药大学提供，编委：邝婷婷、张艺、何新友）

第十五节 山 药

山药为薯蓣科植物薯蓣 *Dioscorea opposita* Thunb. 的干燥根茎。以根茎入药，具有补脾养胃、生津益肺、补肾涩精的功效。全国大部分地区均有分布。主产于河南、山西、河北、陕西等省。

选择地面平整、光照充足、土层深厚、土壤肥沃、排水良好、中性砂壤土的地块，于秋后深翻土壤 1 次，深达 60～80 cm，使之经冬熟化。翌春解冻后，结合整地，将一级、二级珠芽（腋芽所形成的球状变态器官，表面为黄白色或灰白色），按株距 5 cm、行距 40 cm 分别种植。在生长发育期结合松土除草尚需多次追肥，搭架有利于通风透光，以保证足够的营养面积进行光合作用，减少病虫危害。

一、 真实性检验

采用 2 种鉴定方法——形态鉴定和幼苗鉴定，均以铁棍山药和太谷山药来进行说明。

（一）块根形态鉴定

铁棍山药种栽细长，长度 18～25 cm，通常上端围径 0.5～0.8 cm，下端围径 1.1～1.8 cm，重约 18 g，表皮有明显点状突起，颜色微深，且有铁红色斑痕，根毛密且细长，根毛的分叉较少，根茎有紫红色斑痕；折断后，断面细腻，呈白色或略显牙黄色，黏液少或无黏液，其肉质较硬，粉性足。太谷山药种栽较粗短，长度 12 ~ 18 cm，通常上端围径 0.6 ~ 1.0 cm，下端围径 1.3 ~ 2.1 cm，重约 18 g，表皮点状突起不很明显，光滑，根毛较少，且无分叉；折断后断面较粗糙，呈白色，黏液多，其肉质较脆（图 3 - 15 - 1）。

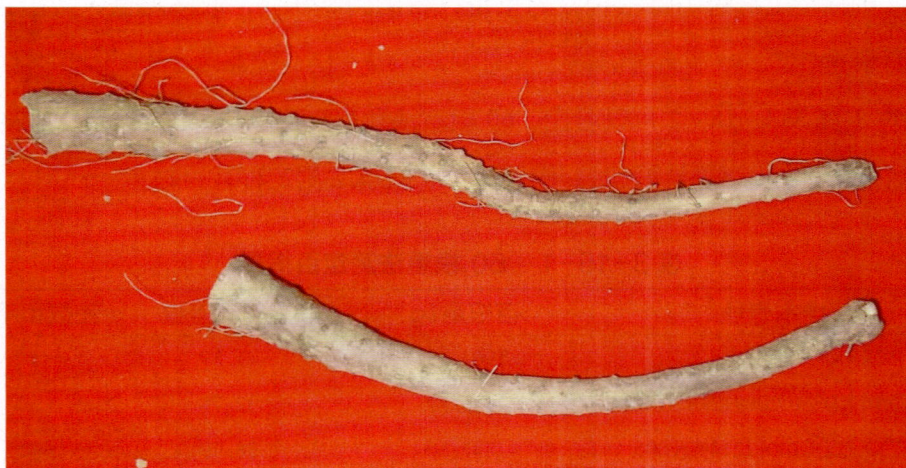

图 3-15-1　铁棍山药种栽（上）与太谷山药种栽（下）的形态比较

（二）山药幼苗鉴定

铁棍山药：幼苗苗高 25 ~ 50 cm 时，幼苗的茎、叶柄、叶脉、叶色均呈黄绿色。太谷山药：幼苗的茎、叶柄、叶脉的颜色均呈紫色，叶色为深绿色（图 3 - 15 - 2）。

图 3-15-2　铁棍山药幼苗（左）与太谷山药幼苗（右）的形态比较

二、 重量测定

用电子称准确称量出每组中每根种栽的重量，精确到 0.01 g，取平均值，求出每组平均每根重量，计算出百根重。

从表 3 - 15 - 1 和表 3 - 15 - 2 可以看出，60 根重法和 100 根重法均能满足检验要求，但依据适用原则确定：种栽样品进行重量检验时，应采用 100 根重法测定种栽百根重。

表 3-15-1　60 根重法测定百根重

序号	样本编号	百根重 / g	重复间差数	差数和平均数之比 / %
1	WXNKS20091230WTL01	1904. 03	41. 89	2. 1
3	WZXDFXDSMC20091216LCX03	1820. 87	32. 78	1. 8
5	QYXXZLQC20091214WXQ05	1847. 30	38. 79	2. 0

注：试样取 3 个重复，每个重复 60 根，重复间差数与平均数之比 <4.0%，测定值有效。

表 3-15-2　100 根重法测定百根重

序号	样本编号	百根重 / g	重复间差数	差数和平均数之比 / %
1	WXNKS20091230WTL01	1911. 26	60. 20	3. 1
3	WZXDFXDSMC20091216LCX03	1799. 16	49. 65	2. 7
5	QYXXZLQC20091214WXQ05	1909. 40	65. 87	3. 4

注：试样取 3 个重复，每个重复 100 根，重复间差数与平均数之比 <4.0%，测定值有效。

三、 指标测定

长度测定：用直尺准确量出每组中的每根铁棍山药种栽的长度，精确到 0.1 cm。

围径测定：用游标卡尺分别准确量出每组中的每根铁棍山药种栽上端和下端的围径，精确到 0.01 cm。

净度测定：净度测定是测定供检样品不同成分的重量百分率，并据此推测样品的质量。废种栽：①损伤疤痕超过 1/3；②霉变；③病斑；④无顶芽。杂质：根、泥沙、土块等。净度计算公式如下。

$$J = [G - (F + Z)] / G \times 100\%$$

式中，J 为净度；G 为供检样品总重量；F 为废种栽重量；Z 为杂质重量。

饱满度测定：饱满度测定是测定供检样品的饱满情况，并据此推测样品的质量。饱满种栽：

外在饱满、建壮、无损伤的铁棍山药种栽。饱满度计算公式如下。

$$A = a/G \times 100\%$$

式中，A 为饱满度；a 为饱满种栽数；G 为供检样品数。

对收集的 30 份样品进行百根重、每根种栽的长度、围径、净度、饱满度等检测，结果见表 3 - 15 - 3。采用 SPSS17.0 统计分析软件对表 3 - 15 - 3 中的检测结果进行 K 聚类分析，结果显示，影响铁棍山药种栽质量的主要因素有百根重、长度、围径、净度、饱满度。

表 3-15-3　铁棍山药种栽各指标检测值

区域	长度/cm	百根重量/g	围径/cm	净度值/%	饱满度/%
1	22.5	2 304.03	0.83	85.5	88.5
2	20.4	1 367.06	0.34	75.6	79.0
3	18.3	1 320.87	0.43	77.5	74.5
4	21.8	2 296.47	0.84	85.5	82.5
5	22.1	2 247.30	0.77	87.5	85.6
6	16.9	1 272.47	0.35	82.5	78.0
7	18.9	1 405.76	0.30	77.3	74.5
8	24.3	2 224.47	0.72	90.0	86.5
9	28.1	2 826.95	1.39	94.0	96.0
10	17.0	1 500.00	0.38	75.0	77.9
11	24.9	2 276.50	0.71	88.2	86.8
12	34.3	2 794.14	1.26	90.9	92.1
13	34.4	2 860.49	1.25	97.8	93.3
14	19.0	1 391.29	0.30	76.0	76.9
15	24.7	2 269.28	0.75	87.5	83.5
16	23.0	2 150.17	0.72	85.0	82.8
17	18.2	1 370.11	0.38	79.8	78.9
18	16.4	1 492.26	0.45	82.0	78.8
19	18.4	1 367.47	0.32	75.1	79.6
20	18.2	1 322.90	0.34	79.0	78.9
21	30.0	2 862.64	1.32	90.0	91.4
22	31.3	2 865.78	1.26	91.8	89.3
23	29.4	2 875.89	1.33	97.6	91.5
24	20.2	2 283.89	0.96	89.2	83.2
25	25.9	2 887.61	1.48	91.8	91.1
26	22.4	2 247.24	0.80	87.8	83.5
27	32.2	2 917.79	1.10	95.5	98.0

续表

区域	长度/cm	百根重量/g	围径/cm	净度值/%	饱满度/%
28	35.0	2 775.35	1.25	98.0	94.8
29	29.6	2 894.02	1.34	92.0	91.3
30	26.0	2 796.45	1.35	97.5	95.0
平均值	24.1	2 182.22	0.83	86.8	85.5
标准差	5.8	628.84	0.41	7.38	6.89
变异系数	23.9	28.82	49.14	8.51	8.07

四、 种栽健康度检查

本研究将牛肉膏蛋白胨培养基和马铃薯培养基作为检验种栽健康度的基本培养基。

（一）菌的培养

将铁棍山药种栽的顶芽作为培养菌的材料。把材料分成 4 组，每组取 6 个顶芽，把这 4 组芽分别用无菌水浸泡 0 min、10 min、20 min、30 min。在无菌条件下将浸泡过的每个芽切成 6 小块，然后把切成的小块芽接种到马铃薯培养基和牛肉膏蛋白胨培养基中，注意小块芽要均匀插进培养基中；用涂布棒将无菌水均匀涂抹在平板上。以没有用无菌水浸泡的芽和没用来浸泡过芽的无菌水作为对照。每个处理设 3 个重复。

将接种或涂抹好的平板放于桌上 20~30 min，然后倒转平板，保温培养。马铃薯培养基的平板放在 28 ℃条件下培养，牛肉膏蛋白胨培养基的平板放在 37 ℃条件下培养。培养 24 h，观察菌的生长情况。

（二）菌的分离、纯化

用灼烧并冷却的接种环挑取菌落液一环，在火焰旁迅速用沾有菌种的接种环在平板上划线，先在平板培养基的一边作第 1 次平行划线（3~4 条），再转动培养皿约 60°，并将接种环上的剩余物烧掉，待冷却后通过第 1 次划线部分作第 2 次平行划线，再用同法通过第 2 次平行划线部分作第 3 次平行划线和通过第 3 次平行划线部分作第 4 次平行划线。划线完毕后，盖上皿盖，倒置于温室培养。待菌苔长出后，检查菌苔是否单纯，也可用显微镜涂片染色检查是否是单一的微生物，若有其他杂菌混杂，就要再一次进行分离、纯化，直到获得纯培养。

（三）菌的鉴定

采用革兰染色法对菌进行鉴定，染色的具体过程如下。①涂片固定；②草酸铵结晶紫染
1 min；③自来水冲洗；④加碘液覆盖涂面染 1 min；⑤水洗，用吸水纸吸去水分；⑥加 95% 酒精
数滴，并轻轻摇动进行脱色，30 s 后水洗，吸去水分；⑦番红染色液染色 10 s 后，自来水冲洗；
⑧干燥，镜检。

（本节内容由河南师范大学提供，编委：李明军，资料整理人员：赵喜亭、张晓丽）

第十六节　延胡索（元胡）

延胡索为罂粟科植物延胡索 *Corydalis yanhusuo* W. T. Wang 的干燥块茎。为著名的常用中药，
含 20 多种生物碱，能行气止痛、活血散瘀，用于跌打损伤等。产于安徽、江苏、浙江、湖北、河
南（唐河、信阳），生于丘陵草地，有的地区有引种栽培（陕西、甘肃、四川、云南和北京）。

延胡索种子为胚后熟休眠类型，在较高温度下完成胚的形态发育，在低温下完成其生理后熟，
来年整齐发芽，形态发育的后期也需要较低温度，此要求与自然界季节变化相吻合。延胡索种子
播种不能晚于 7 月上旬，过晚不能完成种胚形态发育，来年发芽率大大降低，但如保持土壤湿润，
能于第 3 年春季发芽。生产上适宜夏季播种，畦整细后撒播，覆土以不见种子为度。畦面覆盖树
叶或稻草以保持湿润，至来年 3 月出苗时除去盖草。

一、真实性检验

延胡索幼苗形态特征：延胡索为多年生草本，高 10 ~ 20 cm。基生叶与茎生叶同形，茎生叶互
生，二回三出，第二回分裂往往呈深裂，末回裂片披针形、长圆状披针形或窄椭圆形，先端钝或
镜尖，全缘，边缘幼时带微红色。总状花序顶生或与叶对生；具 3 ~ 8 花，排列稀疏；苞片阔披针
形，花红紫色。蒴果线形。

二、 净度分析

元胡种苗杂质主要为砂土、叶柄残基及破损的块茎，采用水分离法与筛选法来清除元胡种苗的杂质，二者的效果见图 3 - 16 - 1。

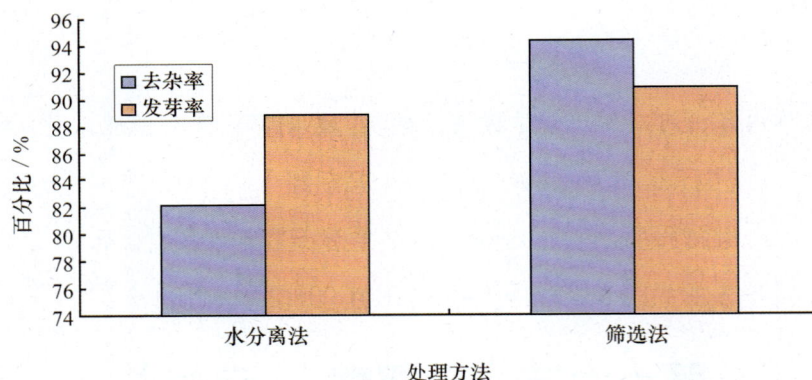

图 3-16-1 2 种方法清除元胡种苗杂质的效果

由图 3 - 16 - 1 可知，经筛选法处理的元胡去杂率与发芽率均高于水分离法，因此筛选法为元胡种苗去杂的最佳方法。

三、 重量测定

采用 50 粒法、100 粒法、200 粒法、300 粒法进行元胡种苗的重量测定，结果见表 3 - 16 - 1。

表 3-16-1 元胡种苗的重量测定

方法	平均粒重 / g	标准差	变异系数
50 粒法	69.20	13.122	0.190
100 粒法	128.22	10.373	0.081
200 粒法	252.76	2.172	0.009
300 粒法	372.45	2.001	0.006

从表 3 - 16 - 1 可以看出，200 粒法与 300 粒法测定的标准差及变异系数均较小，但 300 粒法的操作更加复杂，因此以 200 粒法来测定元胡种苗的重量。

四、 芽数测定

采用芽眼数和出芽数来确定元胡种苗的芽数，结果见表 3 – 16 – 2。

表 3-16-2　元胡种苗的芽数测定

样本	元胡总粒数	芽眼总数	出芽总数	最终出苗总数
1	20	67	46	45
2	20	58	37	37
3	20	62	41	39
均值	20	62	41	40

从表 3 – 16 – 2 可以看出，出芽数与最终出苗数更接近，因此以出芽数来衡量元胡种苗的出芽能力更准确。

五、 种苗健康度检查

取元胡种苗放入锥形瓶中，加入 10 ml 无菌水充分振荡，吸取悬浮液 1 ml，以 2 000 r/min 的转速离心 10 min，弃上清液，再加入 1 ml 无菌水充分振荡，悬浮后吸取 100 μl 加到直径为 9 cm 的 PDA 平板上，涂匀，4 次重复。相同操作条件下设无菌水空白对照，25 ℃、黑暗条件下培养，观察、记录。

结果共检测到 4 类有害病菌，分别是疫霉属病菌、曲霉属病菌、镰刀菌属病菌和链格孢属病菌。

（本节内容由中国医学科学院药用植物研究所提供，编委：李艾莲、陈彩霞，资料整理人员：谢赛萍）

参考文献

[1] 刘元福. 丹麦种子检验简介 [J]. 种子世界, 1986 (9): 36-37.

[2] 胡晋. 国际种子检验协会 2000 年以来主要出版物介绍 [J]. 种子世界, 2005 (2): 64-65.

[3] 国际种子检验协会 (ISTA). 1996 国际种子检验规程 [M]. 农业部全国农作物种子质量监督检测中心, 浙江农业大学种子科学中心, 译. 北京: 中国农业出版社, 1996.

[4] 贾思勰. 齐民要术 [M]. 石声汉, 译注. 石定枎, 谭光万, 补注. 北京: 中华书局, 2015.

[5] 张进生, 张玲, 戴钢, 等. 中国种子标准化发展战略研究 [J]. 河南农业科学, 2003 (11): 23-26.

[5] 王德生. 特种经济作物红景蓖麻特征及其栽培技术 [J]. 科学种养, 2011 (6): 16-17.

[7] 姜春敏, 孙艳. 特种经济作物油莎豆高产栽培技术 [J]. 特种经济动植物, 2021, 24 (8): 56-57.

[3] 段文远, 张春雨, 祖永斌. 双杆桁架式粮食扦样机结构设计与仿真 [J]. 河南工程学院学报 (自然科学版), 2022, 34 (4): 52-56.

[9] 白俊艳, 王岩虎, 罗云飞, 等. 传统固定式粮食扦样机智能化改造 [J]. 粮食储藏, 2023, 52 (5): 49-53.

[10] 马浩然, 荣云, 董德良, 等. 粮食收购智能扦样系统设计与研究 [J]. 粮食储藏, 2024, 53 (2): 10, 13-17.

[11] 康凯, 张晗, 刘长斌, 等. 基于 SVDD 的小麦净度检测方法研究 [J]. 中国粮油学报, 2023, 38 (7): 191-198.

[12] 程莹, 许亚男, 侯浩楠, 等. 基于机器视觉技术的小粒中药材种子净度快速检测 [J]. 中国农业大学学报, 2022, 27 (5): 114-122.

[13] 徐艳珍. 种子活力、生活力和发芽率的区别及关系 [J]. 农村科学实验, 2015 (4): 14.

[14] 楚现周, 楚菲, 黄涛, 等. 种子发芽试验容易出现的问题及对策 [J]. 中国种业, 2024 (5): 48-50.

[15] Hao J P, Yang J Z, Cui K J. Statistical models and evaluation of tolerances in national rules for the germination test of crop seed testing [J]. Journal of Biomathematics, 2006, 21 (21): 1365-1368.

[16] Laffont B J K M. Exact theoretical distributions around the replicate results of a germination test [J]. Seed

Science Research，2019，29（1）：64 – 72.

[17] 颜启传，黄亚军，宁波市种子质量检验中心. 种子四唑测定手册［M］. 上海：上海科学技术出版社，1992.

[18] 张志良. 植物生理学实验指导［M］. 2 版. 北京：高等教育出版社，1990：228 – 229.

[19] 张建浩，吴永美. 红墨水（酸性大红 G）染色法测定大豆生活力［J］. 农业技术与装备，2009（12）：62 – 63.

[20] 吕丽娟，张晓明，穆赢通，等. 窄叶蓝盆花种子生活力检验方法比较［J］. 草原与草业，2022，34（1）：51 – 55.

[21] NOLI E，BELTRAMI E，CASARINI E，et al. Reliability of early and final counts in cold and cool germination tests for predicting maize seed vigour［J］. Italian Journal Agronomy，2010，5（4）：383.

[22] 陈菁. 玉米种子活力测定方法研究进展［J］. 农业科技与装备，2015（5）：19 – 21.

[23] 陈泽贤，袁辉. 种子活力测定方法研究进展［J］. 种子科技，2019，37（16）：25 – 27.

[24] 代蓓，徐四静，石伟，等. 水稻种子活力测定方法比较研究［J］. 现代农业科技，2023（19）：1 – 4.

[25] 吕勇，许学微，陈庆富，等. 苦荞种子活力测定方法与其田间成苗率的相关性［J］. 贵州师范大学学报（自然科学版），2024，42（2）：112 – 117.

[26] 陶奇波，郏西虎，张倩，等. 牧草种子活力评价方法研究进展［J］. 草业学报，2023，32（10）：200 – 225.

[27] CHESHMI M，KHAJEH-HOSSEINI M. Single count of radicle emergence，DNA replication during seed germination and vigour in alfalfa seed lots［J］. Seed Science and Technoogy，2020，48（3）：367 – 380.

[28] 袁俊，郑雯，祁亨年，等. 种子活力光学无损检测技术研究进展［J］. 作物杂志，2020（5）：9 – 16.

[29] AL-TURKI T A，BASKIN C C. Determination of seed viability of eight wild Saudi Arabian species by germination and X – ray tests［J］. Saudi Journal of Biological Sciences，2017，24（4）：822 – 829.

[30] 尤佳. 基于高光谱图像的脱绒棉种活力检测方法研究［D］. 石河子：石河子大学，2017.

[31] BAEK L，KUSUMANINGRUM D，KANDPAL L M，et al. Rapid measurement of soybean seed viability using kernel – based multispectral image analysis［J］. Sensors，2019，19（2）：271.

[32] 李武，李妍，李高科，等. 高温老化下甜玉米种子活力近红外光谱检测技术研究［J］. 核农学报，2018，32（8）：1611 – 1618.

[33] 杨冬风，尹淑欣，姜丽，等. 玉米种子活力近红外光谱智能检测方法研究［J］. 核农学报，2013，27（7）：957 – 961.

[34] 潘威，杨晓东，杜景诚，等. 氧传感技术在测定烟草种子活力上的应用［J］. 种子，2019，38（3）：81 – 84.

[35] PARDO G P，PACHECO A D，TOMÁS S A，et al. Characterization of aged lettuce and chard seeds by photo-

thermal techniques [J]. International Journal of Thermophysics, 2018, 39 (10): 118.

[36] 贾良权, 祁亨年, 胡文军, 等. 采用 TDLAS 技术的玉米种子活力快速无损分级检测 [J]. 中国激光, 2019, 46 (9): 297 – 305.

[37] 吴萍, 宋顺华, 张海军, 等. 精选和引发处理对萝卜种子质量的影响 [J]. 黑龙江农业科学, 2020 (1): 96 – 99.

[38] 石睿, 罗斌, 张晗, 等. 种子活力性状无损速测技术研究进展 [J]. 江苏农业科学, 2024, 52 (7): 1 – 10.

[39] 孙秀枝, 张丽, 贾代成, 等. 小麦种子健康度检测研究及应用 [J]. 种子科技, 2022, 40 (23): 8 – 10.

[40] 吴学宏, 刘西莉, 刘鹏飞, 等. 西瓜种子带菌检测及杀菌剂消毒处理效果 [J]. 农药学学报, 2003 (3): 39 – 44.

[41] 陈星, MAZNAN Nur Atiqah Binti, 李志强, 等. 水稻种子携带稻瘟病菌 LAMP 检测方法的建立与应用 [J]. 植物保护, 2022, 48 (3): 204 – 210, 224.

[42] 冯建军, 刘杰, 王飞, 等. PMA 结合实时荧光 PCR 进行玉米细菌性枯萎病菌细胞活性检测初步研究 [J]. 植物检疫, 2014, 28 (2): 27 – 32.

[43] 杨克泽, 马金慧, 吴之涛, 等. 玉米种子病原菌检测法及所致主要病害概述 [J]. 大麦与谷类科学, 2018, 35 (1): 33 – 37, 56.

[44] 田云. 四种食源性致病菌的 LAMP 快速检测方法的建立及应用 [D]. 银川: 宁夏大学, 2023.

[45] 朱倩丽, 赵官涛, 王露, 等. 基于巢式 PCR 技术对玉米种子携带禾谷镰刀菌的检测体系 [J]. 草业科学, 2023, 40 (9): 2257 – 2265.

[46] 郝芳敏, 丁伟红, 马二磊, 等. PMA – qPCR 方法快速检测细菌性果斑病菌活菌的研究 [J]. 浙江农业科学, 2023, 64 (3): 664 – 669.

[47] 赵子婧, 芦钰, 田文, 等. 应用微滴数字 PCR 同时检测瓜类种子携带果斑病菌和角斑病菌 [J]. 植物保护, 2021, 47 (2): 156 – 163, 168.

[48] 艾莎, 李莎, 方治伟, 等. 棉花 MNP 标记位点开发及其在 DNA 指纹图谱构建中的应用 [J]. 作物学报, 2024, 50 (9): 2267 – 2278.

[49] 苏国钏, 李媛媛, 刘中华, 等. 苦瓜品种 SSR 分子标记鉴定技术体系构建与应用 [J]. 中国农业科学, 2024, 57 (11): 2227 – 2242.

[50] 杨少鹏, 马江红. 黄芪分子生药学研究进展 [J]. 亚太传统医药, 2024, 20 (8): 244 – 251.

[51] 张占平, 陆佳欣, 徐姣, 等. 药用植物 DNA 条形码与分子标记技术的研究进展 [J]. 沈阳药科大学学报, 2024, 41 (5): 653 – 661.

[52] 刘梅清, 徐镱文, 刘媛媛, 等. 药用植物种子休眠及萌发特性研究进展 [J]. 中兽医医药杂志, 2023, 42 (4): 47 – 51.

［53］黄宝康. 药用植物学［M］. 7 版. 北京：人民卫生出版社，2016.

［54］封潇添，马剑雄，王岩，等. 青蒿素及其衍生物治疗骨科相关疾病的研究进展［J］. 中国中药杂志，2024，49（18）：4829 - 4840.

［55］王淑敏，张皓婉，吴洁，等. 联合应用紫杉醇与 IGFBP7 促进肺腺癌细胞凋亡［J/OL］. 解剖科学进展，2024：1 - 7.

［56］曹福麟，杨冰月，罗露，等. 不同处理对远志种子萌发和幼苗生长的影响［J］. 中成药，2020，42（2）：422 - 427.

［57］高卢卢，施慧. 环境因子调控植物种子萌发研究进展［J］. 首都师范大学学报（自然科学版），2024，45（4）：48 - 57.

［58］GRUBISIC D, KONJEVIC R. Light and nitrate interaction in phytochrome - controlled germination of *Paulownia tomentosa* seeds［J］. Planta. 1990, 181（2）：239 - 243.

［59］张敏，谈献和，张瑜，等. 白花蛇舌草种子发芽及化感部位的研究［J］. 中国野生植物资源，2012，31（1）：33 - 34, 37.

［60］OHADI S, RAHIMIAN MASHHADI H, TAVAKKOL-AFSHARI R, et al. Modeling the efect of light intensity and duration of exposure on seed germination of Phalaris minor and Poa annua［J］. Weed Research, 2010, 50（3）：209 - 217.

［61］FOSKET E B, BRIGGS W R. Photosensitive seed germination in Catalpa speciosa［J］. Internationl Journal of Plant Sciences, 1970, 131（2）：167 - 172.

［62］GUBLER F, HUGHES T, WATERHOUSE P, et al. Regulation of dormancy in barley by blue light and after - ripening: effects on abscisic acid and gibberellin metabolism［J］. Plant Physiology, 2008, 147（2）：886 - 896.

［63］GOGGIN D E, STEADMAN K J, POWLES S B. Green and blue light photoreceptors are involved in maintenance of dormancy in imbibed annual ryegrass（*Lolium rigidum*）seeds［J］. New Phytologist, 2008, 180（1）：81 - 89.

［64］BLISS D, SMITH H. Penetration of light into soil and its role in the control of seed germinaion［J］. Plant Cell and Environment, 1985, 8（7）：475 - 483.

［65］董丽华，邹红，朱玉野，等. 不同产地栀子种子萌发特性研究［J］. 种子，2014，33（10）：1 - 4.

［66］刘玲，孟淑春. 我国首家 ISTA 国际种子检验实验室获得认可［J］. 核农学报，2013，27（3）：314.